国家级高技能人才培训基地项目成果教材
同济大学中德职业教育合作项目学习领域课程改革教材
AHK 中德双元制本土化学习领域课程改革教材
重庆市高等教育教学改革研究重点项目(项目编号:202165)成果教材
校企合作、产教融合型课程改革教材

可编程序逻辑控制器(PLC)基础与逻辑控制技术

工作过程系统化的学习领域课程(知识库+工作页)

主　编　卢江林　熊如意
主　审　李鹏忠(同济大学)

人民交通出版社股份有限公司
北京

内 容 提 要

本教材整体参照德国双元制职业教育学习领域课程模式,以学习情境为引领和驱动,以企业真实设备PLC控制系统作为情境载体,构建了厚基础、多模块的中德双元制本土化学习领域课程模式。依据完整工作过程和行为导向教学要求,开发设计了六步行为导向教学的工作页,与学科知识模块一起构成"知识库+工作页"的工作过程系统化的学习领域课程教材,突出德国双元制职业教育学习领域课程教学中行为能力训练的核心思想,实现了理论知识、实践技能、综合职业能力的多维整合。

本教材适合于高等职业教育机电类专业使用,也可供职工培训使用,以及有关工程技术人员参考。

图书在版编目(CIP)数据

可编程序逻辑控制器(PLC)基础与逻辑控制技术 / 卢江林,熊如意主编. — 北京:人民交通出版社股份有限公司,2022.4

ISBN 978-7-114-17461-2

Ⅰ.①可… Ⅱ.①卢… ②熊… Ⅲ.①PLC技术—高等职业教育—教材 Ⅳ.①TM571.61

中国版本图书馆CIP数据核字(2021)第133855号

Kebian Chengxu Luoji Kongzhiqi(PLC) Jichu yu Luoji Kongzhi Jishu
Gongzuo Guocheng Xitonghua de Xuexi Lingyu Kecheng(Zhishiku + Gongzuoye)

书　　名:可编程序逻辑控制器(PLC)基础与逻辑控制技术
　　　　　工作过程系统化的学习领域课程(知识库+工作页)
著 作 者:卢江林　熊如意
责任编辑:郭晓旭
责任校对:孙国靖　魏佳宁
责任印制:刘高彤
出版发行:人民交通出版社股份有限公司
地　　址:(100011)北京市朝阳区安定门外外馆斜街3号
网　　址:http://www.ccpcl.com.cn
销售电话:(010)59757973
总 经 销:人民交通出版社股份有限公司发行部
经　　销:各地新华书店
印　　刷:北京虎彩文化传播有限公司
开　　本:787×1092　1/16
印　　张:13.75
字　　数:326千
版　　次:2022年4月　第1版
印　　次:2022年4月　第1次印刷
书　　号:ISBN 978-7-114-17461-2
定　　价:49.00元

编　委　会

前言

Foreword

本教材是国家级高技能人才培训基地项目成果教材,同济大学中德职业教育合作项目学习领域课程改革教材,AHK 中德双元制本土化学习领域课程改革教材,重庆市高等教育教学改革与研究重点项目(项目编号:202165)成果教材,校企合作、产教融合型课程改革教材。根据典型电气技术员、电气工程师岗位的工作任务特点,基于完整工作过程和行为导向教学要求开发设计了以信息、计划、决策、实施、控制和评价六步行为导向教学的工作页,与学科知识模块一起构成"知识库+工作页"的工作过程系统化的学习领域课程教材,实现了理论知识、实践技能、综合职业能力的多维整合,将工作环境与学习环境有机地结合在一起。

本教材特点如下:

第一,知识库+工作页:本教材对传统学科知识进行了整合和重构,在模块一整合了面向工程技术的知识结构和体系,在以学习情境为主体的其他模块中配套了与该学习情境联系紧密的知识导航。在每一学习情境中以信息、计划、决策、实施、控制和评价的六步行为导向教学为手段,重点训练学生检索知识、运用知识分析具体工程技术问题和提出系统解决方案的能力,融合了德国双元制职业教育学习领域课程教学中跨职业行为能力训练的核心思想和高等职业教育面向工程技术的学术教育特点,实现了能力训练和知识教育的融合。

第二,厚基础、多模块:构建了以学科知识为主的 PLC 控制技术基础知识模块、以不同三相异步电动机电气系统为情境载体的 PLC 控制技术模块、以信号灯为特征的 PLC 控制技术和以复杂工业设备系统为情境载体的 PLC 控制技术模块,保证了各个模块学习情境之间的关联性和独立性。

第三,深度合作、产教融合:得力于特瑞硕智能科技(重庆)有限公司杨苏川工程师、华能重庆珞璜发电有限责任公司李勇高级工程师的帮助,完成了本书项目的选取和素材构建,以保证教材能够对接到企业的生产过程,真正做到产教融合。

第四，课程思政元素：本教材将综合素质、职业素养等元素融入课程及学习情境评价体系，构建国际化课程范式与本土化课程思政的有机融合体系，相关成果被评为重庆市高校课程思政示范课程（编号 2021-192）。

另外，重庆交通职业学院张文礼副校长、特瑞硕智能科技（重庆）有限公司邓社平董事长、渝交机电设备有限公司杨国培总经理对本书的编写提出了许多宝贵的意见和建议，人民交通出版社股份有限公司郭红蕊老师、郭晓旭老师也给予了热情的帮助和指导，在此表示衷心的感谢！

本教材由重庆交通职业学院中德职业教育合作项目负责人熊如意和机电一体化技术专业带头人卢江林担任主编，由重庆交通职业学院陶洪春讲师、程鹏讲师、卢佳园讲师及四川汽车职业技术学院谭坪副教授担任副主编，望君儒、郑宇、董艳军、赵富贵、张彪参与编写。本教材由同济大学中德学院院长助理（教学主管）李鹏忠教授担任主审。

由于编者水平有限，书中难免有疏漏和不妥之处，殷切希望读者和各位同仁提出宝贵意见。

编　者

2022 年 1 月

目　录

Contents

模块一　PLC 控制技术知识库

知识目标：

1. 了解 PLC 的基本概念，掌握 PLC 的结构与工作原理；
2. 掌握 PLC 的基本编程语言，掌握 PLC 的基本编程元件；
3. 了解移植设计法的基本概念，掌握常见低压电器元件，掌握移植设计法的编程步骤；
4. 了解逻辑设计法的基本概念，掌握逻辑设计法的编程步骤；
5. 掌握逻辑设计法的不同编程方式；
6. 了解顺序控制设计法的基本概念，掌握顺序控制设计法的编程步骤；
7. 掌握顺序控制设计法中梯形图的不同编程方式；
8. 了解经验设计法的基本概念，掌握经验设计法的编程步骤，掌握经验设计法中梯形图的编程方式；
9. 了解 PLC 通信的基本概念，掌握 PLC 通信的编程步骤，掌握计算机与 PLC 通信的实现方式；
10. 了解 PLC 控制系统的基本概念，掌握 PLC 控制系统设计的编程步骤，掌握 PLC 控制系统设计的相关要求。

能力目标：

1. 能够利用移植设计法进行简单控制系统的 PLC 程序设计；
2. 能够利用逻辑设计法进行简单控制系统的 PLC 程序设计；
3. 能够利用顺序控制设计法进行简单控制系统的 PLC 程序设计；
4. 能够利用经验设计法进行简单控制系统的 PLC 程序设计；
5. 能够利用软件组建简单的 PLC 网络；
6. 能够利用软件进行简单的 PLC 控制系统的设计。

素养目标：

1. 教学过程对接生产过程，培养学生诚实守信、爱岗敬业的品质，以及精益求精的工匠精神；
2. 通过课后查阅资料完成加强练习，培养学生的信息素养、创新精神。

1　PLC 基础知识

可编程序逻辑控制器（Programmable Logic Controller），简称 PLC，其经历了可编程序矩阵控制器（PMC）、可编程序顺序控制器（PSC）、可编程序逻辑控制器（PLC）和可编程序控制器

(PC)几个不同时期。

PLC是在电器控制技术和计算机技术的基础上开发出来的,并逐渐发展成为以微处理器为核心,把自动化技术、计算机技术、通信技术融为一体的新型工业控制装置。目前,PLC已被广泛应用于各种生产机械和生产过程的自动控制中,成为一种最重要、最普及、应用场景最多的工业控制装置,被公认为现代工业自动化的三大支柱[PLC、机器人、计算机辅助设计(CAD)/计算机辅助制造(CAE)]之一。

1987年,在国际电工委员会(International Electrical Committee,IEC)颁布的PLC标准草案第三稿中,对PLC定义如下:“PLC是一种专门为在工业环境下应用而设计的数字运算操作的电子装置。它采用可以编制程序的存储器,用来在其内部存储执行逻辑运算、顺序运算、计时、计数和算术运算等操作的指令,并能通过数字式或模拟式的输入和输出,控制各种类型的机械或生产过程。PLC及其有关的外围设备都应该按易于与工业控制系统形成一个整体、易于扩展其功能的原则而设计。”该定义强调PLC直接应用于工业环境,必须具有很强的抗干扰能力、广泛的适应能力和广阔的应用范围,这是区别于一般微机控制系统的重要特征。同时,也强调了PLC用软件方式实现的“可编程”与传统控制装置中通过硬件或硬接线的变更来改变程序的本质区别。

近年来,PLC发展很快,几乎每年都推出不少新产品,其功能已远远超出了上述定义的范围。如今,我国正推动从“中国制造”向“中国智造”改变。根据相关调查,未来10年,工业信息化产业将拉动6万亿元的国内生产总值(GDP)增长,其中中小型PLC将起到至关重要的效果。因此,学好“PLC控制技术”对推动中国智造、工业自动化发展以及个人的职业发展,十分重要。

1.1 PLC概论

1.1.1 PLC的起源

可编程序控制器出现前,在工业电气控制领域中,继电器控制占据主导地位,应用广泛。但是继电器控制系统存在体积大、可靠性低、查找和排除故障困难等缺点,特别是其接线复杂、不易更改,对生产工艺变化的适应性差。

1968年,美国通用汽车公司(GM)为了适应汽车型号的不断更新、生产工艺不断变化的需要,实现小批量、多品种生产,希望能有一种新型工业控制器,能做到尽可能减少重新设计和更换电器控制系统及接线,以降低成本,缩短周期。于是就设想将计算机功能强大、灵活、通用性好等优点与电器控制系统简单易懂、价格便宜等优点结合起来,制成一种通用控制装置,而且这种装置采用面向控制过程、面向问题的“自然语言”进行编程,使不熟悉计算机的人也能很快掌握。

在通用汽车公司1968年提出取代继电器控制装置的要求后,第二年美国数字公司(DEC)研制出了第一代可编程序控制器,并在通用汽车公司的自动装配线上试用,满足了通用公司装配线的要求,取得很好的效果。从此这项技术迅速发展起来。随着集成电路技术和计算机技术的发展,现在已有第五代PLC产品。

1.1.2 PLC的发展

早期的可编程序控制器仅有逻辑运算、定时、计数等顺序控制功能,只是用来取代传统的继电器控制。随着微电子技术和计算机技术的发展,20 世纪 70 年代中期微处理器技术应用到 PLC 中,使 PLC 不仅具有逻辑控制功能,还增加了算术运算、数据传送和数据处理等功能。

20 世纪 80 年代以后,随着大规模、超大规模集成电路等微电子技术的迅速发展,16 位和 32 位微处理器应用于 PLC 中,使 PLC 得到迅速发展。PLC 不仅控制功能增强,同时可靠性提高,功耗、体积减小,成本降低,编程和故障检测更加灵活方便,而且具有通信和联网、数据处理和图像显示等功能,使 PLC 真正成为具有逻辑控制、过程控制、运动控制、数据处理、联网通信等功能的名副其实的多功能控制器。

20 世纪 80 ~ 90 年代中期,是 PLC 发展最快的时期,年增长率一直保持 30% ~ 40%。PLC 处理模拟能力和网络方面功能的进步,挤占了一部分集散控制系统(DCS)的市场并逐渐垄断了污水处理等行业,但是由于工业控制计算机(IPC)的出现,特别是近年来现场总线技术的发展,IPC 和现场总线控制系统(FCS)也挤占了一部分 PLC 市场,所以近年来 PLC 增长速度渐缓。目前,全世界有 200 多个厂家生产 300 多个品种的 PLC 产品,主要应用在汽车(23%)、粮食加工(16.4%)、化学/制药(14.6%)、金属/矿山(11.4%)、纸浆/造纸(11.3%)等行业。

在以改变几何形状和机械性能为特征的制造工业和以物理变化、化学变化将原料转化成产品为特征的过程工业中,除了以连续量为主的反馈控制外,特别是在制造工业中存在大量的以开关量为主的开环的顺序控制,它按照逻辑条件进行顺序动作、时序动作;另外,还有与顺序、时序无关的按照逻辑关系进行联锁保护动作的控制;以及大量的以开关量、脉冲量、计时、计数器、模拟量的越限报警等状态量为主的离散量的数据采集监视。由于这些控制和监视的要求,PLC 发展成了取代继电器线路和进行顺序控制为主的产品。在多年的生产实践中,逐渐形成了 PLC、DCS 与 IPC 三足鼎立之势,还有其他的单回路智能式调节器等在市场上也占一定比例。

1.1.3 PLC 的特点

PLC 技术之所以能高速发展,除了工业自动化的客观需要外,主要是因为它具有许多独特的优点,较好地解决了工业领域中普遍关心的可靠、安全、灵活、方便、经济等问题。PLC 的主要特点见表 1-1。

PLC 的特点 表 1-1

序号	特 点	介 绍
1	可靠性高、抗干扰能力强	可靠性高、抗干扰能力强是 PLC 最重要的特点之一。PLC 的平均无故障时间可达几十万个小时,之所以有这么高的可靠性,是因为它采用了一系列的硬件和软件的抗干扰措施: (1)硬件方面:I/O 通道采用光电隔离,有效地抑制了外部干扰源对 PLC 的影响;对供电电源及线路采用多种形式的滤波,从而消除或抑制了高频干扰;对 CPU 等重要部件采用良好的导电、导磁材料进行屏蔽,以减少空间电磁干扰,对有些模块设置了联锁保护、自诊断电路等。 (2)软件方面:PLC 采用扫描工作方式,减少了由于外界环境干扰引起故障;在 PLC 系统程序中设有故障检测和自诊断程序,能对系统硬件电路等故障实现检测和判断;当外界干扰引起故障时,能立即将当前重要信息加以封存,禁止任何不稳定的读写操作,一旦外界环境正常后,便可恢复到故障发生前的状态,继续原来的工作

续上表

序号	特　点	介　绍
2	编程简单、使用方便	目前,大多数PLC采用的编程语言是梯形图语言,它是一种面向生产、面向用户的编程语言。梯形图与电气控制线路图相似,形象、直观,不需要掌握计算机知识,很容易让广大工程技术人员掌握。当生产流程需要改变时,可以现场改变程序,使用方便、灵活。同时,PLC编程器的操作和使用也很简单。这也是PLC获得普及和推广的主要原因之一。 许多PLC还针对具体问题,设计了各种专用编程指令及编程方法,进一步简化了编程
3	功能完善、通用性强	现代PLC不仅具有逻辑运算、定时、计数、顺序控制等功能,而且还具有A/D和D/A转换、数值运算、数据处理、比例-积分-微分控制(PID控制)、通信联网等许多功能。同时,由于PLC产品的系列化、模块化,有品种齐全的各种硬件装置供用户选用,可以组成满足各种要求的控制系统
4	设计安装简单、维护方便	由于PLC用软件代替了传统电气控制系统的硬件,控制柜的设计、安装接线工作量大为减少。PLC的用户程序大部分可在实验室进行模拟调试,缩短了应用设计和调试周期。在维修方面,由于PLC的故障率极低,维修工作量很小;而且PLC具有很强的自诊断功能,如果出现故障,可根据PLC指示或编程器提供的故障信息,迅速查明原因,维修极为方便
5	体积小、质量轻、能耗低	由于PLC采用了集成电路,其结构紧凑、体积小、能耗低,因而是实现机电一体化的理想控制设备

1.1.4 PLC的应用领域

目前,在国内外PLC已广泛应用冶金、石油、化工、建材、机械制造、电力、汽车、轻工、环保及文化娱乐等各行各业,随着PLC性能价格比的不断提高,其应用领域不断扩大。PLC的主要应用领域见表1-2。

PLC的应用领域 表1-2

序号	控制类型	应用领域
1	开关量逻辑控制	利用PLC最基本的逻辑运算、定时、计数等功能实现逻辑控制,可以取代传统的继电器控制,用于单机控制、多机群控制、生产自动线控制等,例如:机床、注塑机、印刷机械、装配生产线、电镀流水线及电梯的控制等。这是PLC最基本的应用,也是PLC最广泛的应用领域
2	运动控制	大多数PLC都有步进电机或伺服电机的单轴或多轴位置控制模块。这一功能广泛用于各种机械设备,如对各种机床、装配机械、机器人等进行运动控制
3	过程控制	大、中型PLC都具有多路模拟量I/O模块和PID控制功能,有的小型PLC也具有模拟量输入和输出。所以PLC可实现模拟量控制,而且具有PID控制功能的PLC可构成闭环控制,用于过程控制。这一功能已广泛用于锅炉、反应堆、水处理、酿酒以及闭环位置控制和速度控制等方面
4	数据处理	现代的PLC都具有数学运算、数据传送、转换、排序和查表等功能,可进行数据的采集、分析和处理,同时可通过通信接口将这些数据传送给其他智能装置,如计算机数值控制(CNC)设备,进行处理

续上表

序号	控制类型	应用领域
5	通信联网	PLC 的通信包括 PLC 与 PLC、PLC 与上位计算机、PLC 与其他智能设备之间的通信，PLC 系统与通用计算机可直接或通过通信处理单元、通信转换单元相连构成网络，以实现信息的交换，并可构成"集中管理、分散控制"的多级分布式控制系统，满足工厂自动化（FA）系统发展的需要

1.1.5　PLC 的分类

PLC 产品种类繁多，其规格和性能也各不相同。对 PLC 的分类，通常根据其结构形式、I/O点数等进行，见表 1-3。

PLC 的分类　　表 1-3

分类方式		特点	实物图
按结构形式分类	整体式 PLC	整体式 PLC 又称箱式 PLC，它是把电源、CPU、内存、I/O 系统都集成在一个小箱体内。一个主机箱体就是一台完整的 PLC，就可用以实现控制。微型、小型机多为整体式。 整体式 PLC 的每一个 I/O 点的平均价格比模块式的便宜，且体积相对较小，一般用于系统工艺过程较为固定的小型控制系统中	
	模块式 PLC	由具有不同功能的模块组成。其主要模块有 CPU 模块、输入模块、输出模块、电源模块、通信模块、机架等。超大、大、中型机都是模块式的。 模块式 PLC 的功能扩展灵活方便，在 I/O 点数、输入点数与输出点数的比例、I/O 模块的种类等方面选择余地大，且维修方便，一般用于较复杂的控制系统	
按 I/O 点数分类	小型 PLC	I/O 点数为 256 点以下的为小型 PLC。其中，I/O 点数小于 64 点的为超小型或微型 PLC。小型 PLC 控制点数可达 100 多点或稍多，如欧姆龙（OMRON）公司的 CPM2A、CP1H、CQM1H，则分别可达到 120、320、512 点。西门子公司的 S7200 机可也达 100 多点，S7-200 CN 为中国版机型，最大配置时，控制点数可达 248 路（西门子称 I/O 点为路）。三菱公司的 FX2N 最多点数也可达 256 点，而 FX3UC 机可达 300 多点	
	中型 PLC	I/O 点数为 256 点以上、2048 点以下的为中型 PLC。中型 PLC 控制点数可达近 500 点，或以千点计。如 OMRON 公司 CJ1H 机可超过 2000 多点。西门子公司 S7300 机最多可达 512 点，CPU318-2 机也可超过 1000 点。此外，还可另加 128 路模拟量输入或输出。三菱公司 Q 系列的基本型机，控制点数也可达 2048 点	

续上表

分类方式		特　点	实物图
按 I/O 点数分类	大型 PLC	I/O 点数为 2048 以上的为大型 PLC。其中,I/O 点数超过 8192 点的为超大型 PLC,大型 PLC 控制点数最多可达数万点,这在一般工业控制当中极少使用	

1.1.6 PLC 的性能指标

PLC 的性能指标见表 1-4。

PLC 的性能指标　　表 1-4

序号	性能指标	解　释
1	存储容量	存储容量是指用户程序存储器的容量。用户程序存储器的容量大,可以编制出复杂的程序。一般来说,小型 PLC 的用户程序存储器容量为几千字,而大型 PLC 的用户程序存储器容量为几万字
2	I/O 点数	I/O 点数是 PLC 可以接受的输入信号和输出信号的总和,是衡量 PLC 性能的重要指标。I/O 点数越多,外部可连接的输入设备和输出设备就越多,控制规模就越大
3	扫描速度	扫描速度是指 PLC 执行用户程序的速度,是衡量 PLC 性能的重要指标。一般以扫描 1B 用户程序所需的时间来衡量扫描速度,通常以 ms/KB 为单位。PLC 用户手册一般给出执行各条指令所用的时间,可以通过比较各种 PLC 执行相同操作所用的时间,来衡量扫描速度的快慢
4	指令的功能与数量	指令功能的强弱、数量的多少也是衡量 PLC 性能的重要指标。编程指令的功能越强、数量越多,PLC 的处理能力和控制能力也越强,用户编程也越简单和方便,越容易完成复杂的控制任务
5	内部元件的种类与数量	在编制 PLC 程序时,需要用到大量的内部元件来存放变量、中间结果、保持数据、定时计数、模块设置和各种标志位等信息。这些元件的种类与数量越多,表示 PLC 的存储和处理各种信息的能力越强
6	特殊功能单元	特殊功能单元种类的多少与功能的强弱是衡量 PLC 产品的一个重要指标。近年来,各 PLC 厂商非常重视特殊功能单元的开发,特殊功能单元种类日益增多,功能越来越强,使 PLC 的控制功能日益扩大
7	可扩展能力	PLC 的可扩展能力包括 I/O 点数的扩展、存储容量的扩展、联网功能的扩展、各种功能模块的扩展等。在选择 PLC 时,经常需要考虑 PLC 的可扩展能力

1.1.7 PLC 的发展趋势

目前,随着大规模和超大规模集成电路等微电子技术的发展,PLC 已由最初一位机发展到现在的以16位和32位微处理器构成的微机化PLC,而且实现了多处理器的多通道处理。如今,PLC技术已非常成熟,不仅控制功能增强,功耗和体积减小,成本下降,可靠性提高,编程和故障检测更为灵活方便,而且随着远程I/O和通信网络、数据处理以及图像显示的发展,使PLC向用于连续生产过程控制的方向发展,成为实现工业生产自动化的一大支柱。

随着PLC应用领域日益扩大,PLC技术及其产品结构都在不断改进,功能日益强大,性价比越来越高。PLC的发展趋势见表1-5。

PLC的发展趋势　　表1-5

序号	发展趋势	解　释
1	向高速度、大容量方向发展	为了提高PLC的处理能力,要求PLC具有更好的响应速度和更大的存储容量。目前,有的PLC的扫描速度可达0.1ms/KB左右。PLC的扫描速度已成为很重要的一个性能指标。 在存储容量方面,有的PLC最高可达几十兆字节。为了扩大存储容量,有的公司已使用了磁盘存储器或硬盘
2	向超大型、超小型两个方向发展	当前中小型PLC比较多,为了适应市场的多种需要,今后PLC要向多品种方向发展,特别是向超大型和超小型两个方向发展。现已有I/O点数达14336点的超大型PLC,其使用32位微处理器,多CPU并行工作和大容量存储器,功能强大。 小型PLC由整体结构向小型模块化结构发展,使配置更加灵活,为了市场需要,已开发了各种简易、经济的超小型、微型PLC,最小配置的I/O点数为8~168点,以适应单机及小型自动控制的需要,如三菱公司α系列PLC
3	PLC大力开发智能模块,加强联网通信能力	为满足各种自动化控制系统的要求,近年来不断开发出许多功能模块,如高速计数模块、温度控制模块、远程I/O模块、通信和人机接口模块等。这些带CPU和存储器的智能I/O模块,既扩展了PLC功能,又使用灵活方便,扩大了PLC应用范围。 加强PLC联网通信的能力,是PLC技术进步的潮流。PLC的联网通信有两类:一类是PLC之间联网通信,各PLC生产厂家都有自己的专有联网手段;另一类是PLC与计算机之间的联网通信,一般PLC都有专用通信模块与计算机通信。为了加强联网通信能力,PLC生产厂家之间也在协商制订通用的通信标准,以构成更大的网络系统,PLC已成为DCS不可缺少的重要组成部分
4	增强外部故障的检测与处理能力	统计资料表明,在PLC控制系统的故障中,CPU占5%,I/O接口占15%,输入设备占45%,输出设备占30%,线路占5%。前两项共20%的故障属于PLC的内部故障,它可通过PLC本身的软、硬件实现检测、处理;而其余80%的故障属于PLC的外部故障。因此,PLC生产厂家都致力于研制、发展用于检测外部故障的专用智能模块,进一步提高系统的可靠性
5	编程语言多样化	在PLC系统结构不断发展的同时,PLC的编程语言也越来越丰富,功能也不断提高。除了大多数PLC使用的梯形图语言外,为了适应各种控制要求,出现了面向顺序控制的步进编程语言、面向过程控制的流程图语言、与计算机兼容的高级语言(BASIC、C语言等)等。多种编程语言的并存、互补与发展是PLC进步的一种趋势

1.1.8 国内外主流 PLC 产品介绍

1)国外情况

世界上 PLC 产品可按地域分成三大流派,即美国产品、欧洲产品、日本产品。美国和欧洲的 PLC 技术是在相互隔离的情况下独立研究开发的,因此美国和欧洲的 PLC 产品有明显的差异性。而日本的 PLC 技术是由美国引进的,对美国的 PLC 产品有一定的继承性,但日本的主推产品定位在小型 PLC 上,美国和欧洲以大中型 PLC 而闻名。

美国是 PLC 生产大国,有 100 多家 PLC 厂商,著名的有 A-B 公司、通用电气公司、莫迪康(MODICON)公司、德州仪器(TI)公司、西屋公司等。其中,A-B 公司是美国最大的 PLC 制造商,其产品约占美国 PLC 市场的一半。

德国的西门子公司、AEG 公司,法国的 TE 公司是欧洲著名的 PLC 制造商。西门子公司的电子产品以性能精良而久负盛名。在大中型 PLC 产品领域与美国的 A-B 公司齐名。

日本的小型 PLC 最具特色,在小型机领域中颇具盛名,某些用欧美的中型机或大型机才能实现的控制,日本的小型机就可以解决。在开发较复杂的控制系统方面明显优于欧美的小型机,所以格外受用户欢迎。日本有许多 PLC 制造商,如三菱、欧姆龙、松下、富士、日立、东芝等,在世界小型 PLC 市场上,日本产品约占有 70% 的份额。国外主流 PLC 产品介绍见表 1-6。

国外主流 PLC 产品介绍 表 1-6

公司		产品特点	实物图
美国 PLC 产品	A-B 公司	A-B 公司产品规格齐全、种类丰富,其主推的大中型 PLC 产品是 PLC-5 系列。该系列为模块式结构,CPU 模块为 PLC-5/10、PLC-5/12、PLC-5/15、PLC-5/25 时,属于中型 PLC,I/O 点配置范围为 256 ~ 1024 点;当 CPU 模块为 PLC-5/11、PLC-5/20、PLC-5/30、PLC-5/40、PLC-5/60、PLC-5/40L、PLC-5/60L 时,属于大型 PLC,I/O 点最多可配置到 3072 点。该系列中 PLC-5/250 功能最强,最多可配置到 4096 个 I/O 点,具有强大的控制和信息管理功能。大型机 PLC-3 最多可配置到 8096 个 I/O 点。A-B 公司的小型 PLC 产品有 SLC500 系列等	SLC500 系列 PLC
	通用电气公司	GE Fanuc 从事自动化产品的开发和生产已有数十年的历史。其产品包括在全世界已有数十万套安装业绩的 PLC 系统,包括 90-30、90-70、Versamax 系列等。近年来,GE Fanuc 在世界上率先推出 PAC 系统,作为新一代控制系统,PAC 系统以其优异的性能引导着自动化产品的发展方向	PACS 系统 Rx7i 系列

续上表

公司		产品特点	实物图
美国 PLC 产品	德州仪器公司	德州仪器公司的小型 PLC 新产品有 510、520 和 TI100 等,中型 PLC 新产品有 TI300、5TI 等,大型 PLC 产品有 PM550、PM530、PM560、PM565 等系列。除 TI100 和 TI300 无联网功能外,其他 PLC 都可实现通信,构成分布式控制系统	—
欧洲 PLC 产品	西门子公司	西门子 PLC 主要产品是 S5、S7 系列。在 S5 系列中,S5-90U、S-95U 属于微型整体式 PLC;S5-100U 是小型模块式 PLC,最多可配置到 256 个 I/O 点;S5-115U 是中型 PLC,最多可配置到 1024 个 I/O 点;S5-115UH 是中型 PLC,它是由两台 S5-115U 组成的双机冗余系统;S5-155U 为大型 PLC,最多可配置到 4096 个 I/O 点,模拟量可达 300 多路;SS-155H 是大型 PLC,它是由两台 S5-155U 组成的双机冗余系统。 而 S7 系列是西门子公司近年来在 S5 系列 PLC 基础上推出的新产品,性能价格比高。其中,S7-200 系列属于微型 PLC,如今国外 S7-200 已经停产。S7-1200 是西门子公司的新一代小型 PLC,代表了下一代 PLC 的发展方向。S7-300 系列属于于中小型 PLC,S7-400 系列属于中高性能的大型 PLC	 西门子S5-90U型PLC  西门子S7-1200型PLC
日本 PLC 产品	三菱公司	三菱公司的 PLC 是较早进入中国市场的产品。其小型 PLC F1/F2 系列是 F 系列的升级产品,早期在我国的销量也不小。F1/F2 系列加强了指令系统,增加了特殊功能单元和通信功能,比 F 系列有了更强的控制能力。继 F1/F2 系列之后,20 世纪 80 年代末三菱公司又推出 FX 系列,在容量、速度、特殊功能、网络功能等方面都有了全面的加强。FX2 系列是在 20 世纪 90 年代开发的整体式高功能小型 PLC,它配有各种通信适配器和特殊功能单元。FX2N 是近几年推出的高功能整体式小型 PLC,它是 FX2 的换代产品,各种功能都有了全面的提升。近年来,三菱公司还不断推出满足不同要求的微型 PLC,如 FXOS、FX1S、FX0N、FX1N、FX2N、FX3U 系列等产品。 三菱公司的大中型机有 A 系列、QnA 系列、Q 系列,具有丰富的网络功能,I/O 点数可达 8192 点。其中,Q 系列具有超小的体积、丰富的机型、灵活的安装方式、双 CPU 协同处理、多存储器、远程口令等特点	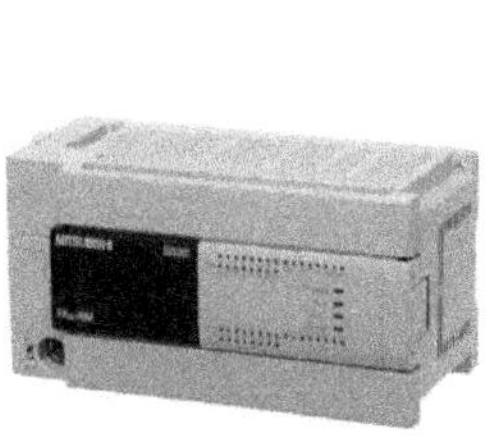 三菱 FX3U 型 PLC

续上表

公司		产品特点	实物图
日本PLC产品	欧姆龙公司	欧姆龙公司的PLC产品,大、中、小、微型规格齐全。微型机以SP系列为代表,其体积极小、速度极快。小型PLC有P型、H型、CPM1A系列、CPM2A系列、CPM2C系列、CQM1系列等。P型机现已被性价比更高的CPM1A系列所取代,CPM2A/2C、CQM1系列内置RS-232C接口和实时时钟,并具有软PID功能,CQM1H是CQM1的升级产品。中型PLC有C200H、C200HS、C200HX、C200HG、C200HE、CS1系列。C200H是前些年畅销的高性能中型机,配置齐全的I/O模块和高功能模块,具有较强的通信和网络功能。C200HS是C200H的升级产品,指令系统更丰富、网络功能更强。C200HX/HG/HE是C200HS的升级产品,有1148个I/O点,其容量是C200HS的2倍,速度是C200HS的3.75倍,有品种齐全的通信模块,是适应信息化的PLC产品。CS1系列具有中型PLC的规模、大型PLC的功能,是一种极具推广价值的新机型。大型PLC有C1000H、C2000H、CV(CV500/CV1000/CV2000/CVM1)等。C1000H、C2000H可单机或双机热备运行,安装带电插拔模块,C2000H可在线更换I/O模块;CV系列中除CVM1外,均可采用结构化编程,易读、易调试,并具有更强大的通信功能	欧姆龙 SYSMAC CP1L 型 PLC
	松下公司	松下公司的PLC产品中,FP0为微型机,FP1为整体式小型机,FP3为中型机,FP5/FP10、FP10S(FP10的改进型)、FP20为大型PLC,其中FP20是最新产品。松下公司近几年PLC产品的主要特点是:指令系统功能强;有的机型还提供可以用FP-BASIC语言编程的CPU及多种智能模块,为复杂系统的开发提供了软件手段;FP系列各种PLC都配置通信机制,由于它们使用的应用层通信协议具有一致性,这给构成多级PLC网络和开发PLC网络应用程序带来方便	—

2)国内情况

1982年以来,先后有天津、厦门、大连、上海等地相关企业与国外著名PLC制造厂商进行合资或引进技术、生产线等,促进我国的PLC技术在赶超世界先进水平的道路上快速发展。我国有许多厂家、科研院所从事PLC的研制与开发,如中国科学院自动化研究所的PLC-0088,北京联想计算机集团公司的GK-40,上海机床电器厂的CKY-40,上海起重电器厂的CF-40MR/ER,苏州电子计算机厂的YZ-PC-001A,北京机械工业自动化研究所的MPC-001/20、KB-20/40,杭州机床电器厂的DKK02,天津中环自动化仪表公司的DJK-S-84/86/480,上海自立电子设备厂的KKI系列,上海香岛机电制造有限公司的ACMY-S80、ACMY-S256,无锡华光电子工业有限公司(合资)的SR-10、SR-20/21等。现如今,国产PLC在国内逐渐占有一定市场。国内主流PLC产品介绍见表1-7。

国内主流 PLC 产品介绍　　表 1-7

公　司	产品特点	实物图
汇川技术	汇川技术凭借十余载的工控设备沉淀，打造出坚固可靠的 PLC，使其在工厂自动化、产线自动化、过程控制自动化设备中的应用逐渐增加，主要产品有汇川 AM 系列中型 PLC、Inothink 系列 PLC 等	汇川技术 AM600 系列中型 PLC
北京硕人时代	北京硕人时代科技有限公司的 PLC 产品主要有智能可编程控制器 STEC2000、STEC3000 等。控制器以嵌入式技术为基础，基于 32 位高速 MCU 和嵌入式实时 LINUX 操作系统，具有现场采集、控制、通信、数据存储、故障上传、现场监控等功能	智能可编程控制器 STEC2000
智达自动化	智达自动化有限公司主要面向自动化过程控制和计算机系统集成，其主要 PLC 产品有 ePLC 系列嵌入式 PLC 和人机系列 PLC。基本型控制器主板总线可连接 16 块 I/O 模块，最多可带 544 点	ePLC 系列嵌入式 PLC

1.2　PLC 的基本结构

PLC 的结构多种多样，但其组成的一般原理基本相同，都是以微处理器为核心的结构。通常由中央处理器（CPU）、存储器（RAM、ROM）、输入/输出单元（I/O）、电源、I/O 扩展单元、外设接口和编程器等几个部分组成。PLC 的硬件系统结构如图 1-1 所示。

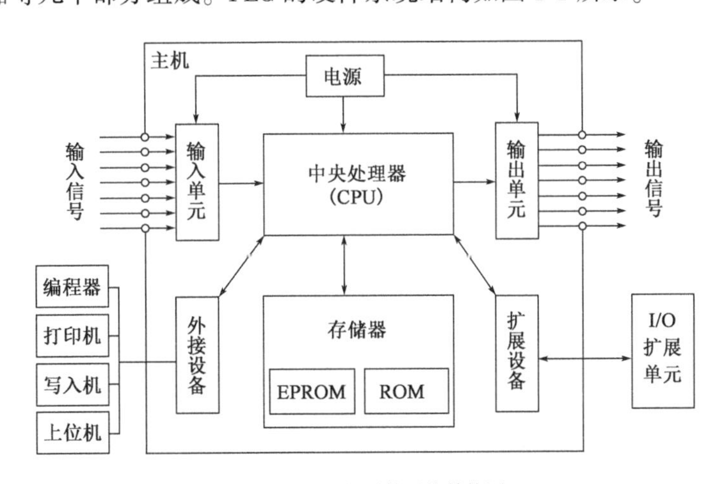

图 1-1　PLC 的硬件系统结构图

各个部分的介绍见表1-8。

PLC的结构组成及其作用　　表1-8

序号	组成单元	单元介绍
1	中央处理器(CPU)	CPU作为整个PLC的核心,起着"总指挥"的作用。CPU一般由控制电路、运算器和寄存器组成。这些电路通常都被封装在一个集成电路的芯片上。CPU通过地址总线、数据总线、控制总线与存储单元、输入/输出接口电路连接。CPU的功能有:从存储器中读取指令,执行指令,读取下一条指令,处理中断
2	存储器(RAM、ROM)	存储器主要用于存放系统程序、用户程序以及工作数据。存放系统软件的存储器称为系统程序存储器;存放应用软件的存储器称为用户程序存储器;存放工作数据的存储器称为数据存储器。常用的存储器有RAM、EPROM和EEPROM。RAM是一种可进行读写操作的随机存储器,用于存放用户程序,生成用户数据区,存放在RAM中的用户程序可方便地修改。RAM存储器是一种高密度、低功耗、价格便宜的半导体存储器,可用锂电池做备用电源。掉电时,可有效地保持存储的信息。EPROM、EEPROM都是只读存储器。用这些类型存储器固化系统管理程序和应用程序
3	输入/输出单元(I/O单元)	I/O单元实际上是PLC与被控对象间传递输入/输出信号的接口部件。I/O单元有良好的电隔离和滤波作用。接到PLC输入接口的输入器件是各种开关、按钮、传感器等。PLC的各输出控制器件往往是电磁阀、接触器、继电器,而继电器有交流和直流型、高电压型和低电压型、电压型和电流型
4	电源	PLC电源单元包括系统的电源及备用电池,电源单元的作用是把外部电源转换成内部工作电压。PLC内有一个稳压电源,用于对PLC的CPU单元和I/O单元供电
5	I/O扩展单元	I/O扩展接口用于将扩充外部输入/输出端子数的扩展单元与基本单元(即主机)连接在一起
6	外设接口	此接口可将打印机、条码扫描仪、变频器等外部设备与主机相连,以完成相应的操作
7	编程器	编程器是PLC最重要的外围设备。利用编程器将用户程序送入PLC的存储器,还可以用编程器检查程序,修改程序,监视PLC的工作状态。除此以外,在个人计算机上添加适当的硬件接口和软件包,即可用个人计算机对PLC编程。利用微机作为编程器,可以直接编制并显示梯形图

1.3 PLC的工作原理

1.3.1 扫描工作原理

PLC是采用"顺序扫描,不断循环"的方式进行工作的。即在PLC运行时,CPU根据用户按控制要求编制好并存于用户存储器中的程序,按指令步序号(或地址号)做周期性循环扫描,如无跳转指令,则从第一条指令开始逐条顺序执行用户程序,直至程序结束。然后重新返回第一条指令,开始下一轮新的扫描。在每次扫描过程中,还要完成对输入信号的采样和对输出状态的刷新等工作。

1.3.2　PLC扫描工作过程

PLC的扫描工作过程除了执行用户程序外，在每次扫描工作过程中还要完成内部处理、通信服务工作。如图1-2所示，整个扫描工作过程包括内部处理、通信服务、输入采样、程序执行、输出刷新五个阶段。整个过程扫描执行一遍所需的时间称为扫描周期。扫描周期与CPU运行速度、PLC硬件配置及用户程序长短有关，典型值为1～100ms。

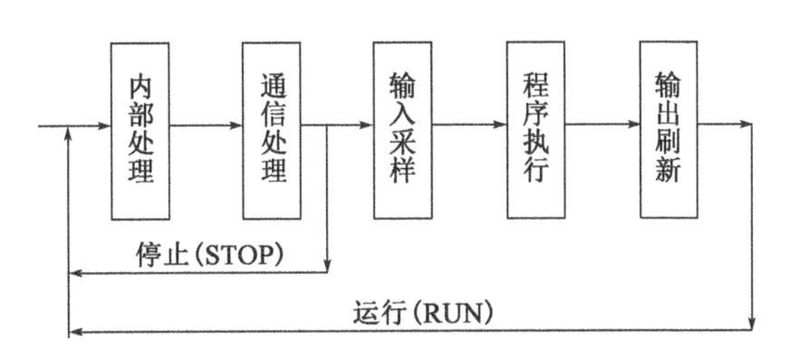

图1-2　PLC扫描工作过程

在内部处理阶段，进行PLC自检，检查内部硬件是否正常，对监视定时器(WDT)复位以及完成其他一些内部处理工作。

在通信服务阶段，PLC与其他智能装置实现通信，响应编程器键入的命令，更新编程器的显示内容等。

当PLC处于停止(STOP)状态时，只完成内部处理和通信服务工作。当PLC处于运行(RUN)状态时，除完成内部处理和通信服务工作外，还要完成输入采样、程序执行、输出刷新工作。

PLC的扫描工作方式简单直观，便于程序的设计，并为可靠运行提供了保障。当PLC扫描到的指令被执行后，其结果马上就被后面将要扫描到的指令所利用，而且还可通过CPU内部设置的监视定时器来监视每次扫描是否超过规定时间，避免由于CPU内部故障使程序执行进入死循环。

1.3.3　PLC执行程序的过程及特点

PLC的一个扫描周期必经输入采样、程序执行和输出刷新三个阶段，如图1-3所示。

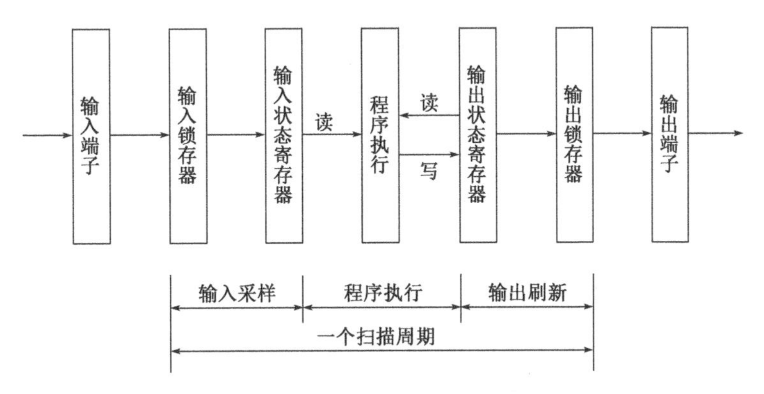

图1-3　PLC的工作原理图

各个环节工作任务见表1-9。

PLC 一个扫描周期内各个环节工作任务 表 1-9

序号	工作环节	工作任务
1	输入采样阶段	首先以扫描方式按顺序将所有暂存在输入锁存器中的输入端子的通断状态或输入数据读入,并将其写入各对应的输入状态寄存器中,即刷新输入。随即关闭输入端口,进入程序执行阶段
2	程序执行阶段	按用户程序指令存放的先后顺序扫描执行每条指令,经相应的运算和处理后,其结果再写入输出状态寄存器中,输出状态寄存器中所有的内容随着程序的执行而改变
3	输出刷新阶段	当所有指令执行完毕,输出状态寄存器的通断状态在输出刷新阶段送至输出锁存器中,并通过一定的方式(继电器、晶体管或晶闸管)输出,驱动相应输出设备工作

1.4 PLC 编程基础

PLC 编程是一种数字运算操作的电子系统,专为在工业环境下应用而设计。它采用可编程序的存储器,用来在其内部存储执行逻辑运算、顺序控制、定时、计数和算术运算等操作的指令,并通过数字式、模拟式的输入和输出,控制各种类型的机械或生产过程。可编程序控制器及其有关设备,都应按易于使工业控制系统形成一个整体,易于扩充其功能的原则设计。

随着微处理器、计算机和数字通信技术的飞速发展,计算机控制已扩展到了几乎所有的工业领域。现代社会要求制造业对市场需求能迅速作出反应,生产出小批量、多品种、多规格、低成本和高质量的产品,为了满足这一要求,生产设备和自动生产线的控制系统必须具有极高的可靠性和灵活性,PLC 编程正是顺应这一要求出现的,它是以微处理器为基础的通用工业控制装置。

1.4.1 编程语言

PLC 的用户程序,是设计人员根据控制系统的工艺控制要求,通过 PLC 编程语言的编制规范,按照实际需要使用的功能来设计的。只要用户能够掌握某种标准编程语言,就能够使用 PLC 在控制系统中,实现各种自动化控制功能。

根据国际电工委员会制定的工业控制编程语言标准(IEC 1131-3),PLC 有五种标准编程语言:梯形图语言(LAD)、指令表语言(IL)、功能模块图语言(FBD)、顺序功能流程图语言(SFC)、结构化文本语言(ST),具体见表 1-10。

PLC 的五种标准编程语言 表 1-10

序号	编程语言	语言介绍	示例	特点
1	梯形图语言(LAD)	梯形图语言是 PLC 程序设计中最常用的编程语言。它是与继电器线路类似的一种编程语言。由于电气设计人员对继电器控制较为熟悉,因此,梯形图编程语言得到了广泛的欢迎和应用	FR SB KM X001 X002 Y001 三相异步电动机单点控制电路图及梯形图(三菱 FX3U)	与电气操作原理图相对应,具有直观性和对应性;与原有继电器控制相一致,电气设计人员易于掌握。梯形图编程语言与原有的继电器控制的不同点是,梯形图中的能流不是实际意义的电流,内部的继电器也不是实际存在的继电器,应用时,需要与原有继电器控制的概念区别对待

续上表

序号	编程语言	语言介绍	示例	特点
2	指令表语言（IL）	指令表语言是与汇编语言类似的一种助记符编程语言，和汇编语言一样由操作码和操作数组成。在无计算机的情况下，适合采用PLC手持编程器对用户程序进行编制。同时，指令表语言与梯形图语言图一一对应，在PLC编程软件下可以相互转换	X001 X002 Y001 LDI X001 AND X002 OUT Y001 三相异步电动机单点控制梯形图及其对应的指令表（三菱FX3U）	采用助记符来表示操作功能，具有容易记忆、便于掌握的特点；在手持编程器的键盘上采用助记符表示，便于操作，可在无计算机的场合进行编程设计；与梯形图有一一对应关系。其特点与梯形图语言基本一致。目前大多数PLC都有语句表编程功能，但各厂家生产的PLC语句表的助记符不相同，也不兼容
3	功能模块图语言（FBD）	功能模块图语言是与数字逻辑电路类似的一种PLC编程语言。采用功能模块图的形式来表示模块所具有的功能，不同的功能模块有不同的功能	12.1 V5.0 AND T33 IN TON AC0 PT	以功能模块为单位，分析理解，控制方案简单容易；功能模块是用图形的形式表达功能，直观性强，对于具有数字逻辑电路基础的设计人员来说，是很容易掌握的一种编程语言；对规模大、控制逻辑关系复杂的控制系统，由于功能模块图能够清楚表达功能关系，可使编程调试时间大大减少
4	顺序功能流程图语言（SFC）	顺序功能流程图语言是为了满足顺序逻辑控制而设计的编程语言。编程时将顺序流程动作的过程分成步和转换条件，根据转移条件对控制系统的功能流程顺序进行分配，一步一步地按照顺序动作。每一步代表一个控制功能任务，用方框表示。在方框内含有用于完成相应控制功能任务的梯形图逻辑。这种编程语言使程序结构清晰，易于阅读及维护，大大减轻编程的工作量，缩短编程和调试时间。用于系统规模较大、程序关系较复杂的场合	M8002 S0 X5 S20 Y11 T3 5S T3 S21 Y10 X0+X2 S22 Y11 $\overline{X3}$	以功能为主线，按照功能流程的顺序分配，条理清楚，便于对用户程序理解；避免梯形图或其他语言不能顺序动作的缺陷，同时也避免了用梯形图语言对顺序动作编程时，由于机械互锁造成用户程序结构复杂、难以理解的缺陷；用户程序扫描时间也大大缩短

续上表

序号	编程语言	语言介绍	示例	特点

5	结构化文本语言(ST)	结构化文本语言是用结构化的描述文本来描述程序的一种编程语言。它是类似于高级语言的一种编程语言。在大中型的 PLC 系统中,常采用结构化文本来描述控制系统中各个变量的关系。主要用于其他编程语言较难实现的用户程序编制	// PLC Configuration
			CONFIGURATION DefaultCfg
			VAR_GLOBAL
			Auto_PB :IN @ %X2.2 // Auto Pushbutton
			Manl_PB :IN @ %X2.3 // Manual Pushbutton
			Cyc_OK_PL :OUT @ %Y3.0 // Cycle OK Pilot Light
			Auto_Mode :BOOL @ M2.0 // Automatic Mode
			Manl_Mode :BOOL @ M2.1 // Manual Mode
			Cyc_Enbl :BOOL @ M2.2 // Cycle Enable
			Fault :BOOL @M3.0 // Machine Fault
			TMR 4 :TIMER @T4 // 10ms Base Timer
			END_VAR
			END_CONFIGURATION
			PROGRAM Main
			STRT IF (Auto_PB=1 OR Auto_Mode=1) AND Manl_PB=0 THEN Auto_Mode=1
			ELSE IF (Manl_PB=1 OR Manl_Mode=1) AND Auto_PB=0 THEN Manl_Mode=1
			End IF
			IF Auto_Mode=1 AND Fault=0 THEN
			START TMR 4
			END IF
			IF TMR 4.ACC GEQ 300 THEN
			Cyc_Enbl=1
			Cyc_OK_PL=1
			END IF
			JMP STRT
			END_PROGRAM
				结构化文本语言采用计算机的描述方式来描述系统中各种变量之间的各种运算关系,完成所需的功能或操作。大多数 PLC 制造商采用的结构化文本编程语言与 BASIC 语言、PASCAL语言或 C 语言等高级语言相类似,但为了应用方便,在语句的表达方法及语句的种类等方面都进行了简化

1.4.2 编程元件

PLC 的数据区存储器区域在系统软件的管理下,划分出若干小区,并将这些小区赋予不同的功能,由此组成了各种内部元件,这些内部元件就是 PLC 的编程元件。每一种 PLC 提供的编程元件的数量是有限的,其数量和种类决定了 PLC 的规模和数据处理能力。

在 PLC 内部,这些具有一定功能的编程元件,不是真正存在的物理器件,而是由电子电路、寄存器和存储器单元等组成,有固定的地址。例如,输入继电器是由输入电路和输入映像寄存器构成,虽有继电器特性,却没有机械触点。为了将这些编程元件与传统的继电器区别开来,有时又称作软元件或软继电器,其特点是:

(1)软继电器是看不见、摸不着的,没有实际的物理触点。

(2)每个软继电器可提供无限多个常开触点和常闭触点,可放在同一程序的任何地方,即其触点可以无限次地使用。

(3)体积小、功耗低、寿命长。

西门子 S7 系列 PLC 部分编程元件的编号范围与功能说明见表 1-11。

西门子 S7 系列 PLC 部分编程元件的编号范围与功能说明 表 1-11

编程元件种类	PLC 型号		
	S7-200	S7-300/400	S7-1200/1500
输入继电器 I	I0.0 ~ I1.4(可扩展)	I0.0 ~ I65535.7	I0.0 ~ I65535.7
输出继电器 Q	Q0.0 ~ Q1.1(可扩展)	Q0.0 ~ Q65535.7	Q0.0 ~ Q65535.7
辅助继电器 M	M0.0 ~ M31.7	M0.0 ~ M255.7	M0.0 ~ M255.7
特殊存储器 SM	SM0.0 ~ SM549.7	—	—
变量存储器 V	V0.0 ~ V5119.7	—	—
局部变量存储器 L	L0.0 ~ L63.7	L0.0 ~ L65535.7	L0.0 ~ L65535.7
顺序控制继电器 S	S0.0 ~ S31.7	—	—

续上表

<table>
<tr><td colspan="2" rowspan="2">编程元件种类</td><td colspan="3">PLC　型　号</td></tr>
<tr><td>S7-200</td><td>S7-300/400</td><td>S7-1200/1500</td></tr>
<tr><td rowspan="6">定时器
T</td><td>1ms</td><td>T32、T96</td><td rowspan="6">S7-300 有 2 种类型的定时器：S5Time 类型与 IEC Time 类型；具体见使用手册</td><td rowspan="6">S7-1200/1500 系列 PLC 的定时器采用的是 IEC 格式的定时器，具体见使用手册</td></tr>
<tr><td>10ms</td><td>T33 ~ T36、T97 ~ T100</td></tr>
<tr><td>100ms</td><td>T37 ~ T63、T101 ~ T255</td></tr>
<tr><td>1ms 累积</td><td>T0、T64</td></tr>
<tr><td>1ms 累积</td><td>T1 ~ T4、T65 ~ T68</td></tr>
<tr><td>100ms 累积</td><td>T5 ~ T31、T69 ~ T95</td></tr>
<tr><td rowspan="3">计数器
C</td><td>增计数</td><td>C0 ~ C255(CTU)</td><td>C0 ~ C255(S_CU)</td><td>C0 ~ C255(CTU)</td></tr>
<tr><td>减计数</td><td>C0 ~ C255(CTD)</td><td>C0 ~ C255(S_CD)</td><td>C0 ~ C255(CTD)</td></tr>
<tr><td>可逆计数</td><td>C0 ~ C255(CTUD)</td><td>C0 ~ C255(S_CUD)</td><td>C0 ~ C255(CTUD)</td></tr>
</table>

三菱 FX 系列 PLC 编程元件的编号范围与功能说明见表 1-12。

三菱 FX 系列 PLC 编程元件的编号范围与功能说明　　表 1-12

<table>
<tr><td colspan="2" rowspan="2">编程元件种类</td><td colspan="5">PLC　型　号</td></tr>
<tr><td>FX0S</td><td>FX1S</td><td>FX0N</td><td>FX1N</td><td>FX2N(FX2NC)</td></tr>
<tr><td colspan="2">输入继电器 X
(按 8 进制编号)</td><td>X0 ~ X17
(不可扩展)</td><td>X0 ~ X17
(不可扩展)</td><td>X0 ~ X43
(可扩展)</td><td>X0 ~ X43
(可扩展)</td><td>X0 ~ X77
(可扩展)</td></tr>
<tr><td colspan="2">输出继电器 Y
(按 8 进制编号)</td><td>Y0 ~ Y15
(不可扩展)</td><td>Y0 ~ Y15
(不可扩展)</td><td>Y0 ~ Y27
(可扩展)</td><td>Y0 ~ Y27
(可扩展)</td><td>Y0 ~ Y77
(可扩展)</td></tr>
<tr><td rowspan="3">辅助继电器
M</td><td>普通用</td><td>M0 ~ M495</td><td>M0 ~ M383</td><td>M0 ~ M383</td><td>M0 ~ M383</td><td>M0 ~ M499</td></tr>
<tr><td>保持用</td><td>M496 ~ 511</td><td>M384 ~ 511</td><td>M384 ~ 511</td><td>M384 ~ 1535</td><td>M500 ~ 3071</td></tr>
<tr><td>特殊用</td><td colspan="5">M8000 ~ M8255(具体见使用手册)</td></tr>
<tr><td rowspan="5">状态寄存器
S</td><td>初始状态用</td><td>S0 ~ S9</td><td>S0 ~ S9</td><td>S0 ~ S9</td><td>S0 ~ S9</td><td>S0 ~ S9</td></tr>
<tr><td>返回原点用</td><td>—</td><td>—</td><td>—</td><td>—</td><td>S10 ~ S19</td></tr>
<tr><td>普通用</td><td>S10 ~ S63</td><td>S10 ~ S127</td><td>S10 ~ S127</td><td>S10 ~ S999</td><td>S20 ~ S499</td></tr>
<tr><td>保持用</td><td>—</td><td>S0 ~ S127</td><td>S0 ~ S127</td><td>S0 ~ S999</td><td>S500 ~ S899</td></tr>
<tr><td>信号报警用</td><td>—</td><td>—</td><td>—</td><td>—</td><td>S900 ~ S999</td></tr>
<tr><td rowspan="5">定时器
T</td><td>100ms</td><td>T0 ~ T49</td><td>T0 ~ T62</td><td>T0 ~ T62</td><td>T0 ~ T199</td><td>T0 ~ T199</td></tr>
<tr><td>10ms</td><td>T24 ~ T49</td><td>T32 ~ T62</td><td>T32 ~ T62</td><td>T200 ~ T245</td><td>T200 ~ T245</td></tr>
<tr><td>1ms</td><td>—</td><td>—</td><td>T63</td><td>—</td><td>—</td></tr>
<tr><td>1ms 累积</td><td>—</td><td>T63</td><td>—</td><td>T246 ~ T249</td><td>T246 ~ T249</td></tr>
<tr><td>100ms 累积</td><td>—</td><td>—</td><td>—</td><td>T250 ~ T255</td><td>T250 ~ T255</td></tr>
<tr><td rowspan="5">计数器
C</td><td>16 位增计数(普通)</td><td>C0 ~ C13</td><td>C0 ~ C15</td><td>C0 ~ C15</td><td>C0 ~ C15</td><td>C0 ~ C99</td></tr>
<tr><td>16 位增计数(保持)</td><td>C14、C15</td><td>C16 ~ C3118</td><td>C16 ~ C3118</td><td>C16 ~ C199</td><td>C100 ~ C199</td></tr>
<tr><td>32 位可逆计数(普通)</td><td>—</td><td>—</td><td>—</td><td>C200 ~ C219</td><td>C200 ~ C219</td></tr>
<tr><td>32 位可逆计数(保持)</td><td>—</td><td>—</td><td>—</td><td>C220 ~ C234</td><td>C220 ~ C234</td></tr>
<tr><td>高速计数器</td><td colspan="5">C235 ~ C255(具体见使用手册)</td></tr>
</table>

续上表

编程元件种类		PLC 型号				
		FX0S	FX1S	FX0N	FX1N	FX2N(FX2NC)
数据寄存器D	16位普通用	D0~D29	D0~D127	D0~D127	D0~D127	D0~D199
	16位保持用	D30、D31	D128~255	D128~255	D128~7999	D200~D7999
	16位特殊用	D8000~D8069	D8000~D8255	D8000~D8255	D8000~D8255	D8000~D8195
	16位变址用	V Z	V0~V7 Z0~Z7	V Z	V0~V7 Z0~Z7	V0~V7 Z0~Z7
指针N、P、I	嵌套用	N0~N7	N0~N7	N0~N7	N0~N7	N0~N7
	跳转用	P0~P63	P0~P6319	P0~P63	P0~P12719	P0~P12719
	输入中断用	I00~I30	I00~I50	I00~I30	I00~I50	I00~I50
	定时器中断	—	—	—	—	I6~I8
	计数器中断	—	—	—	—	I010~I060
常数K、H	16位	K(十进制):-32768~32767　H(十六进制):0000~FFFFH				
	32位	K:-2147483648~2147483647　H:00000000~FFFFFFFF				

1.4.3 梯形图编程规约

梯形图中的左、右垂直线称为左、右母线,通常将右母线省略。在左、右母线之间是由触点、线圈或功能框组合的有序网络。

梯形图的输入总是在图形的左边,输出总是在图形的右边。从左母线开始,经过触点和线圈(或功能框),终止于右母线,从而构成一个梯级。

在一个梯级中,左、右母线之间是一个完整的"电路","能流"只能从左到右流动,不允许"短路""开路",也不允许"能流"反向流动。

梯形图中的基本编程元素有:触点、线圈和功能框。

(1)触点:代表逻辑控制条件。触点闭合时表示能流可以流过。触点有常开触点和常闭触点两种。

(2)线圈:代表逻辑输出的结果。能流通过时,线圈被激励。

(3)功能框:代表某种特定功能的指令。能流通过功能框时,执行功能框所代表的功能,如定时器、计数器。

综上所述,梯形图的设计应注意以下几点:

(1)梯形图按从左到右、自上而下地顺序排列。每一逻辑行(或称梯级)起始于左母线,然后是触点的串、并联,最后是线圈,不能将触点画在线圈的右边。

(2)不包含触点的分支应放在垂直方向,以便于识别触点的组合和对输出线圈的控制路径。

(3)在几个串联回路相并联时,应将触头多的那个串联回路放在梯形图的最上面。在几个并联回路相串联时,应将触点最多的并联回路放在梯形图的最左面。这么做的目的是,使所编制的程序简洁明了、语句较少。

(4)梯形图中每个梯级流过的不是物理电流,而是"概念电流",从左流向右,其两端没有电源。这个“概念电流”只是用来形象地描述用户程序执行中应满足线圈接通的条件。

(5)输入寄存器用于接收外部输入信号,而不能由PLC内部其他继电器的触点来驱动。因此,梯形图中只出现输入寄存器的触点,而不出现其线圈。输出寄存器则输出程序执行结果给外部输出设备,当梯形图中的输出寄存器线圈得电时,就有信号输出,但不是直接驱动输出设备,而是要通过输出接口的继电器、晶体管或晶闸管才能实现。输出寄存器的触点也可供内部编程使用。

复习与提高

1. 简述PLC的特点。

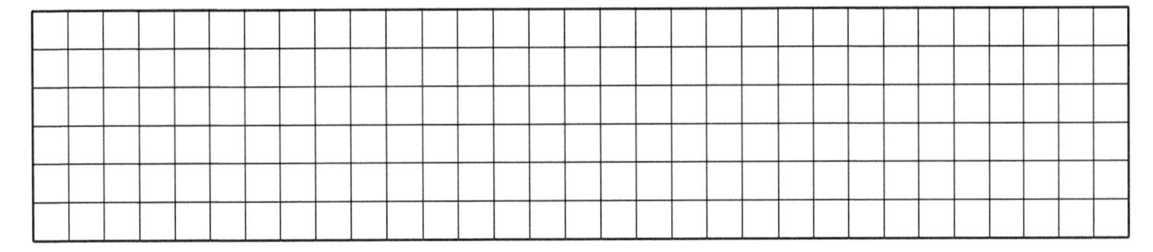

2. 举例说明PLC的主要应用领域有哪些?

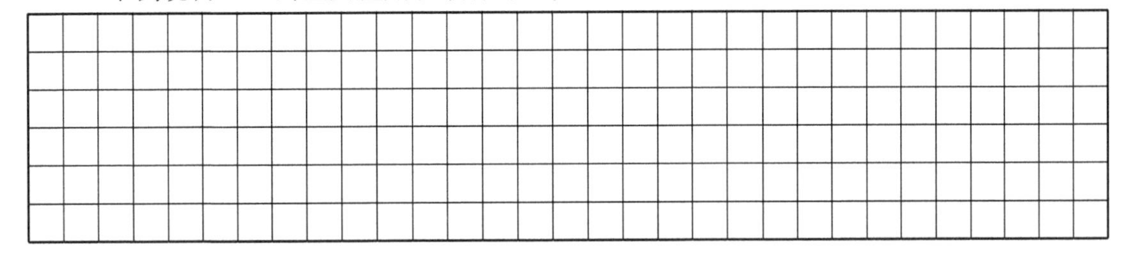

3. 简述PLC的分类方法,并列举各类PLC的代表产品。

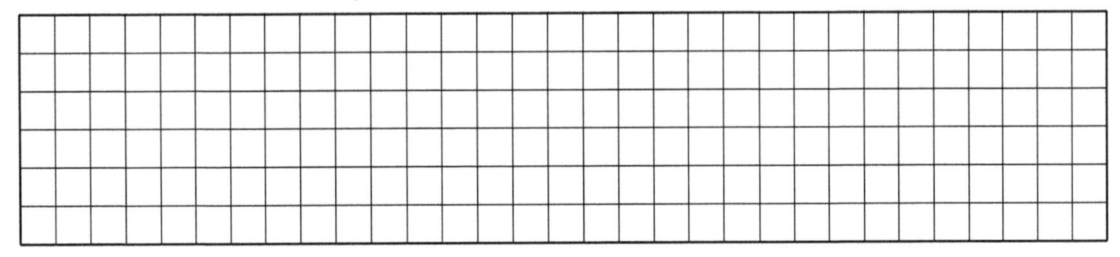

4. 简述PLC的主要性能指标以及今后的发展趋势。

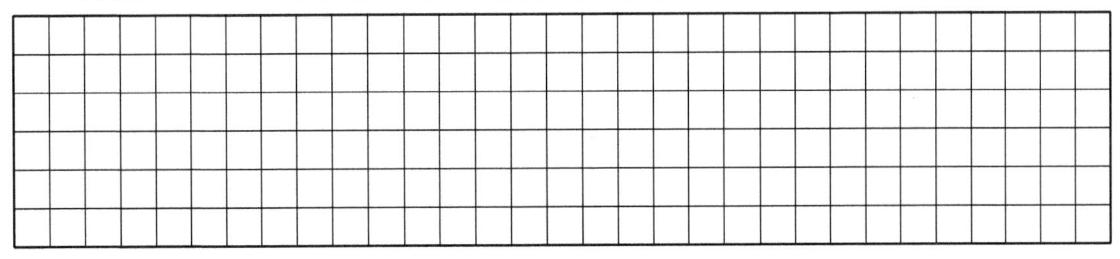

5. 简述国内外主流 PLC 产品,并简单描述各自的优点。

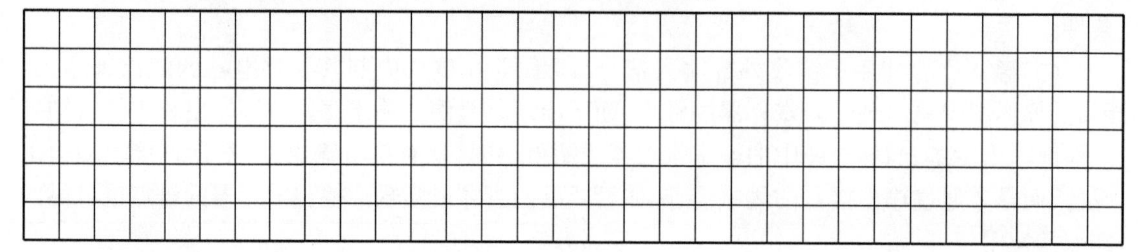

6. 简述 PLC 的基本结构,并简单描述各个组成部分的功能与作用。

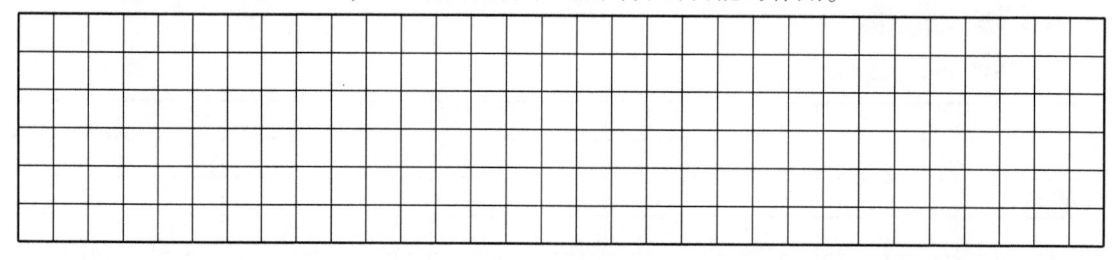

7. 简述 PLC 的工作原理,并简单描述 PLC 的工作过程以及过程中各个阶段的工作任务。

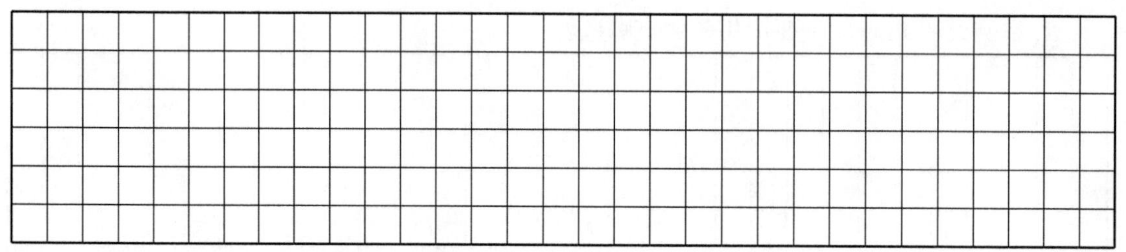

8. 简述 PLC 的基本编程语言,并简单描述不同编程语言的特点。

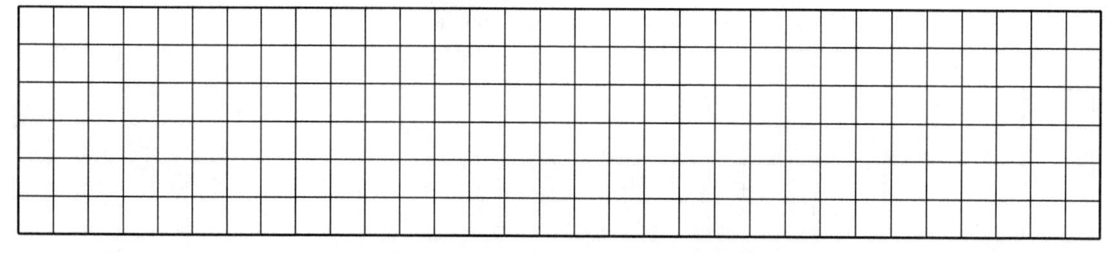

9. 简述 PLC 的基本编程元件有哪些?并简单描述各个编程元件的功能与作用。

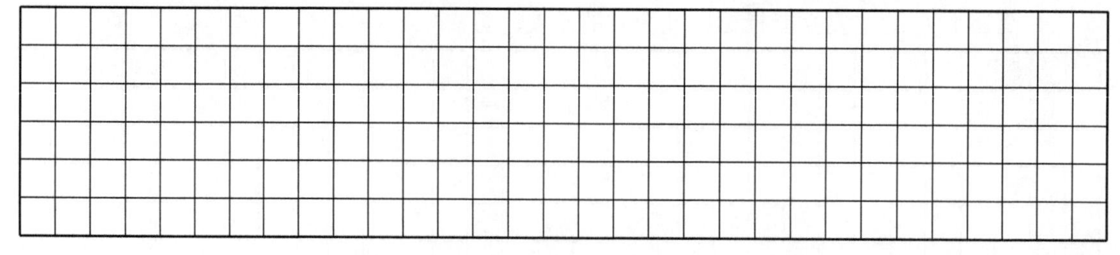

10. 简述 PLC 梯形图编程的注意事项。

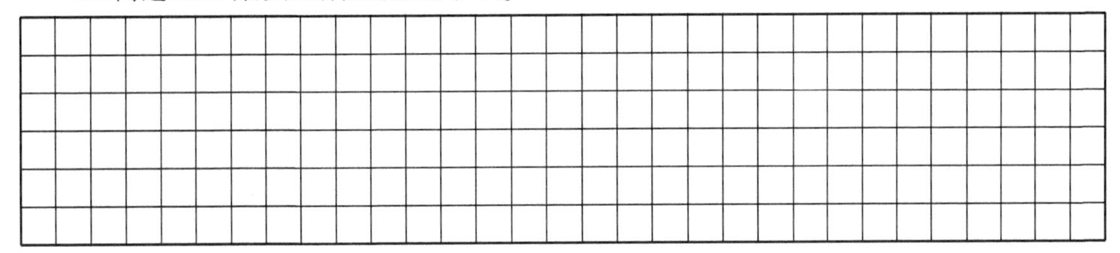

2 移植设计法

PLC 控制取代继电器控制已是大势所趋，如果用 PLC 改造继电器控制系统，根据原有的继电器电路图来设计梯形图显然是一条捷径。这是由于原有的继电器控制系统经过长期的使用和考验，已经被证明能完成系统要求的控制功能，而继电器电路图又与梯形图有很多相似之处，因此可以将继电器电路图经过适当的“翻译”，从而设计出具有相同功能的 PLC 梯形图程序，所以将这种设计方法称为“移植设计法”或“翻译法”。

在分析 PLC 控制系统的功能时，可以将 PLC 想象成一个继电器控制系统中的控制箱。PLC 外部接线图描述的是这个控制箱的外部接线，PLC 的梯形图程序是这个控制箱内部的“线路图”，PLC 输入继电器和输出继电器是这个控制箱与外部联系的“中间继电器”，这样就可以用分析继电器电路图的方法来分析 PLC 控制系统。另外，可以将输入继电器的触点想象成对应的外部输入设备的触点，将输出继电器的线圈想象成对应的外部输出设备的线圈。外部输出设备的线圈除了受 PLC 的控制外，可能还会受外部触点的控制。用上述的思想就可以将继电器电路图转换为功能相同的 PLC 外部接线图和梯形图。

2.1 常见低压电器元件

工业控制设备采用的基本都是低压电器。因此，低压电器是电气控制中的基本组成元件，控制系统的优劣与低压电器的性能有直接的关系。作为电气工程技术人员，应该熟悉低压电器的结构、工作原理和使用方法。

低压电器是指额定电压等级在交流 1200V、直流 1500V 以下的电器。在我国工业控制电路中最常用的三相交流电压等级为 380V，只有在特定行业环境下才用其他电压等级，如煤矿井下的电钻用 127V、运输机用 660V、采煤机用 1140V 等。

单相交流电压等级最常见的为 220V，机床、热工仪表和矿井照明等采用 127V 电压等级，其他电压等级如 6V、12V、24V、36V 和 42V 等一般用于安全场所的照明、信号灯以及作为控制电压。

直流常用电压等级有 110V、220V 和 440V，主要用于动力；6V、12V、24V 和 36V 主要用于控制；在电子线路中还有 5V、9V 和 15V 等电压等级。

低压电器种类繁多，功能各样，构造各异，用途广泛，工作原理各不相同，常用低压电器的分类方法也很多。按用途或控制对象分类可分为配电电器和控制电器，见表 1-13。

电器元件性能、用途一览表

表 1-13

名称	实 物 图	符 号	性 能	用 途
接触器(KM)		KM	接触器分为交流接触器和直流接触器,它应用于电力、配电与用电场合。接触器广义上是指工业电中利用线圈流过电流产生磁场,使触头闭合,以达到控制负载的电器	交流接触器是电力拖动和自动控制系统中应用最普遍的一种低压控制电器。作为执行元件,用于接通、分断线路或频繁控制的电动机等设备运行。由动、静主触头,灭弧罩,动、静铁芯,辅助触头和支架外壳等组成。电磁线圈通电后,使动铁芯在电磁力作用下吸合,直接或通过杠杆传动使动触头与静触头接触,接通电路。电磁线圈断电后,动铁芯在复位弹簧作用下自动返回,俗称释放、触头分开、电路分断
二极控制开关/二极刀开关(QS)		QS	刀开关是带有动触头(闸刀),并通过它与底座上的静触头(刀夹座)相契合(或分离),以接通(或分断)电路的一种开关。刀开关又称闸刀开关或隔离开关,它是手控电器中最简单而使用又较广泛的一种低压电器。刀开关通常由绝缘底板、动触刀、静触座、灭弧装置和操作机构组成。刀开关按照极数可以分为单极刀开关、双极刀开关和三极刀开关	中央手柄式的单投和双投刀开关主要用于变电站,不切断带有电流的电路,可作为隔离开关使用。 侧面操作手柄式刀开关,主要用于动力箱中。 中央正面杠杆操作机构刀开关主要用于正面操作、后面维修的开关柜中,操作机构装在正前方。 侧方正面操作机械式刀开关主要用于正面操作、前面维修的开关柜中,操作机构可以在柜的两侧安装。 装有灭弧室的刀开关可以切断电流负荷,其他系列刀开关只作为隔离开关使用

续上表

名称	实物图	符号	性能	用途
转换开关(SA)		① ② ③ ④	一种可供两路或两路以上电源或负载转换用的开关电器。转换开关由多节触头组合而成,在电气设备中,多用于非频繁地接通和分断电路,接通电源和负载,测量三相电压以及控制小容量异步电动机的正反转和星三角启动等。这些部件通过螺栓紧固为一个整体	转换开关可作为电路控制开关、测试设备开关、电动机控制开关和主令控制开关,以及电焊机用转换开关等。转换开关一般应用于交流50Hz、电压380V及以下,直流电压220V及以下电路中转换电气控制线路和电气测量仪表。例如常用LW5/YH2/2型转换开关常用于转换测量三相电压使用。 组合开关适用于交流50Hz、电压380V及以下,直流电压220V及以下,用于手动不频繁接通或分断电路,换接电源或负载,可承载电流一般较大
行程开关(SQ)		SQ	行程开关是位置开关(又称限位开关)的一种,是一种常用的小电流主令电器。利用生产机械运动部件的碰撞使其触头动作来实现接通或分断控制电路,达到一定的控制目的。通常,这类开关被用来限制机械运动的位置或行程,使运动机械按一定位置或行程自动停止、反向运动、变速运动或自动往返运动等	日常生活中行程开关的应用领域很多,它主要是起联锁保护的作用。最常见的例子是在洗衣机和录音机(录像机)中的应用。 工业现场中行程开关主要用于将机械位移转变成电信号,使电动机的运行状态得以改变,从而控制机械动作或用作程序控制
熔断器(FU)		FU	熔断器是指当电流超过规定值时,以本身产生的热量使熔体熔断,进而断开电路的一种电器	为防止发生越级熔断、扩大事故范围,上、下级(即供电干、支线)线路的熔断器间应有良好配合。选用时,应使上级(供电干线)熔断器的熔体额定电流比下级(供电支线)的大1~2个级差。常用的熔断器有管式熔断器R1系列、螺旋式熔断器RL1系列、填料封闭式熔断器RT0系列及快速熔断器RS0、RS3系列等

续上表

名称	实物图	符号	性能	用途
低压断路器(QF)		QF	低压断路器(曾称自动开关)是一种不仅可以接通和分断正常负荷电流和过负荷电流,还可以接通和分断短路电流的开关电器。低压断路器在电路中除起控制作用外,还具有一定的保护功能,如过负荷、短路、欠压和漏电保护等。低压断路器的分类方式很多,按使用类别分,有选择型(保护装置参数可调)和非选择型(保护装置参数不可调);按灭弧介质分,有空气式和真空式(目前国产多为空气式)	低压断路器是一种既有手动开关作用,又能自动进行失压、欠压、过载和短路保护的电器,可用来分配电能,不频繁地启动异步电动机,对电源线路及电动机等实行保护,当它们发生严重的过载或者短路及欠压等故障时,能自动切断电路,其功能相当于熔断器式开关与过欠热继电器等组合。而且在分断故障电流后一般不需要变更零部件
控制按钮(SB)		SB	控制按钮主要用于远距离控制接触器、电磁启动器、继电器线圈及其他控制线路,也可用于电气联锁线路等	为了标明各个按钮的作用,避免误操作,通常将按钮帽做成不同的颜色,以示区别,其颜色有红、绿、黑、黄、蓝、白等。如,红色表示停止按钮、绿色表示启动按钮等
继电器 中间继电器		KA	中间继电器原理和交流接触器一样,都是由固定铁芯、动铁芯、弹簧、动触点、静触点、线圈、接线端子和外壳组成。它只能用于控制电路中。它一般是没有主触点的,因为过载能力比较小。所以它用的全部都是辅助触头,数量比较多	中间继电器用于继电保护与自动控制系统中,以增加触点的数量及容量。它用于在控制电路中传递中间信号。中间继电器的结构和原理与交流接触器基本相同,与接触器的主要区别在于:接触器的主触头可以通过大电流,而中间继电器的触头只能通过小电流
继电器 时间继电器		KT	时间继电器是指当加入(或去掉)输入的动作信号后,其输出电路需经过规定的准确时间才产生跳跃式变化(或触头动作)的一种继电器。是一种使用在较低的电压或较小电流的电路上,用来接通或切断较高电压、较大电流的电路的电器元件。同时,时间继电器也是一种利用电磁原理或机械原理实现延时控制的控制电器	时间继电器可分为通电延时型和断电延时型两种类型。时间继电器的主要功能是作为简单程序控制中的一种执行器件,当它接受了启动信号后开始计时,计时结束后它的工作触头进行开或合的动作,从而推动后续的电路工作

续上表

名称		实物图	符号	性能	用途
继电器	热继电器		FR 3	热继电器的工作原理是电流入热元件的电流产生热量,使有不同膨胀系数的双金属片发生形变,当形变达到一定距离时,就推动连杆动作,使控制电路断开,从而使接触器失电,主电路断开,实现电动机的过载保护	热继电器主要用于保护电动机的过载,因此选用时必须了解电动机的情况,如工作环境、启动电流、负载性质、工作制、允许过载能力等。有些型号的热继电器还具有断相保护功能
	速度继电器		SR n	速度继电器(转速继电器)又称反接制动继电器。它的主要结构是由转子、定子及触点三部分组成	速度继电器主要用于三相异步电动机反接制动的控制电路,它的任务是当三相电源的相序改变以后,产生与实际转子转动方向相反的旋转磁场,从而产生制动力矩。因此,使电动机在制动状态下迅速降低速度。在电机转速接近零时立即发出信号,切断电源使之停车(否则电动机将开始反方向启动)

2.2 移植设计法的编程步骤

1)分析原有系统的工作原理

了解被控设备的工艺过程和机械的动作情况,根据继电器电路图分析和掌握控制系统的工作原理。

2)PLC 的 I/O 分配

确定系统的输入设备和输出设备,进行 PLC 的 I/O 分配,画出 PLC 外部接线图。

3)建立其他元器件的对应关系

确定继电器电路图中的中间继电器、时间继电器等各器件与 PLC 中的辅助继电器和定时器的对应关系。

以上步骤建立了继电器电路图中所有元器件与 PLC 内部编程元件的对应关系,对于移植设计法而言,这非常重要。在此过程中应该处理好以下几个问题。

(1)继电器电路中的执行元件应与 PLC 的输出继电器对应,如交直流接触器、电磁阀、电磁铁、指示灯等。

(2)继电器电路中的主令电器应与 PLC 的输入继电器对应,如按钮、位置开关、选择开关等。热继电器的触点可作为 PLC 的输入,也可接在 PLC 外部电路中,主要是看 PLC 的输入点是否富余。注意处理好 PLC 内、外触点的常开和常闭的关系,其对应关系见表 1-14。

移植设计法主令电器对应关系表 表 1-14

电 路 图	接 线 图	梯 形 图
常开触点	常开触点	常开触点
	常闭触点	常闭触点
常闭触点	常开触点	常闭触点
	常闭触点	常开触点

(3)继电器电路中的中间继电器与 PLC 的辅助继电器对应。

(4)继电器电路中的时间继电器与 PLC 的定时器或计数器对应,但要注意:时间继电器有通电延时型和断电延时型两种,而定时器只有通电延时型一种。

4)设计梯形图程序

根据上述的对应关系,将继电器电路图“翻译”成对应的“准梯形图”,再根据梯形图的编程规则将“准梯形图”转换成结构合理的梯形图。对于复杂的控制电路可化整为零,先进行局部的转换,最后再综合起来。

5)仔细校对、认真调试

对转换后的梯形图一定要仔细校对、认真调试,以保证其控制功能与原图相符。

2.3 移植设计法设计举例

以电动机的点动控制为例,其控制电路图如图 1-4 所示。

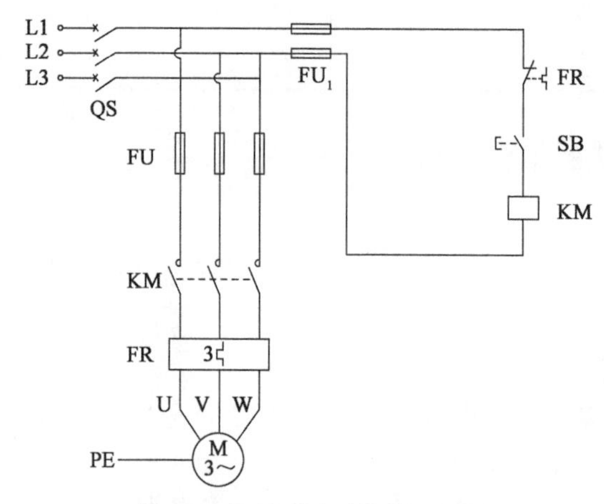

图 1-4 电动机的点动控制电路图

首先分析原有系统的工作原理,启动停止控制。正常工作时,合上电源断路器 FR,按下启动按钮 SB,控制电路中 KM 线圈得电,导致 KM 主触头闭合,从而电动机 M 启动并点动运行。当松开 SB 恢复到断开位置,交流接触器 KM 失电,主电路交流接触器主触点 KM 断开,电动机 M 停止。当电机处于过载状态时,热继电器的发热元件发热,导致控制电路中热继电器的常闭触点 FR 断开,交流接触器 KM 失电,主电路交流接触器主触点 KM 断开,电动机 M 停止。

对其进行 PLC 改造时,保持主电路不变,确定系统的输入设备和输出设备。由电路工作原理可得,输入设备为按钮 SB 以及热继电器的常闭触点 FR,同时画出 PLC 的接线图如图 1-5 所示。

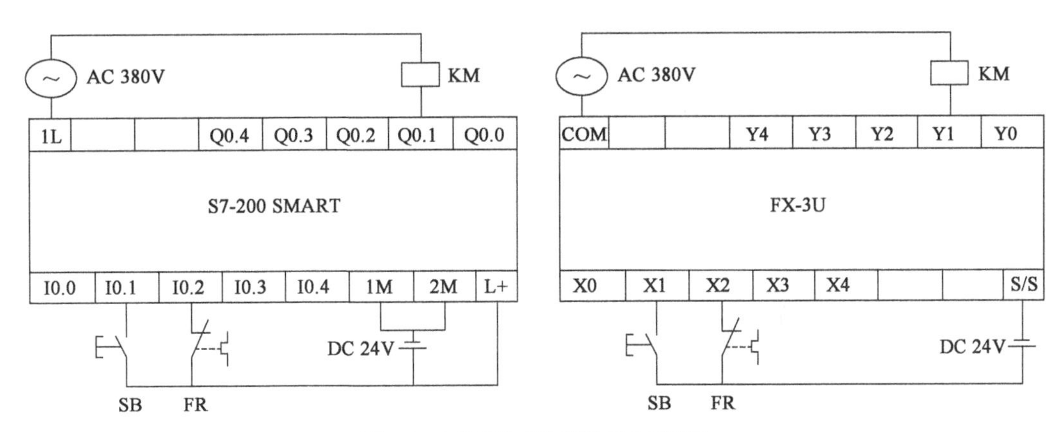

图 1-5　电动机的点动控制 PLC 接线图

确定电路图中的继电器、主令电器等各器件与 PLC 中的编程元件的对应关系。

根据上述对应关系，将继电器电路图“翻译”成对应的“准梯形图”，如图 1-6 所示，其中图 1-6a）为将继电器电路图“翻译”成西门子 S7-200 SMART 型 PLC 对应的“准梯形图”，图 1-6b）为将继电器电路图“翻译”成三菱 FX-3U 型 PLC 对应的“准梯形图”。

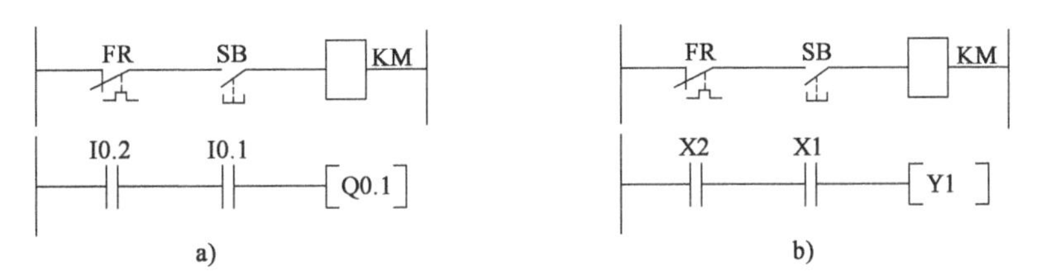

图 1-6　移植设计法编写梯形图

对于转换后的梯形图，一定要仔细校对、认真调试，以保证其控制功能与原图相符。

复习与提高

1. 常见低压电器元件有哪些？各自的电气符号是什么？

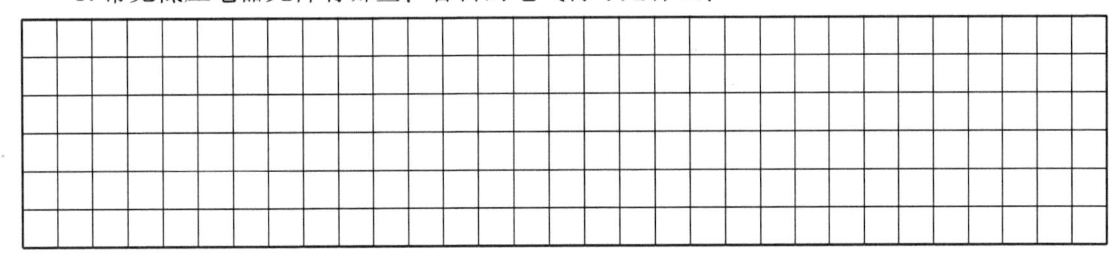

2. 移植设计法的编程步骤有哪些？

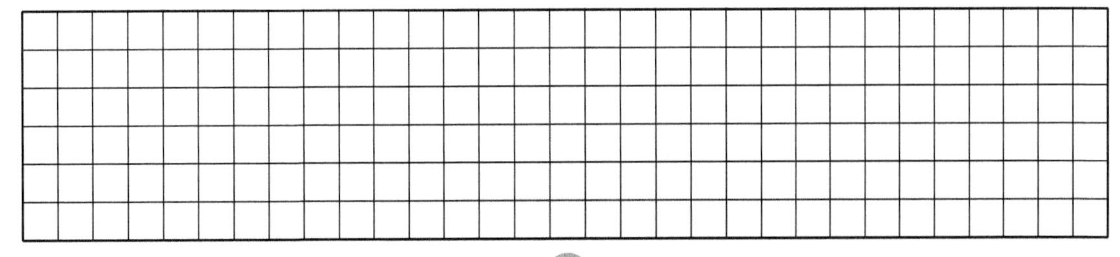

3. 移植设计法的编程过程当中有哪些注意事项?

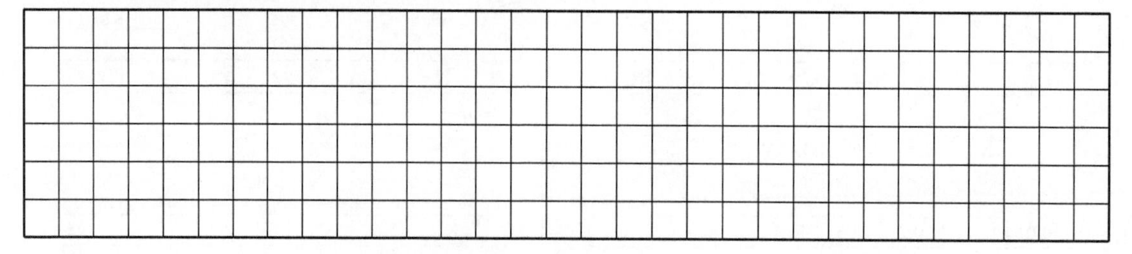

4. 热继电器的触点可以接在 PLC 外部电路中吗?若可以,试画出接线图;若不可以,说明原因。

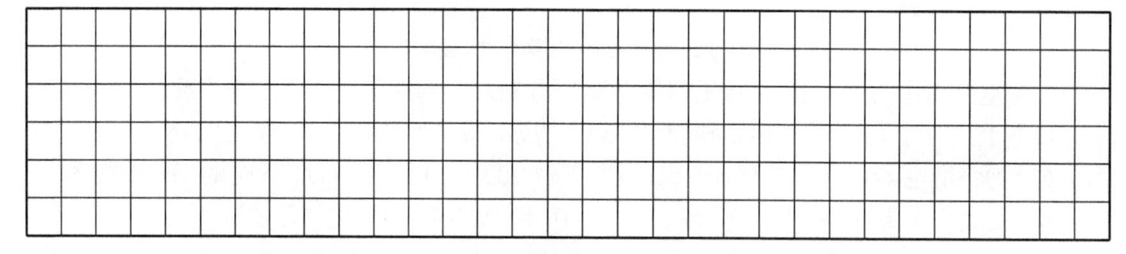

5. 简述 PLC 的定时器与时间继电器的异同之处。

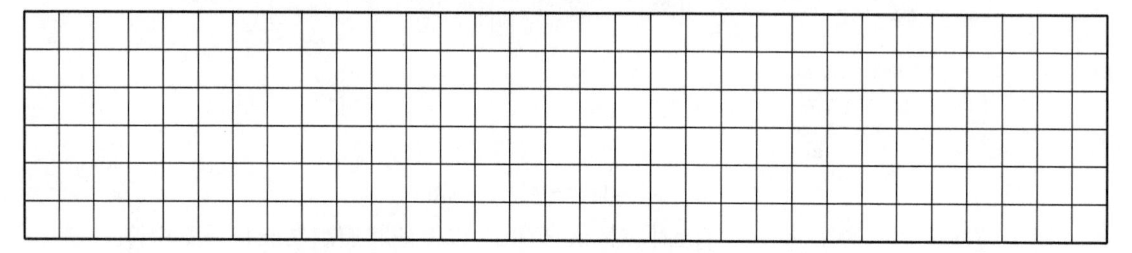

6. 简述电气控制电路图与 PLC 梯形图各元件之间的对应关系。

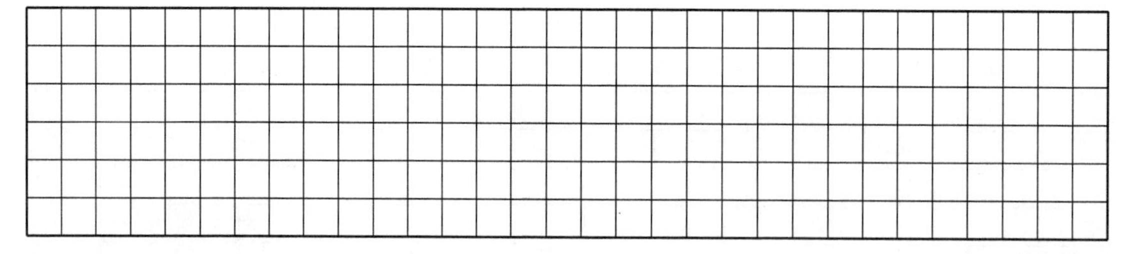

3 逻辑设计法

逻辑设计法是以逻辑组合或逻辑时序的方法和形式来设计 PLC 程序,可分为组合逻辑设计法和时序逻辑设计法两种。这些设计方法既有严密可循的规律性、明确可行的设计步骤,又具有简便、直观和规范的特点。

3.1 逻辑函数与梯形图的关系

组合逻辑设计法的理论基础是逻辑代数。逻辑代数的三种基本运算“与”“或”“非”都有着非常明确的物理意义。逻辑函数表达式的线路结构与 PLC 梯形图相互对应,可以直接转化。

逻辑函数与梯形图的相关对应关系见表 1-15,当一个逻辑函数用逻辑变量的基本运算式表达出来后,实现这个逻辑函数的梯形图也就确定了。

逻辑函数与梯形图的关系　　表 1-15

逻辑关系	梯形图	逻辑函数
与逻辑	X2 X1 Y1	$Y1 = X2 \times X1$
或逻辑	X1 X2 Y1	$Y1 = X2 + X1$
非逻辑	X1 Y1	$Y1 = \overline{X1}$

3.2　组合逻辑设计法的编程步骤

组合逻辑设计法适合于设计开关量控制程序,它是对控制任务进行逻辑分析和综合,将元件的通、断电状态视为以触点通、断状态为逻辑变量的逻辑函数,对经过化简的逻辑函数,利用 PLC 逻辑指令可顺利地设计出满足要求且较为简练的程序。这种方法设计思路清晰,所编写的程序易于优化。

用组合逻辑设计法进行程序设计一般可分为以下几个步骤。

1)PLC 的 I/O 分配

明确控制任务和控制要求,通过分析工艺过程绘制工作循环和检测元件分布图,取得电器执行元件功能表;确定系统的输入设备和输出设备,进行 PLC 的 I/O 分配,画出 PLC 外部接线图。

2)详细绘制系统状态转换表

通常由输出信号状态表、输入信号状态表、状态转换主令表和中间记忆装置状态表四个部分组成。状态转换表全面、完整地展示了系统各部分、各时刻的状态和状态之间的联系及转换,非常直观,对建立控制系统的整体联系、动态变化的概念有很大帮助,是进行系统的分析和设计的有效工具。

3)根据状态转换表进行系统的逻辑设计

包括列写中间记忆元件的逻辑函数式和列写执行元件(输出量)的逻辑函数式。这两个函数式组,既是生产机械或生产过程内部逻辑关系和变化规律的表达形式,又是构成控制系统实现控制目标的具体程序。

4)将逻辑设计的结果转化为PLC程序

逻辑设计的结果(逻辑函数式)能够很方便地过渡到PLC程序,特别是语句表形式,其结构和形式都与逻辑函数式非常相似,很容易直接由逻辑函数式转化。当然,如果设计者需要由梯形图程序作为一种过渡,或者选用的PLC编程器具有图形输入的功能,则也可以首先由逻辑函数式转化为梯形图程序。

5)仔细校对、认真调试

对照梯形图的编程规则,对控制程序一定要仔细校对、认真调试。

3.3 组合逻辑设计法的设计举例

现要求设计一台四人匿名投票表决器,三人或三人以上同意才可通过,采用指示灯显示结果,灯亮表示通过,不亮表示不通过。

根据控制任务和控制要求明确系统的输入输出情况,完成PLC的I/O分配,绘制PLC接线图,如图1-7所示。

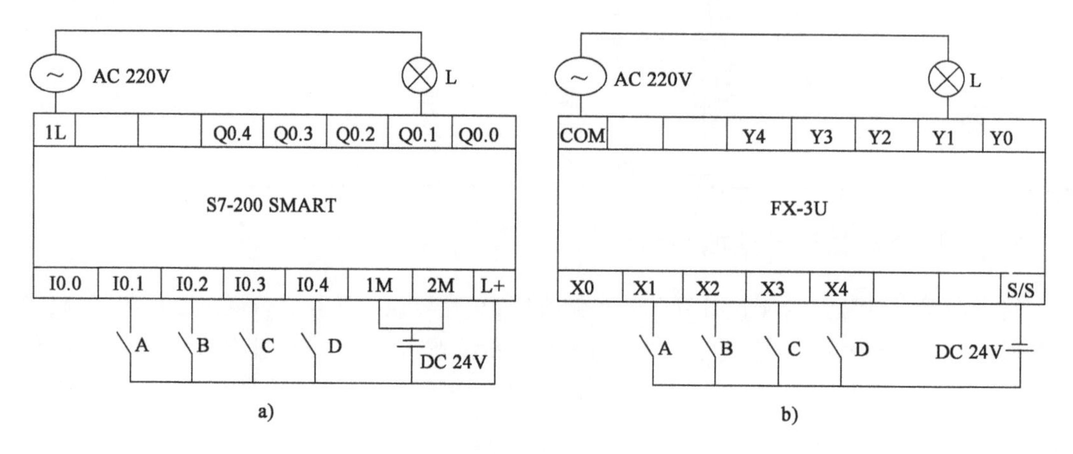

图1-7 四人匿名投票表决器PLC接线图

详细绘制系统状态转换表,见表1-16。

四人匿名投票表决器输入输出真值表 表1-16

A	*B*	*C*	*D*	*L*
0	0	0	0	0
0	0	0	1	0
0	0	1	0	0
0	1	0	0	0
1	0	0	0	0
0	0	1	1	0
0	1	0	1	0

续上表

A	B	C	D	L
0	1	1	0	0
1	0	0	1	0
1	0	1	0	0
1	1	0	0	0
0	1	1	1	1
1	0	1	1	1
1	1	0	1	1
1	1	1	0	1
1	1	1	1	1
逻辑表达式：$L=\overline{A}BCD+A\overline{B}CD+AB\overline{C}D+ABC\overline{D}+ABCD$				

根据状态转换表进行系统的逻辑设计，此处采用卡诺图化简，见表1-17，得到最终逻辑表达式。

四人匿名投票表决器输入输出真值表化简结果　　表1-17

CD/AB	00	01	11	10
00	0	0	0	0
01	0	0	1	0
11	0	1	1	1
10	0	0	1	0
化简结果：$L=ABC+ABD+ACD+BCD$				

将逻辑设计的结果转化为PLC程序，可采用功能模块图语言直接编写PLC控制程序，如图1-8所示。

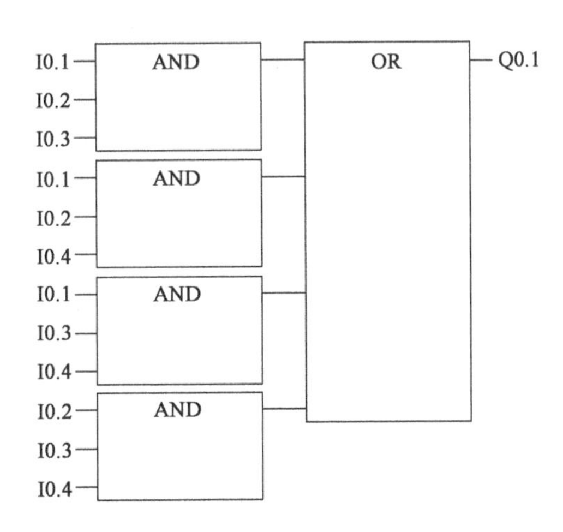

图1-8　四人匿名投票表决器功能模块图语言程序（西门子S7-200 SMART）

对照PLC编程规则，对控制程序一定要仔细校对、认真调试。

1. 简述组合逻辑设计法的设计步骤。

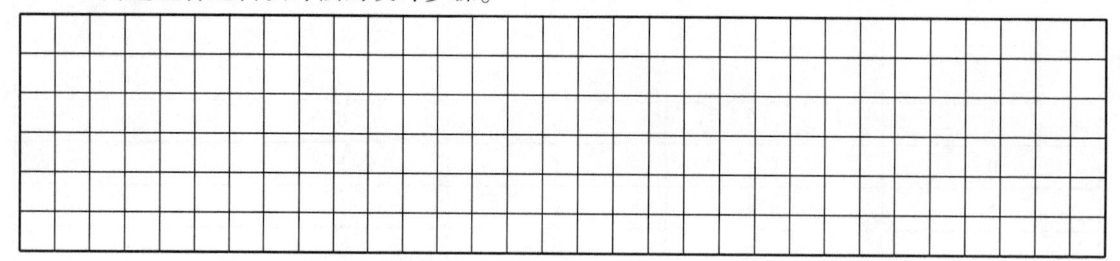

2. 简述逻辑函数与梯形图的关系。

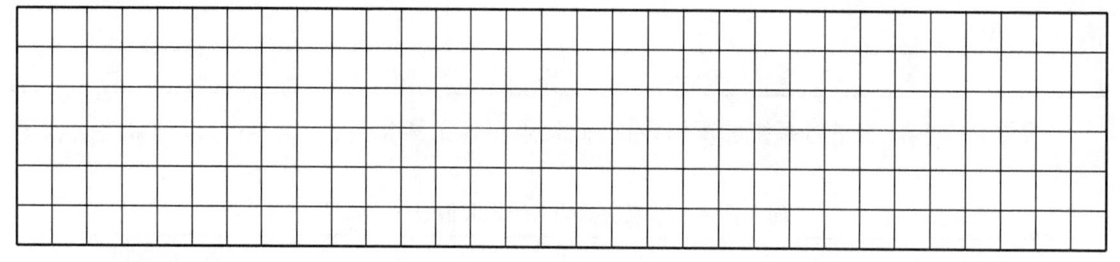

3. 简述功能模块图语言的特点。

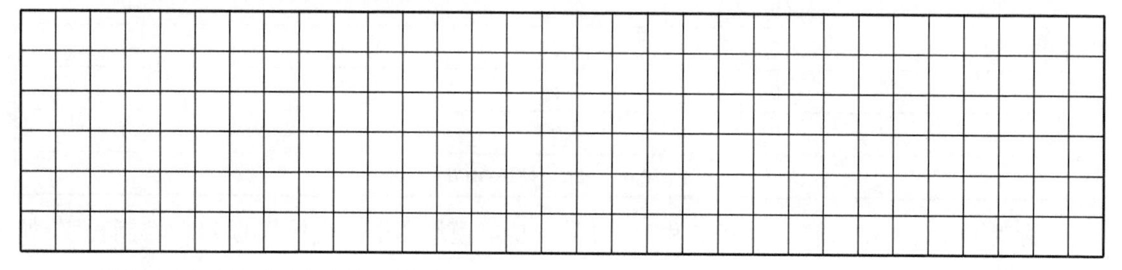

4. 简述组合逻辑设计法的优缺点。

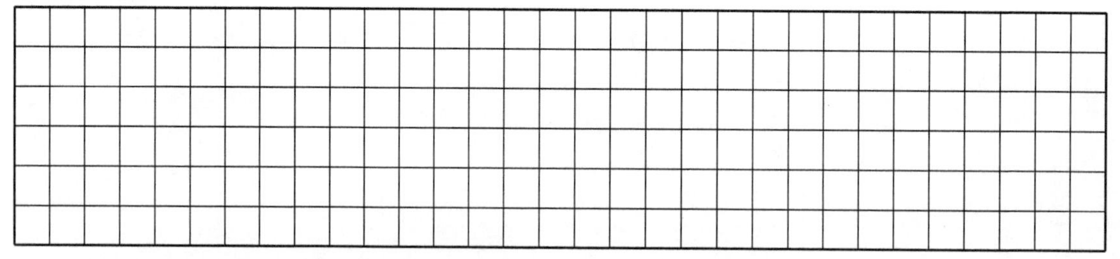

5. 简述组合逻辑设计法的适用条件与场合。

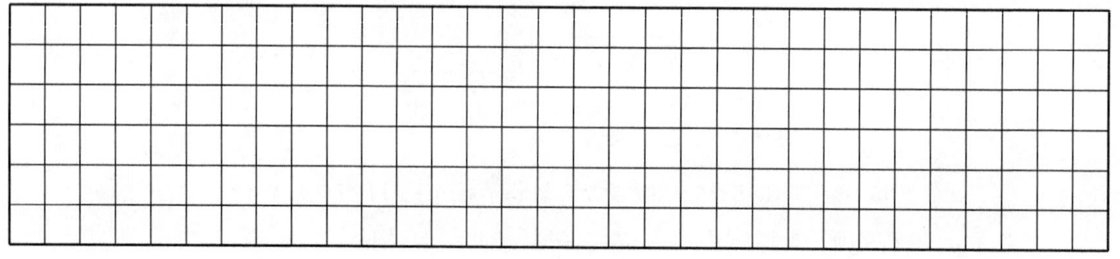

4　顺序控制设计法

如果一个控制系统可以分解成几个独立的控制动作，且这些动作必须严格按照一定的先后次序执行才能保证生产过程的正常运行，则这样的控制系统称为顺序控制系统，也称为步进控制系统。其控制总是一步一步按顺序进行。在工业控制领域中，顺序控制系统的应用很广，尤其在机械行业，几乎无一例外地利用顺序控制来实现加工的自动循环。

所谓顺序控制设计法就是针对顺序控制系统的一种专门的设计方法。这种设计方法很容易被初学者接受，对于有经验的工程师，也会提高设计的效率，程序的调试、修改和阅读也很方便。PLC 的设计者们为顺序控制系统的程序编制提供了大量通用和专用的编程元件，开发了专门供编制顺序控制程序用的功能表图，使这种先进的设计方法成为当前 PLC 程序设计的主要方法。

4.1　顺序控制设计法的设计步骤

采用顺序控制设计法进行程序设计的基本步骤及内容如下：

1）PLC 的 I/O 分配

确定系统的输入设备和输出设备，进行 PLC 的 I/O 分配，画出 PLC 外部接线图。

2）功能表图的绘制

根据被控对象工作内容、步骤、顺序和控制要求画出功能表图。绘制功能表图是顺序控制设计法中最为关键的一个步骤。绘制功能表图的具体方法将在后面详细介绍。

3）梯形图的编制

根据功能表图，按某种编程方式写出梯形图程序。如果 PLC 支持功能表图语言，则可直接使用该功能表图作为最终程序。

4）仔细校对、认真调试

对照梯形图的编程规则，对控制程序一定要仔细校对、认真调试。

4.2　功能表图的绘制

功能表图又称作状态转移图，它是描述控制系统的控制过程、功能和特性的一种图形，也是设计 PLC 的顺序控制程序的有力工具。功能表图并不涉及所描述的控制功能的具体技术，它是一种通用的技术语言，可以用于进一步设计和不同专业的人员之间进行技术交流。

各个 PLC 厂家都开发了相应的功能表图，各个国家也都制定了功能表图的国家标准。我国于 1986 年颁布了《电气制图　功能表图》（GB 6988.6—86），于 1996 年和 2008 年修订，现行标准为《顺序功能表图 GRAFCET 规范语言》（GB/T 21654—2008）。

功能表图的一般形式如图 1-9 所示，其主要由步、有向连线、转换、转换条件和动作（命令）组成。

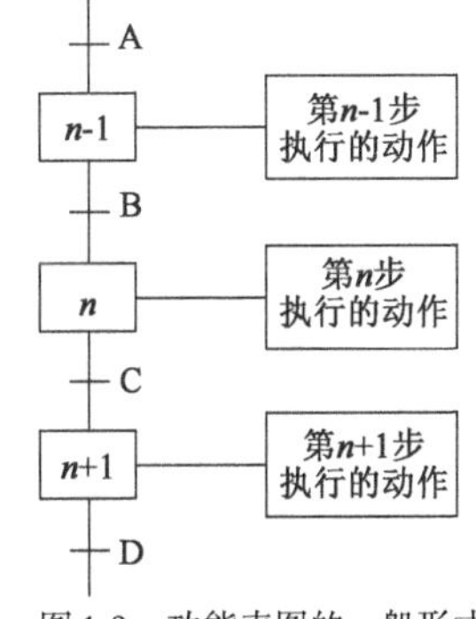

图 1-9　功能表图的一般形式

4.2.1　步与动作

1)步

在功能表图中用矩形框表示步,方框内是该步的编号。如图1-9所示,各步的编号为 $n-1$、n、$n+1$。编程时一般用PLC内部编程元件来代表各步,因此经常直接用代表该步的编程元件的元件号作为步的编号,如M300(三菱FX-3U型PLC)、M0.1(西门子S7-200 SMART型PLC)等,这样在根据功能表图设计梯形图时较为方便。

2)初始步

与系统的初始状态相对应的步称为初始步。初始状态一般是系统等待启动命令的相对静止的状态。初始步用双线方框表示,每一个功能表图至少应该有一个初始步。

3)动作

一个控制系统可以划分为被控系统和施控系统,例如在数控车床系统中,数控装置是施控系统,而车床是被控系统。对于被控系统,在某一步中要完成某些"动作";对于施控系统,在某一步中则要向被控系统发出某些"命令",将动作或命令简称为动作,并用矩形框中的文字或符号表示,该矩形框应与相应的步的符号相连。如果某一步有几个动作,可以用图1-10所示的两种画法来表示,但是图中并不隐含这些动作之间的任何顺序。

图1-10　多个动作的表示

4)活动步

当系统正处于某一步时,该步处于活动状态,称该步为"活动步"。步处于活动状态时,相应的动作被执行。若为保持型动作则该步不活动时继续执行该动作,若为非保持型动作则指该步不活动时,动作也停止执行。一般在功能表图中保持型的动作应该用文字或助记符标注,而非保持型动作不要标注。

4.2.2　有向连线、转换与转换条件

1)有向连线

在功能表图中,随着时间的推移和转换条件的实现,将会发生步的活动状态的顺序进展,这种进展按有向连线规定的路线和方向进行。在画功能表图时,将代表各步的方框按它们成为活动步的先后次序顺序排列,并用有向连线将它们连接起来。活动状态的进展方向习惯上是从上到下或从左至右,在这两个方向有向连线上的箭头可以省略。如果不是上述的方向,应在有向连线上用箭头注明进展方向。

2)转换

转换是用有向连线上与有向连线垂直的短画线来表示,转换将相邻两步分隔开。步的活动状态的进展是由转换的实现来完成的,并与控制过程的发展相对应。

3)转换条件

转换条件是与转换相关的逻辑条件,转换条件可以用文字语言、布尔代数表达式或图形符号标注在表示转换的短画线的旁边。

(1)转换条件 A 表示在逻辑信号 A 为“1”状态时转换实现。

(2)转换条件 $\overline{A}$ 表示在逻辑信号 A 为“0”状态时转换实现。

(3)转换条件 A↑表示当逻辑信号 A 从 0→1 状态时转换实现。

(4)转换条件 A↓表示当逻辑信号 A 从 1→0 状态时转换实现。

(5)转换条件较为复杂时,可以采用布尔代数表达式,如$(A+B\uparrow)\times\overline{C}$。

4.2.3　功能表图的基本结构

1)单序列

单序列由一系列相继激活的步组成,每一步的后面仅接有一个转换,每一个转换的后面只有一个步,如图 1-11 所示。

2)选择序列

选择序列的开始称为分支,如图 1-12 所示,转换符号只能标在水平连线之下。如果步 n 是活动的,并且转换条件 C=1,则发生由步 n→步 $n+1$ 的进展;如果步 n 是活动的,并且转换条件 D=1,则发生由步 n→步 $n+2$ 的进展。在某一时刻一般只允许选择一个序列。

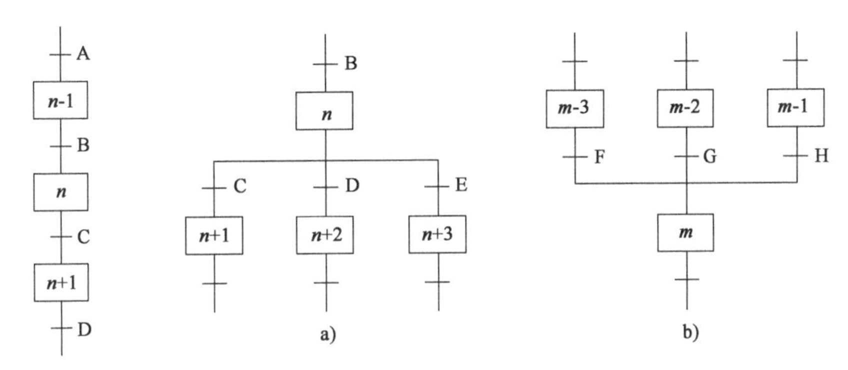

图 1-11　单序列　　　　图 1-12　选择序列

选择序列的结束称为合并,如图 1-12b)所示。如果步 $m-3$ 是活动步,并且转换条件 F=1,则发生由步 $m-3$→步 m 的进展;如果步 $m-2$ 是活动步,并且转换条件 G=1,则发生由步 $m-2$→步 m 的进展。

3)并行序列

并行序列的开始称为分支,如图 1-13a)所示,当转换条件的实现导致几个序列同时激活时,这些序列称为并行序列。当步 n 是活动步,并且转换条件 C=1 时,步 $n+1$、$n+2$、$n+3$ 这三步同时变为活动步,同时步 n 变为不活动步。为了强调转换的同步实现,水平连线用双线表示。步 $n+1$、$n+2$、$n+3$ 被同时激活后,每个序列中活动步的进展将是独立的。在表示同步的水平双线之上,只允许有一个转换符号。

并行序列的结束称为合并,如图 1-13b)所示,在表示同步的水平双线之下,只允许有一个转换符号。当直接连在双线上的所有前级步都处于活动状态,即步 $m-3$、$m-2$、$m-1$ 均为活动步并且转换条件 D=1 时,才会发生步 $m-3$、$m-2$、$m-1$ 到步 m 的进展,即步 $m-3$、$m-2$、$m-1$ 同时变为不活动步,而步 m 变为活动步。并行序列表示系统的几个同时工作的独立部分的工作情况。

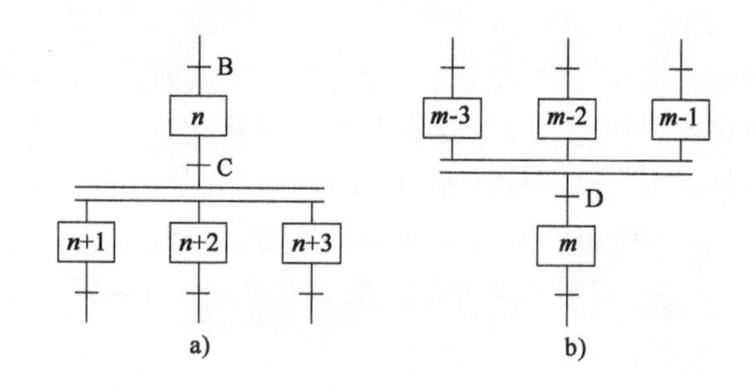

图 1-13　并行序列

4)子步

如图 1-14 所示,某一步可以包含一系列子步和转换,通常这些序列表示整个系统的一个完整的子功能。子步的使用使系统的设计者在总体设计时容易抓住系统的主要矛盾,用更加简洁的方式表示系统的整体功能和概貌,而不是一开始就陷入某些细节之中。设计者可以从最简单的对整个系统的全面描述开始,然后画出更详细的功能表图,子步中还可以包含更详细的子步,这使设计方法的逻辑性很强,可以减少设计中的错误,缩短总体设计和查错所需要的时间。

4.2.4　转换实现的基本规则

1)转换实现的条件

在功能表图中,步的活动状态的进展是由转换的实现来完成的。转换实现必须同时满足两个条件:该转换所有的前级步都是活动步;而且相应的转换条件得到满足。如果转换的前级步或后续步不只一个,转换的实现称为同步实现,如图 1-15 所示。

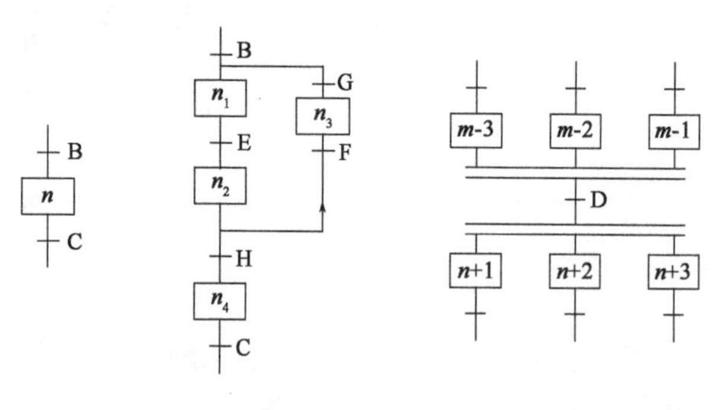

图 1-14　子步　　　　图 1-15　转换的同步实现

2)转换实现应完成的操作

转换的实现应完成两个操作:使所有由有向连线与相应转换符号相连的后续步都变为活动步;而且使所有由有向连线与相应转换符号相连的前级步都变为不活动步。

4.2.5　绘制功能表图应注意的问题

(1)两个步绝对不能直接相连,必须用一个转换将它们隔开。

(2)两个转换也不能直接相连,必须用一个步将它们隔开。

(3)功能表图中初始步是必不可少的,它一般对应于系统等待启动的初始状态,这一步可能没有什么动作执行,因此很容易遗漏这一步。如果没有该步,无法表示初始状态,系统也无法返回停止状态。

(4)只有当某一步所有的前级步都是活动步时,该步才有可能变成活动步。如果用无断电保持功能的编程元件代表各步,则 PLC 开始进入进行方式时各步均处于“0”状态,因此必须要有初始化信号,将初始步预置为活动步,否则功能表图中永远不会出现活动步,系统将无法工作。

4.3　顺序控制设计法中梯形图的编程方式

梯形图的编程方式是指根据功能表图设计出梯形图的方法。为了适应各厂家的 PLC 在编程元件、指令功能和表示方法上的差异,下面主要介绍使用通用指令的编程方式、使用置位复位指令的编程方式、使用步进指令的编程方式和使用顺序功能流程图语言的编程方式。

为了便于分析,假设刚开始执行用户程序时,系统已处于初始步(三菱 PLC 用初始化脉冲 M8002 将初始步置位、西门子 PLC 用初始化脉冲 SM0.1 将初始步置位),代表其余各步的编程元件均为 OFF,为转换的实现做好了准备。

4.3.1　使用通用指令的编程方式

编程时用辅助继电器来代表步。某一步为活动步时,对应的辅助继电器为“1”状态,转换实现时,该转换的后续步变为活动步。由于转换条件大都是短信号,即它存在的时间比它激活的后续步为活动步的时间短,因此应使用有记忆(保持)功能的电路来控制代表步的辅助继电器。编程的关键是找出它的启动条件和停止条件。

根据转换实现的基本规则,转换实现的条件是它的前级步为活动步,并且满足相应的转换条件,所以第 2 步变为活动步的条件是第 1 步为活动步,并且转换条件 B =1,在梯形图中则应将第 1 步和 B 的常开触点串联后作为控制第 2 步的启动电路。当第 2 步和 C 均为“1”状态时,第 3 步变为活动步,这时第 2 步应变为不活动步,因此可以将第 3 步为“1”作为使第 2 步变为“0”状态的条件,即将第 3 步的常闭触点与第 2 步的线圈串联,如图 1-16所示。

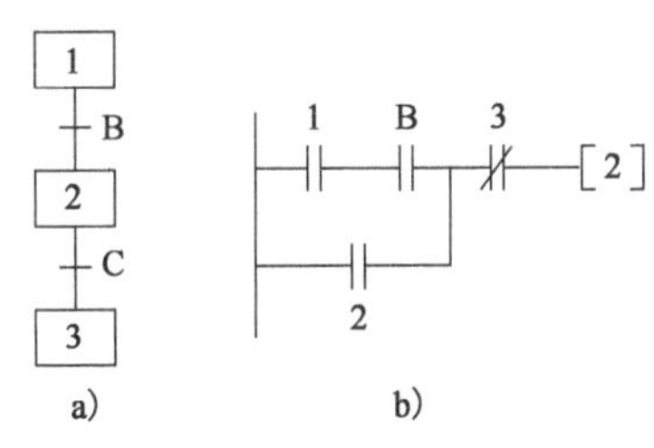

图 1-16　使用通用指令的编程方式

这种编程方式仅仅使用与触点和线圈有关的指令,任何一种 PLC 的指令系统都有这一类指令,所以称为使用通用指令的编程方式,可以适用于任意型号的 PLC。使用通用指令编写的梯形图,开始运行时,应将初始步置为“1”状态,否则系统无法工作。由于步是根据输出状态的变化来划分的,所以梯形图中输出部分的编程极为简单,可以分为两种情况来处理。

(1)某一输出继电器仅在某一步中为“1”状态,可以输出继电器来代表该步,可以节省一些编程元件,但 PLC 的辅助继电器数量是充足、够用的,且多用编程元件并不增加硬件费用,所以一般情况下全部用辅助继电器来代表各步,具有概念清楚、编程规范、梯形图易于阅读和容易查错的优点。

(2)某一输出继电器在几步中都为“1”状态,应将代表各有关步的辅助继电器的常开触点并联后,驱动该输出继电器的线圈。

4.3.2 使用置位/复位指令的编程方式

置位指令:驱动线圈,使其具有自锁功能,维持接通状态。

复位指令:使线圈复位断电。简单来讲,就是复位就是清0,置位就是置1。

图1-17所示为以使用置位/复位指令的编程方式设计的梯形图与功能表图的对应关系。当前级步1为活动步且转换条件满足(B=1)时,用步1和B的常开触点串联组成的电路来表示上述条件,两个条件同时满足时,该电路接通,此时应完成两个操作:将后续步2变为活动步(用置位指令完成)和将前级步1变为不活动步(用复位指令完成)。这种编程方式与转换实现的基本规则之间有着严格的对应关系,用它编制复杂的功能表图的梯形图时,更能显示出它的优越性。

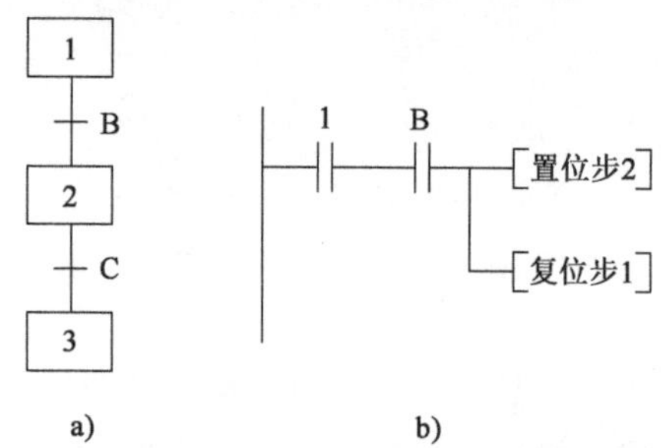

图1-17 使用置位/复位指令的编程方式

使用这种编程方式时,不能将输出继电器的线圈与置位/复位指令并联,这是因为前级步和转换条件对应的串联电路接通的时间是相当短的,转换条件满足后前级步马上被复位,该串联电路被断开,而输出继电器线圈至少应该在某一步活动的全部时间内接通。

4.3.3 使用步进指令的编程方式

许多PLC厂家都设计了专门用于编制顺序控制程序的指令和编程元件,如美国GE公司和GOULD公司的鼓形控制器、日本东芝公司的步进顺序指令、三菱公司的步进梯形指令等。

步进梯形指令(Step Ladder Instruction)简称为STL指令。FX系列就有STL指令及RET复位指令,西门子则采用SCR步进开始指令、SCRT步进转移指令以及SCRE步进结束位指令。利用这些指令,可以很方便地编制顺序控制梯形图程序。

1)三菱FX系列PLC

三菱FX系列PLC的状态器S0~S9用于初始步,S10~S19用于返回原点,S20~S499为通用状态,S500~S899有断电保持功能,S900~S999用于报警。用它们编制顺序控制程序时,应与步进梯形指令一起使用。FX系列还有许多用于步进顺控编程的特殊辅助继电器以及使状态初始化的功能指令IST,使STL指令用于设计顺序控制程序更加方便。

使用STL指令的状态器的常开触点称为STL触点,它们在梯形图中的元件符号如图1-18所示。图中可以看出功能表图与梯形图之间的对应关系,STL触点驱动的电路块具有三个功能:对负载的驱动处理、指定转换条件和指定转换目标。

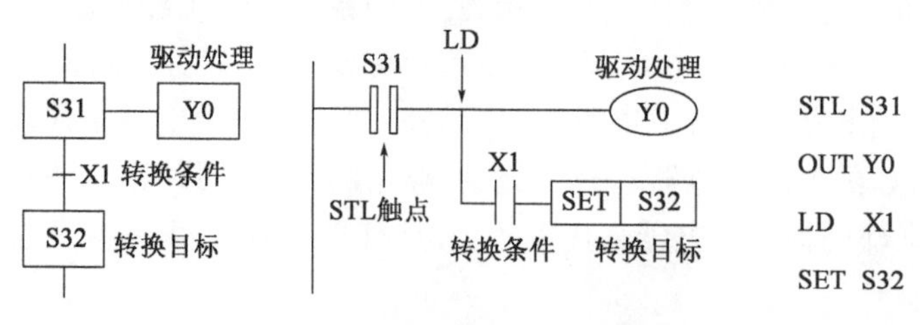

图1-18 三菱STL指令与功能表图

除了并行序列的合并对应的梯形图外,STL触点是与左侧母线相连的常开触点,当某一步为活动步时,对应的STL触点接通,该步的负载被驱动。当该步后面的转换条件满足时,转换实现,即后续步对应的状态器被SET指令置位,后续步变为活动步,同时与前级步对应的状态器被系统程序自动复位,前级步对应的STL触点断开。

使用STL指令时应该注意以下一些问题:

(1)与STL触点相连的触点应使用LD或LDI指令,即LD点移到STL触点的右侧,直到出现下一条STL指令或出现RET指令,RET指令使LD点返回左侧母线。各个STL触点驱动的电路一般放在一起,最后一个电路结束时一定要使用RET指令。

(2)STL触点可以直接驱动或通过别的触点驱动Y、M、S、T等元件的线圈,STL触点也可以使Y、M、S等元件置位或复位。

(3)STL触点断开时,CPU不执行它驱动的电路块,即CPU只执行活动步对应的程序。在没有并行序列时,任何时候只有一个活动步,因此大大缩短了扫描周期。

(4)由于CPU只执行活动步对应的电路块,使用STL指令时允许双线圈输出,即同一元件的几个线圈可以分别被不同的STL触点驱动。实际上在一个扫描周期内,同一元件的几条OUT指令中只有一条被执行。

(5)STL指令只能用于状态寄存器,在没有并行序列时,一个状态寄存器的STL触点在梯形图中只能出现一次。

(6)STL触点驱动的电路块中不能使用MC和MCR指令,但是可以使用CJP和EJP指令。当执行CJP指令跳入某一STL触点驱动的电路块时,不管该STL触点是否为"1"状态,均执行对应的EJP指令之后的电路。

(7)与普通的辅助继电器一样,可以对状态寄存器使用LD、LDI、AND、ANI、OR、ORI、SET、RST、OUT等指令,这时状态器触点的画法与普通触点的画法相同。

(8)状态器置位的指令如果不在STL触点驱动的电路块内,执行置位指令时系统程序不会自动将前级步对应的状态器复位。

2)西门子S7-200 SMART型PLC

S7-200 SMART型PLC中的顺序控制继电器(SCR)指令专门用于编制顺序控制程序。顺序控制程序被分为LSCR与SCRE指令之间的若干个SCR段,一个SCR段对应于顺序功能图中的一步。

一个SCR程序段一般有以下三种功能:

(1)驱动处理:在该段状态有效时,要做什么工作,有时也可能不做任何工作。

(2)指定转移条件和目标:满足什么条件后状态转移到何处。

(3)转移源自动复位功能:状态发生转移后,置位下一个状态的同时,自动复位原状态。

S7-200 SMART型PLC提供了三条顺序控制指令:装载SCR(LSCR)指令、SCR传输(SCRT)指令和SCR结束(SCRE)指令,见表1-18。

S7-200 SMART型PLC顺序控制指令　　表1-18

LAD	描　述
S_bit SCR	装载SCR指令(LSCR)将S位的值装载到SCR和逻辑堆栈中。SCR堆栈的结果值决定是否执行SCR程序段。SCR堆栈的值会被复制到逻辑堆栈中,因此可以直接将指令块或者输出线圈连接到左侧的能流线上而不经过中间触点

续上表

LAD	描述
S_bit —(SCRT)	SCRT 指令标识要启用的 SCR 位(要设置的下一个 S_bit)。能流进入线圈或 FBD 功能框时,CPU 会开启引用的 S_bit,并会关闭 LSCR 指令(启用此 SCR 段的指令)的 S_bit
|—(SCRE)	梯形图编程中,直接连接 SCRE 指令到能流线上,表示该顺控段的结束

使用 SCR 指令时有以下限制:

(1)SCR 指令仅对元件 S 有效,顺序控制继电器 S 也具有一般继电器的功能,所以对它能够使用其他指令。

(2)不能把同一个 S 位用于不同程序中,例如如果在主程序中使用了 S0.1,则在子程序中就不能再使用它。

(3)在 SCR 段中不能使用 JMP 和 LBL 指令,即不允许用跳转的方法跳入或跳出 SCR 段,但可以在 SCR 段附近使用跳转和标号指令或者在段内跳转。

(4)在 SCR 段中不能使用 FOR、NEXT 和 END 指令。

(5)在状态发生转移后,所有的 SCR 段的元件一般也要复位,如果希望继续输出,可使用置位/复位指令。

(6)在使用顺序功能图时,SCR 段的编写可以不按顺序编排。

4.3.4 使用顺序功能流程图的编程方式

顺序功能流程图简称 SFC,是为了满足顺序逻辑控制而设计的编程语言。步、转换和动作是顺序功能图的三种主要元件。步是一种逻辑块,每一步代表一个控制功能任务,用方框表示;动作是控制任务的独立部分,每一步可以进一步划分为一些动作;转换是从一个任务到另一个任务的条件;编程时将顺序流程动作的过程分成步和转换条件,根据转移条件对控制系统的功能流程顺序进行分配,一步一步地按照顺序动作。

顺序功能流程图编程语言的特点为:以功能为主线,按照功能流程的顺序分配,条理清楚,便于对用户程序阅读及维护,大大减轻编程的工作量,缩短编程和调试时间,避免梯形图或其他语言不能顺序动作的缺陷,同时也避免了用梯形图语言对顺序动作编程时,由于机械互锁造成用户程序结构复杂、难以理解的缺陷,用户程序扫描时间也大大缩短。

4.4 顺序控制设计法的设计举例

某车间近期计划引入自动化生产线,该生产线的原料运输采用自动小车实现,如图 1-19 所示。

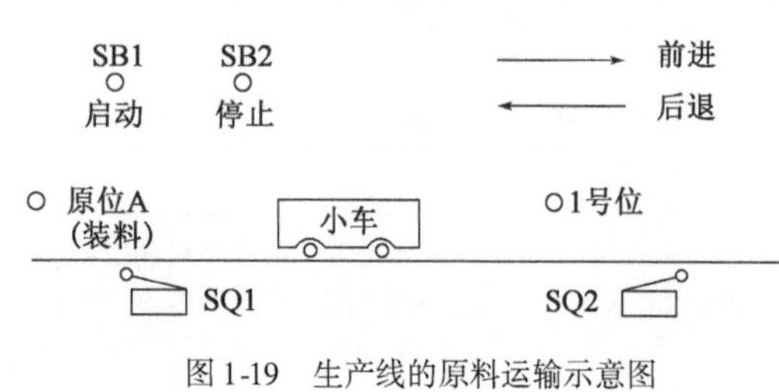

图 1-19 生产线的原料运输示意图

控制要求如下(只要求完成小车的控制,装料以及卸料装置不予考虑):

(1)按下启动按钮 SB1,小车从原位 A 开始装料,10s 后小车前进驶向 1 号位,到达 1 号位后停 8s 卸料并后退。

(2)若按下停止按钮 SB2,需完成一个工作周期后(即小车回到原位 A 处后)才停止工作。

确定系统的输入设备和输出设备,画出小车往返运动的主电路,如图 1-18 所示,采用三相异步电动机驱动运料小车,电动机的正反转分别带动小车前进和后退,如图 1-20 所示;同时进行 PLC 的 I/O 分配,画出 PLC 外部接线图,如图 1-21 所示。

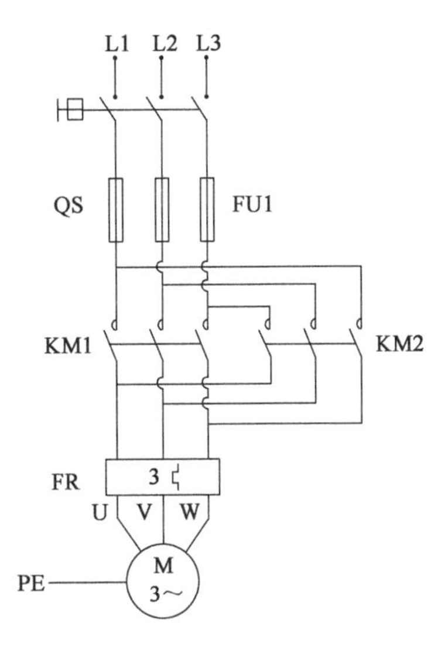

图 1-20　小车往返运动的主电路图

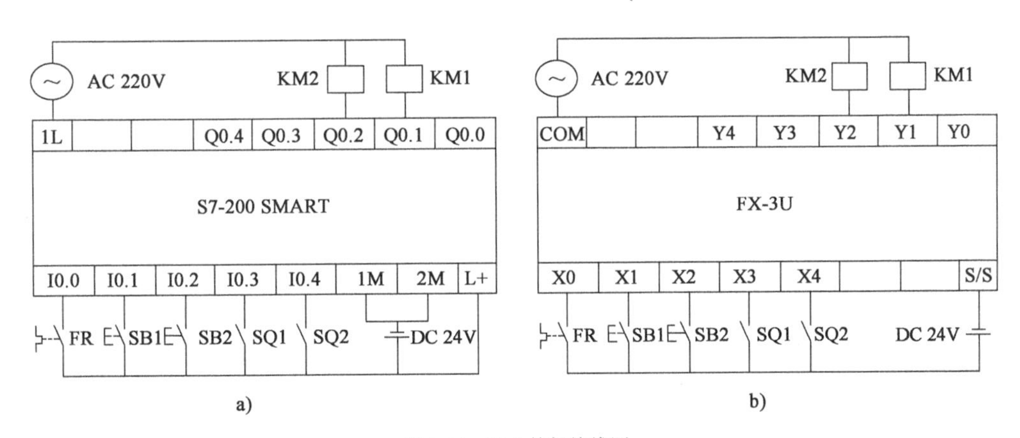

图 1-21　PLC 外部接线图

根据送料小车的工作内容、步骤、顺序和控制要求画出功能表图,如图 1-22 所示。当 PLC 通电后进入初始步 1,此时 PLC 处于待机状态,完成系统初始化,没有任何输出;当按下启动按钮 SB1 后,系统离开初始步进入下一步,步 2 成为活动步,小车开始装料,用时 10s;当计时器计时达到 10s 后工作,系统进入第 3 步,此时小车开始前进;当小车到达 A 点,行程开关 SQ1 工作,系统进入第 4 步,开始卸料,用时 8s;卸料完成,小车开始后退;当回到原点,行程开关 SQ2 动作,若在本次工作过程中,未曾按下停止按钮 SB2,则满足左侧的转换条件,进入步 2 再次装料,循环工作;若在本次工作过程中,曾按下停止按钮 SB2,则满足右侧的转换条件,进入步 1 待机,工作停止。

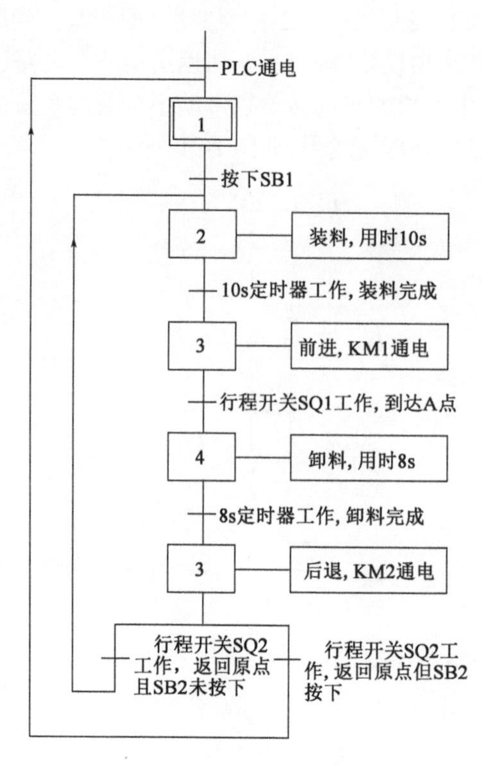

图1-22　小车控制功能表图

根据功能表图，选择合适的编程方式完成PLC程序编写，西门子S7-200 SMART使用通用指令的编程方式写出的PLC程序如图1-23所示，三菱FX3U使用置位/复位指令的编程方式写出的PLC程序如图1-24所示。

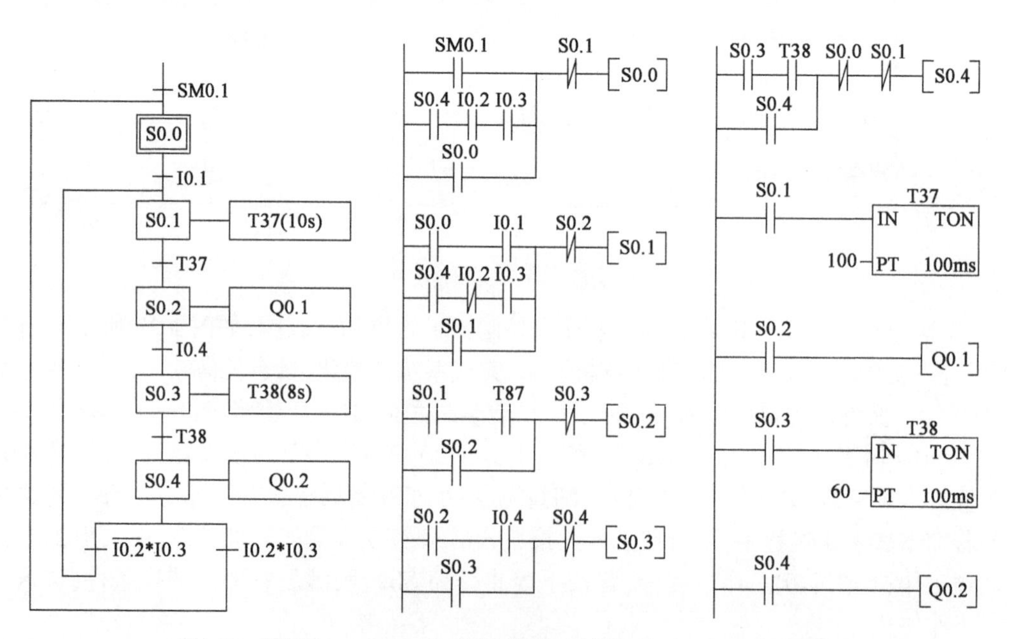

图1-23　西门子S7-200 SMART使用通用指令的编程方式写出的PLC程序

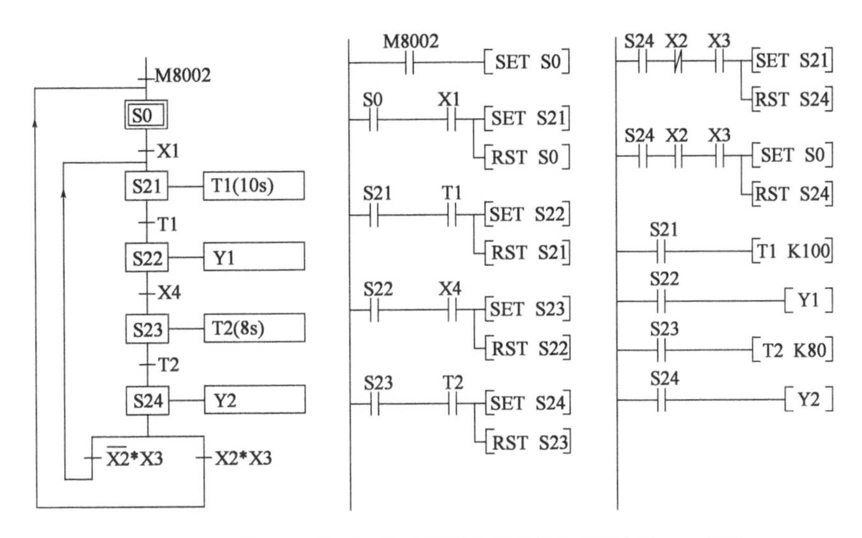

图 1-24　三菱 FX3U 使用置位/复位指令的编程方式写出的 PLC 程序

对照梯形图的编程规则,对控制程序一定要仔细校对、认真调试。

复习与提高

1. 简述顺序控制设计法的设计步骤。

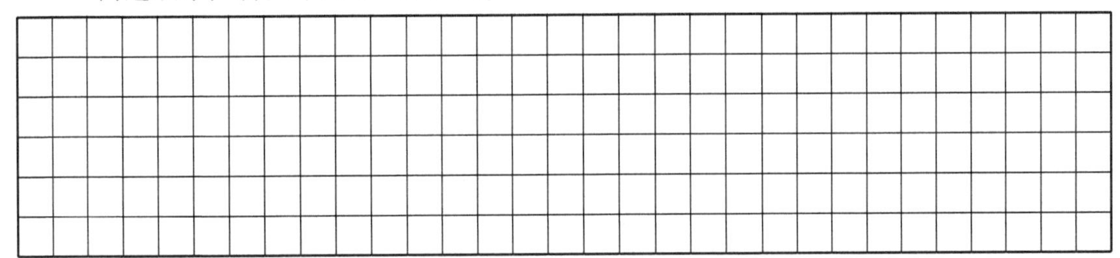

2. 简述步、初始步、活动步、子步的含义。

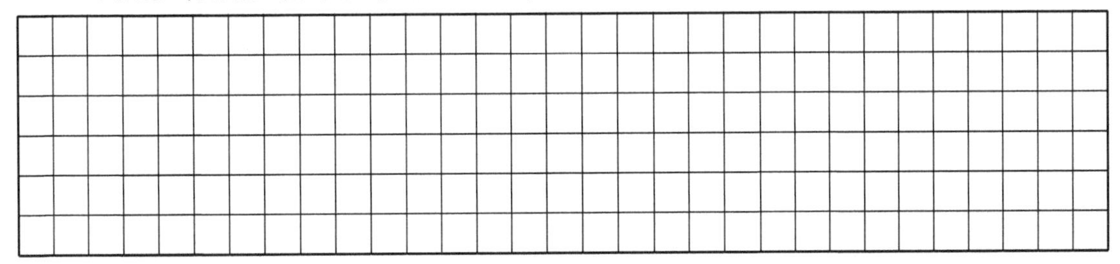

3. 功能表图的基本结构有哪几种?

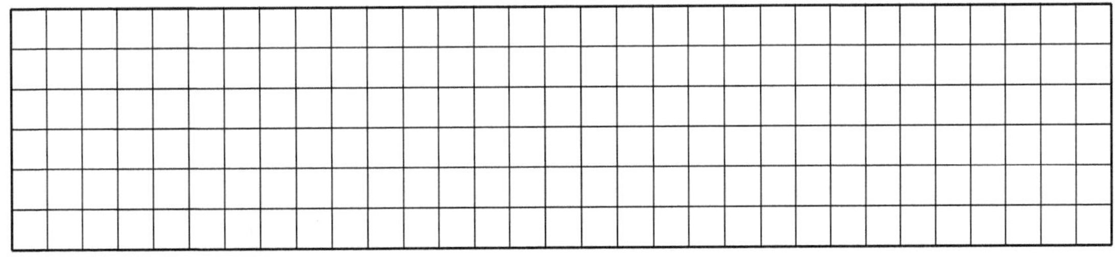

4. 绘制功能表图应注意的问题有哪些？

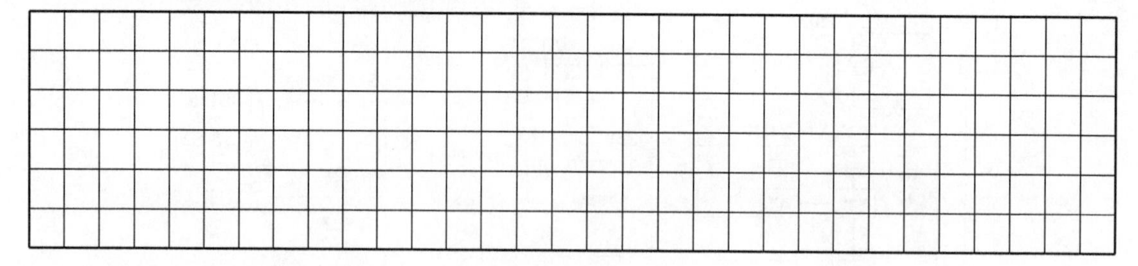

5. 顺序控制设计法中梯形图的编程方式有哪几种？各自有什么特点？

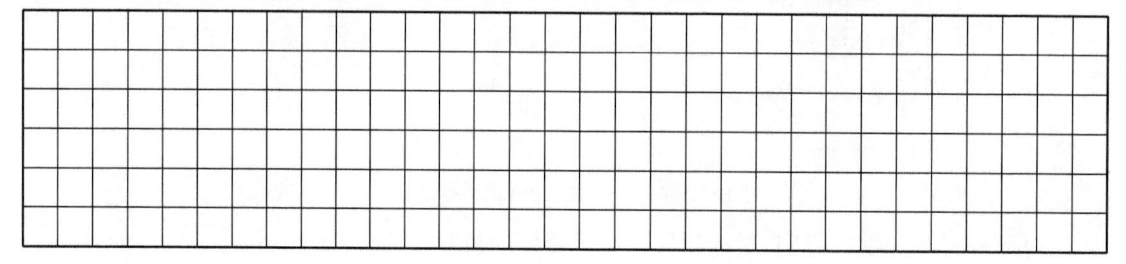

6. 简述功能表图的绘制步骤。

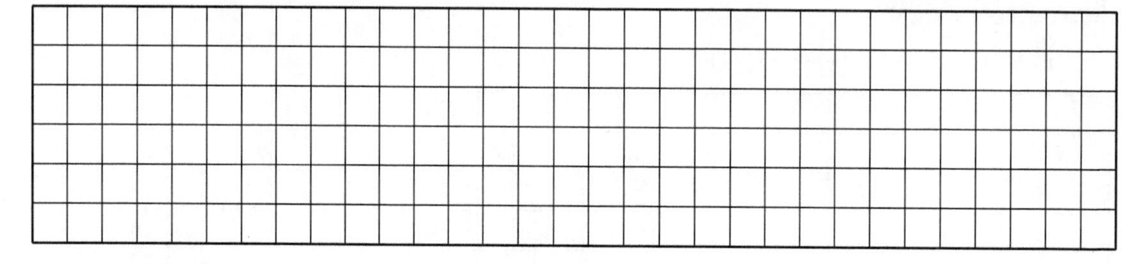

5　经验设计法

在 PLC 发展的初期，沿用了设计继电器电路图的方法来设计梯形图程序，即在已有的一些典型梯形图的基础上，根据被控对象对控制的要求，不断地修改和完善梯形图。有时需要多次反复地调试和修改梯形图，不断地增加中间编程元件和触点，最后才能得到一个较为满意的结果。这种方法没有普遍的规律可以遵循，设计所用的时间、设计的质量与编程者的经验有很大的关系，所以有人把这种设计方法称为经验设计法。它可以用于逻辑关系较简单的梯形图程序设计。

5.1　经验设计法的编程步骤

采用经验设计法进行程序设计的基本步骤及内容如下。

(1) PLC 的 I/O 分配。

确定系统的输入设备和输出设备，进行 PLC 的 I/O 分配，画出 PLC 外部接线图。

(2) 建立输入和输出之间的控制关系。

根据系统要求，借助辅助继电器等元件，建立输入和输出之间明确的控制关系，并经行仔细审核。

(3)设计梯形图程序。

根据上述的控制关系,结合梯形图的编程规则编写结构合理的梯形图。对于复杂的控制电路可化整为零,先进行局部的转换,最后再综合起来。

(4)仔细校对、认真调试。

对梯形图一定要仔细校对、认真调试。

5.2　经验设计法设计举例

以流水灯控制为例,用一个开关K控制三个灯L1、L2与L3,要求闭合开关K后,L1马上亮起;1s后,L1熄灭,同时L2亮起;2s后,L2熄灭,同时L3亮起;3s后,L3熄灭,同时L1亮起;如此循环。

根据系统要求,分析系统的输入设备和输出设备,输入设备有控制开关K,输出设备有三个灯L1、L2与L3,明确I/O分配,由此可以画出PLC外部接线图,如图1-25所示。

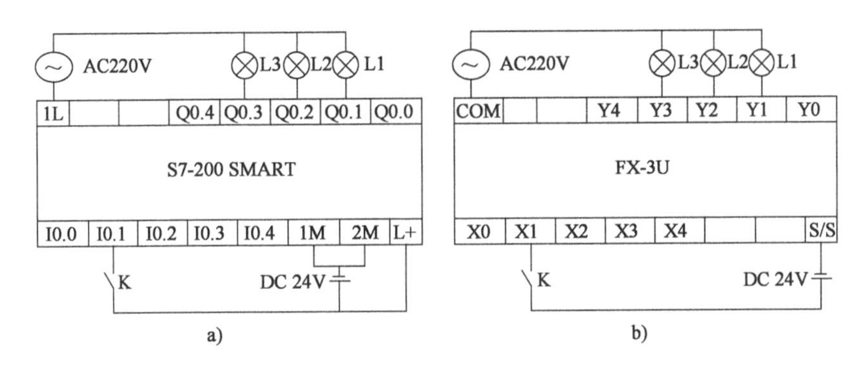

图1-25　流水灯系统的PLC接线图

根据系统要求,借助辅助继电器等元件,建立输入和输出之间明确的控制关系,如图1-26所示。

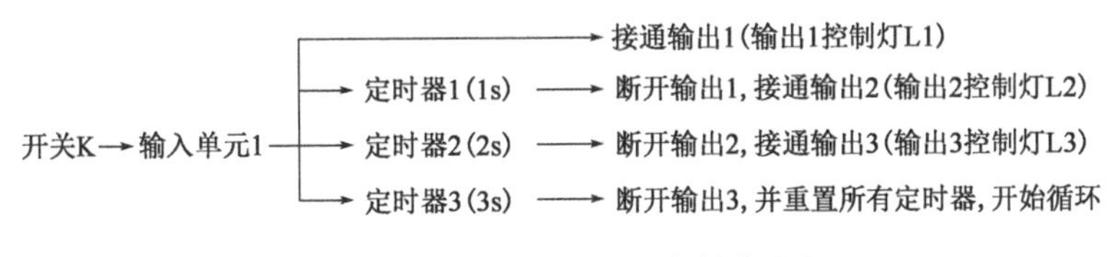

图1-26　输入和输出之间的控制关系图

根据上述的控制关系,结合梯形图的编程规则编写结构合理的梯形图,如图1-27所示,其中图1-27a)为西门子S7-200 SMART的梯形图,图1-27b)为三菱FX-3U的梯形图。

对梯形图仔细校对、仿真模拟、调试运行。

5.3　经验设计法的特点

经验设计法对于一些比较简单的程序设计是比较奏效的,可以获得快速、简单的效果。但是,由于这种方法主要是依靠设计人员的经验进行设计,所以对设计人员的要求也就比较高,特别是要求设计者需要有一定的实践经验,对工业控制系统和工业上常用的各种典型环节比较熟悉。经验设计法没有规律可遵循,具有很大的试探性和随意性,往往需经多次反复修改和完善才能符合设计要求,所以设计的结果往往不很规范,且因人而异。

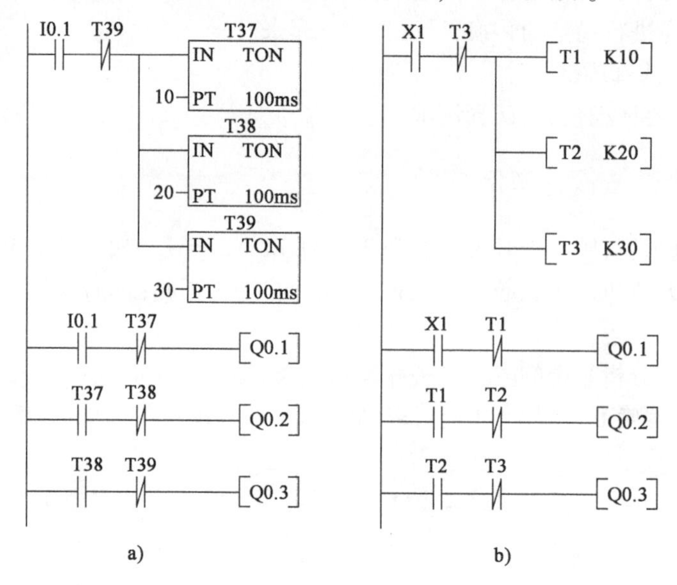

图 1-27 流水灯控制梯形图程序

经验设计法一般适合于设计一些简单的梯形图程序或复杂系统的某一局部程序(如手动程序等)。如果用来设计复杂系统梯形图,存在以下问题。

1)考虑不周、设计麻烦、设计周期长

用经验设计法设计复杂系统的梯形图程序时,要用大量的中间元件来完成记忆、联锁、互锁等功能,由于需要考虑的因素很多,它们往往又交织在一起,分析起来非常困难,并且很容易遗漏一些问题。修改某一局部程序时,很可能会对系统其他部分程序产生意想不到的影响,往往花了很长时间,却得不到一个满意的结果。

2)梯形图的可读性差、系统维护困难

用经验设计法设计的梯形图是按设计者的经验和习惯的思路进行设计。因此,即使是设计者的同行,要分析这种程序也非常困难,更不用说维修人员了,这将给 PLC 系统的维护和改进带来许多困难。

复习与提高

1. 简述经验设计法的设计步骤。

2. 简述经验设计法的特点。

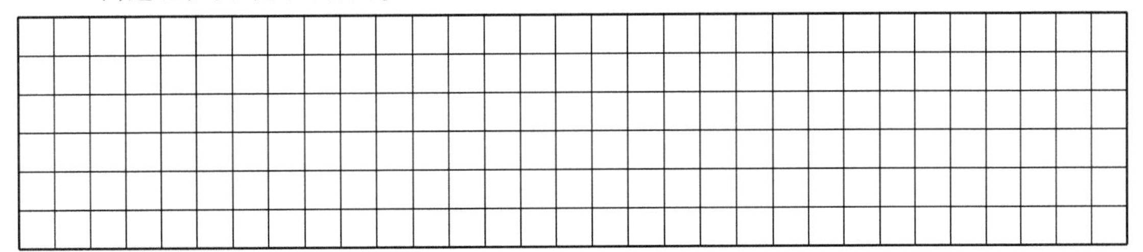

3. 简述经验设计法的应用范围。

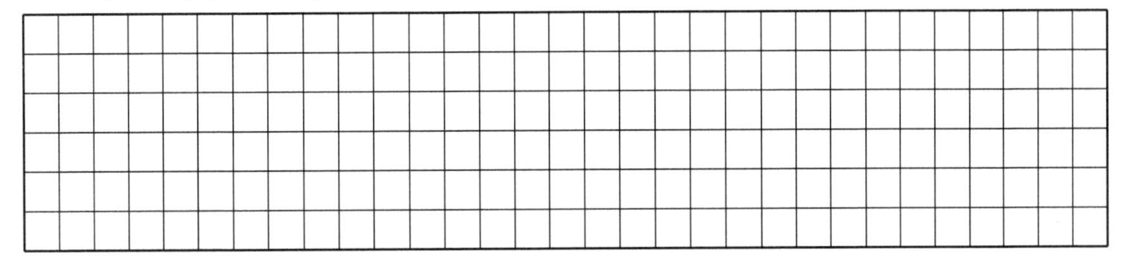

6 PLC 通信基础

近年来,工厂自动化网络得到了迅速的发展,相当多的企业已经在大量地使用可编程设备,如 PLC、工业控制计算机、变频器、机器人、柔性制造系统等。将不同厂家生产的这些设备连接在一个网络上,相互之间进行数据通信,由企业集中管理,已经是很多企业必须考虑的问题。本部分主要介绍有关 PLC 的通信与工厂自动化通信网络方面的初步知识。

当任意两台设备之间有信息交换时,它们之间就产生了通信。PLC 通信是指 PLC 与 PLC、PLC 与计算机、PLC 与现场设备或远程 I/O 之间的信息交换。

PLC 通信的任务就是将地理位置不同的 PLC、计算机、各种现场设备等,通过通信介质连接起来,按照规定的通信协议,以某种特定的通信方式高效率地完成数据的传送、交换和处理。本部分就通信方式、通信介质、通信协议及常用的通信接口等内容进行介绍。

6.1 通信方式

6.1.1 并行通信与串行通信

数据通信主要有并行通信和串行通信两种方式。

并行通信是以字节或字为单位的数据传输方式,除了 8 根或 16 根数据线、一根公共线外,还需要数据通信联络用的控制线。并行通信的传送速度快,但是传输线的根数多,成本高,一般用于近距离的数据传送。并行通信一般用于 PLC 的内部,如 PLC 内部元件之间、PLC 主机与扩展模块之间或近距离智能模块之间的数据通信。

串行通信是以二进制的位(bit)为单位的数据传输方式,每次只传送一位,除了地线外,在一个数据传输方向上只需要一根数据线,这根线既作为数据线又作为通信联络控制线,数据和联络信号在这根线上按位进行传送。串行通信需要的信号线少,最少的只需要两三根线,适用于距离较远的场合。计算机和 PLC 都备有通用的串行通信接口,工业控制中一般使用串行通信。串行通信多用于 PLC 与计算机之间、多台 PLC 之间的数据通信。串行通信的分类见表 1-19。

串行通信的分类　　表1-19

分类依据	类　别	特　点
按信息在设备间的传送方向	单工通信	只能沿单一方向发送或接收数据
	半双工通信	用同一根线或同一组线接收和发送数据,通信的双方在同一时刻只能发送数据或接收数据
	全双工通信	数据的发送和接收分别由两根或两组不同的数据线传送,通信的双方都能在同一时刻接收和发送信息
通信的速率与时钟脉冲	异步通信	异步通信的信息格式由1个起始位、7~8个数据位、1个奇偶校验位(可以没有)和停止位(1位、1.5位或2位)组成。通信双方需要对所采用的信息格式和数据的传输速率做相同的约定。接收方检测到停止位和起始位之间的下降沿后,将它作为接收的起始点,在每一位的中点接收信息
	同步通信	同步通信以字节为单位(一个字节由8位二进制数组成),每次传送1~2个同步字符、若干个数据字节和校验字符。同步字符起联络作用,用它来通知接收方开始接收数据。在同步通信中,发送方和接收方要保持完全的同步,这意味着发送方和接收方应使用同一时钟脉冲

在串行通信中,传输速率常用比特率(每秒传送的二进制位数)来表示,其单位是比特/秒(bit/s)或bps。传输速率是评价通信速度的重要指标。常用的标准传输速率有300bps、600bps、1200bps、2400bps、4800bps、9600bps和19200bps等。不同的串行通信的传输速率差别极大,有的只有数百比特每秒,有的可达100Mbps。

在PLC通信中,常采用半双工和全双工通信。异步通信传送附加的非有效信息较多,它的传输效率较低,一般用于低速通信,PLC一般使用异步通信。同步通信方式不需要在每个数据字符中加起始位、停止位和奇偶校验位,只需要在数据块(往往很长)之前加一两个同步字符,所以传输效率高,但是对硬件的要求较高,一般用于高速通信。

6.1.2　基带传输与频带传输

基带传输是按照数字信号原有的波形(以脉冲形式)在信道上直接传输,它要求信道具有较宽的通频带。基带传输不需要调制解调,设备花费少,适用于较小范围的数据传输。基带传输时,通常对数字信号进行一定的编码,常用数据编码方法有非归零码NRZ、曼彻斯特编码和差动曼彻斯特编码等。后两种编码不含直流分量,包含时钟脉冲,便于双方自同步,所以应用广泛。

频带传输是一种采用调制解调技术的传输形式。发送端采用调制手段,对数字信号进行某种变换,将代表数据的二进制“1”和“0”,变换成具有一定频带范围的模拟信号,以适应在模拟信道上传输;接收端通过解调手段进行相反变换,把模拟的调制信号复原为“1”或“0”。常用的调制方法有频率调制、振幅调制和相位调制。具有调制、解调功能的装置称为调制解调器,即Modem。频带传输较复杂,传送距离较远,若通过市话系统配备Modem,则传送距离可不受限制。

PLC 通信中,基带传输和频带传输两种传输形式都有采用,但多采用基带传输。

6.2 通信介质

通信介质就是在通信系统中位于发送端与接收端之间的物理通路。通信介质一般可分为导向性和非导向性介质两种。导向性介质有双绞线、同轴电缆和光纤等,这种介质将引导信号的传播方向;非导向性介质一般通过空气传播信号,它不为信号引导传播方向,如短波、微波和红外线通信等。常用的导向性通信介质见表 1-20。

常用的导向性通信介质 表 1-20

项目	通信介质特点	实 物 图
双绞线	双绞线是一种廉价而又广为使用的通信介质,它由两根彼此绝缘的导线按照一定规则以螺旋状绞合在一起的,常用于建筑物内局域网数字信号传输。 非屏蔽双绞线易受干扰,缺乏安全性。因此,往往采用金属包皮或金属网包裹以进行屏蔽,这种双绞线就是屏蔽双绞线。屏蔽双绞线抗干扰能力强,有较高的传输速率,100m 内可达到 155Mbps。但其价格相对较贵,需要配置相应的连接器,使用时不是很方便	
同轴电缆	同轴电缆由内、外层两层导体组成。内层导体是由一层绝缘体包裹的单股实心线或绞合线(通常是铜制的),位于外层导体的中轴上;外层导体是由绝缘层包裹的金属包皮或金属网。同轴电缆的最外层是能够起保护作用的塑料外皮。同轴电缆的外层导体不仅能够充当导体的一部分,而且还起到屏蔽作用。这种屏蔽一方面能防止外部环境造成的干扰,另一方面能阻止内层导体的辐射能量干扰其他导线。 与双绞线相比,同轴电线抗干扰能力强,能够应用于频率更高、数据传输速率更快的情况。对其性能造成影响的主要因素来自衰损和热噪声,采用频分复用技术时还会受到交调噪声的影响。虽然目前同轴电缆大量被光纤取代,但它仍广泛应用于有线电视和某些局域网中	
光纤	光纤是一种传输光信号的传输媒介。处于光纤最内层的纤芯是一种横截面面积很小、质地脆、易断裂的光导纤维,制造这种纤维的材料可以是玻璃也可以是塑料。纤芯的外层裹有一个包层,它由折射率比纤芯小的材料制成。正是由于在纤芯与包层之间存在着折射率的差异,光信号才得以通过全反射在纤芯中不断向前传播。在光纤的最外层则是起保护作用的外套。通常都是将多根光纤扎成束并裹以保护层制成多芯光缆	

6.3 开放系统互连模型

为了实现不同厂家生产的智能设备之间的通信,国际标准化组织(ISO)提出了如图 1-28 所示的开放系统互连模型 OSI(Open System Interconnection),作为通信网络国际标准化的参考

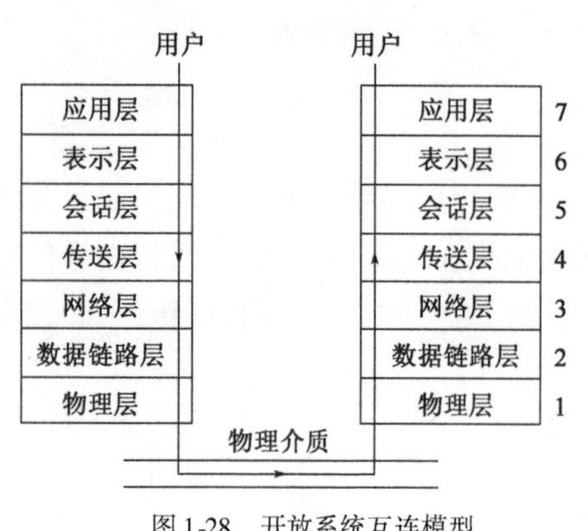

图1-28 开放系统互连模型

模型,它详细描述了软件功能的7个层次。7个层次自下而上依次为:物理层、数据链路层、网络层、传送层、会话层、表示层和应用层。每一层都尽可能自成体系,均有明确的功能。

OSI 7层模型中,除了物理层和物理层之间可直接传送信息外,其他各层之间实现的都是间接的传送。在发送方计算机的某一层发送的信息,必须经过该层以下的所有低层,通过传输介质传送到接收方计算机,并层层上传直至到达接收方中与信息发送层相对应的层,见表1-21。

开放系统互连(OSI)参考模型各层功能　　表1-21

层　次	功　能
物理层	物理层是为建立、保持和断开在物理实体之间的物理连接,提供机械的、电气的、功能性的和规程的特性。它是建立在传输介质之上,负责提供传送数据比特位"0"和"1"码的物理条件。同时,定义了传输介质与网络接口卡的连接方式以及数据发送和接收方式
数据链路层	数据键路层通过物理层提供的物理连接,实现建立、保持和断开数据链路的逻辑连接,完成数据的无差错传输。为了保证数据的可靠传输,数据链路层的主要控制功能是差错控制和流量控制。在数据链路上,数据以帧格式传输,帧是包含多个数据比特位的逻辑数据单元,通常由控制信息和传输数据两部分组成。常用的数据链路层协议是面向比特的串行同步通信协议——同步数据链路控制协议/高级数据链路控制协议(SDLC/HDLC)
网络层	网络层完成站点间逻辑连接的建立和维护,负责传输数据的寻址,提供网络各站点间进行数据交换的方法,完成传输数据的路由选择和信息交换的有关操作。网络层的主要功能是报文包的分段、报文包阻塞的处理和通信子网内路径的选择。常用的网络层协议有X.25分组协议和IP协议
传送层	传输层是向会话层提供一个可靠的端到端(End-to-End)的数据传送服务。传输层的信号传送单位是报文(Message),它的主要功能是流量控制、差错控制、连接支持。典型的传输层协议是因特网TCP/IP协议中的TCP协议
会话层	两个表示层用户之间的连接称为会话,对应会话层的任务就是提供一种有效的方法,组织和协调两个层次之间的会话,并管理和控制它们之间的数据交换。网络下载中的断点续传就是会话层的功能
表示层	表示层用于应用层信息内容的形式变换,如数据加密/解密、信息压缩/解压和数据兼容,把应用层提供的信息变成能够共同理解的形式
应用层	应用层作为参考模型的最高层,为用户的应用服务提供信息交换,为应用接口提供操作标准。7层模型中所有其他层的目的都是为了支持应用层,它直接面向用户,为用户提供网络服务。常用的应用层服务有电子邮件(E-mail)、文件传输(FTP)和Web服务等

OSI 7层参考模型只是要求对等层遵守共同的通信协议,并没有给出协议本身。OSI 7层协议中,高4层提供用户功能、低3层提供网络通信功能。

6.4　IEEE 802通信标准

IEEE 802通信标准是国际电工与电子工程师学会(IEEE)的802分委员会从1981年至今

颁布的一系列计算机局域网分层通信协议标准草案的总称。它把 OSI 参考模型的底部两层分解为逻辑链路控制子层(LLC)、媒体访问子层(MAC)和物理层。前两层对应于 OSI 模型中的数据链路层,数据链路层是一条链路(Link)两端的两台设备进行通信时所共同遵守的规则和约定。

IEEE 802 的媒体访问控制子层对应多种标准,其中最常用的为三种,即带冲突检测的载波侦听多路访问(CSMA/CD)协议、令牌总线(Token Bus)和令牌环(Token Ring)。

6.4.1　CSMA/CD 协议

CSMA/CD(Carrier-Sense Multiple Access with Collision Detection)通信协议的基础是XEROX公司研制的以太网(Ethernet),各站共享一条广播式的传输总线,每个站都是平等的,采用竞争方式发送信息到传输线上。当某个站识别到报文上的接收站名与本站的站名相同时,便将报文接收下来。由于没有专门的控制站,两个或多个站可能因同时发送信息而发生冲突,造成报文作废,因此必须采取措施来防止冲突。

发送站在发送报文之前,先监听一下总线是否空闲,如果空闲,则发送报文到总线上,称之为"先听后讲"。但是这样做仍然有发生冲突的可能,因为从组织报文到报文在总线上传输需一段时间,在这一段时间内,另一个站通过监听也可能会认为总线空闲并发送报文到总线上,这样就会因两站同时发送而发生冲突。

为了防止冲突,可以采取两种措施:一种是发送报文开始的一段时间,仍然监听总线,采用边发送边接收的办法,把接收到的信息和自己发送的信息相比较,若相同则继续发送,称之为"边听边讲";若不相同则发生冲突,立即停止发送报文,并发送一段简短的冲突标志。通常把这种"先听后讲"和"边听边讲"相结合的方法称为 CSMA/CD,其控制策略是竞争发送、广播式传送、载体监听、冲突检测、冲突后退和再试发送;另一种措施是准备发送报文的站先监听一段时间,如果在这段时间内总线一直空闲,则开始做发送准备,准备完毕,真正要将报文发送到总线上之前,再对总线做一次短暂的检测,若仍为空闲,则正式开始发送;若不空闲,则延时一段时间后再重复上述的二次检测过程。

6.4.2　令牌总线

令牌总线是 IEEE 802 标准中的工厂媒质访问技术,其编号为 802.4。它吸收了 GM 公司支持的制造自动化协议(Manufacturing Automation Protocol,MAP)系统的内容。

在令牌总线中,媒体访问控制是通过传递一种称为令牌的特殊标志来实现的。按照逻辑顺序,令牌从一个装置传递到另一个装置,传递到最后一个装置后,再传递给第一个装置,如此周而复始,形成一个逻辑环。令牌有"空""忙"两个状态,令牌网开始运行时,由指定站产生一个空令牌沿逻辑环传送。任何一个要发送信息的站都要等到令牌传给自己,判断为"空"令牌时才发送信息。发送站首先把令牌置成"忙",并写入要传送的信息、发送站名和接收站名,然后将载有信息的令牌送入环网传输。令牌沿环网循环一周后返回发送站时,信息已被接收站拷贝,发送站将令牌置为"空",送上环网继续传送,以供其他站使用。如果在传送过程中令牌丢失,则由监控站向网中注入一个新的令牌。

令牌传递式总线能在很重的负荷下提供实时同步操作,传送效率高,适于频繁、较短的数据传送,因此它最适合于需要进行实时通信的工业控制网络。

6.4.3 令牌环

令牌环媒质访问方案是IBM开发的,它在IEEE 802标准中的编号为802.5,它有些类似于令牌总线。在令牌环上,最多只能有一个令牌绕环运动,不允许两个站同时发送数据。令牌环从本质上看是一种集中控制式的环,环上必须有一个中心控制站负责网的工作状态的检测和管理。

6.5 通信接口

PLC通信主要采用串行异步通信,其常用的串行通信接口标准有RS-232C、RS-422A和RS-485等,见表1-22。

PLC常用通信接口 表1-22

项目	接口特点	相关参数
RS-232	RS-232C是美国电子工业协会(EIA)于1969年公布的通信协议,它的全称是《数据终端设备(DTE)和数据通信设备(DCE)之间串行二进制数据交换接口技术标准》。RS-232C接口标准是目前计算机和PLC中最常用的一种串行通信接口	传输速率较低,最高传输速度速率为20Kbps。 传输距离短,最大通信距离为15m
RS-422	针对RS-232C的不足,EIA于1977年推出了串行通信标准RS-499,对RS-232C的电气特性做了改进,RS-422A是RS-499的子集。RS-422A采用平衡驱动、差分接收电路,从根本上取消了信号地线,大大减少了地电平所带来的共模干扰。平衡驱动器相当于两个单端驱动器,其输入信号相同,两个输出信号互为反相信号。外部输入的干扰信号是以共模方式出现的,两极传输线上的共模干扰信号相同,因接收器是差分输入,共模信号可以互相抵消。只要接收器有足够的抗共模干扰能力,就能从干扰信号中识别出驱动器输出的有用信号,从而克服外部干扰的影响	最大传输速率为10Mbps时,允许的最大通信距离为12m。传输速率为100Kbps时,最大通信距离为1200m。一台驱动器可以连接10台接收器
RS-485	RS-485是RS-422的变形,RS-422A是全双工,两对平衡差分信号线分别用于发送和接收,所以采用RS422接口通信时最少需要4根线。RS-485为半双工,只有一对平衡差分信号线,不能同时发送和接收,最少只需两根连线	最高传输速率为10Mbps、最长的传输距离1200m、最多可连接128站

6.5.1 RS-232C接口

RS-232C采用负逻辑,用 -5 ~ -15V 表示逻辑“1”,用 +5 ~ +15V 表示逻辑“0”。噪声容限为2V,即要求接收器能识别低至 +3V 的信号作为逻辑“0”,高到 -3V 的信号作为逻辑“1”。RS-232C只能进行一对一的通信,RS-232C可使用9针或25针的D型连接器,如图1-29所示,PLC一般使用9针的连接器。

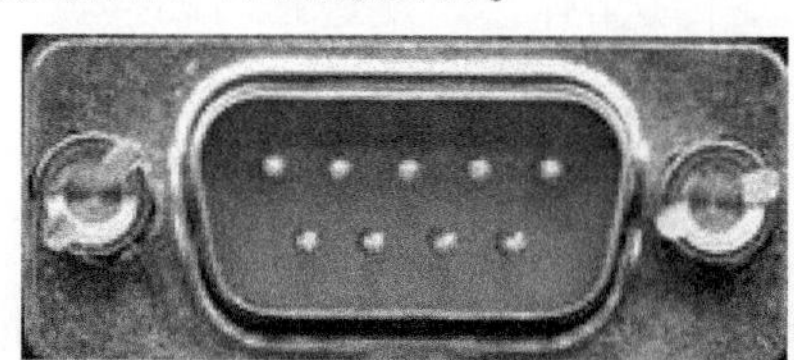
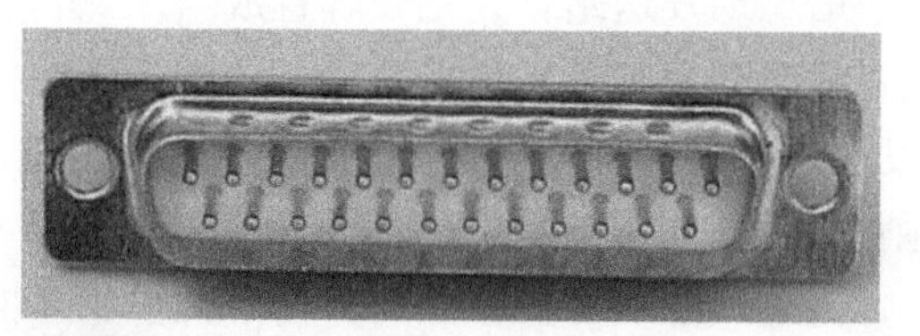

图1-29 D型连接器接口实物图

表 1-23 列出了 RS-232C 接口各引脚信号的定义以及 9 针与 25 针引脚的对应关系。

RS-232C 接口引脚信号的定义 表 1-23

引脚号（9 针）	引脚号（25 针）	信 号	方 向	功 能
1	8	DCD	IN	数据载波检测
2	3	RxD	IN	接收数据
3	2	TxD	OUT	发送数据
4	20	DTR	OUT	数据终端装置（DTE）准备就绪
5	7	GND		信号公共参考地
6	6	DSR	IN	数据通信装置（DCE）准备就绪
7	4	RTS	OUT	请求传送
8	5	CTS	IN	清除传送
9	22	CI（RI）	IN	振铃指示

如图 1-30a）所示为两台计算机都使用 RS-232C 直接进行连接的典型连接；如图 1-30b）所示为通信距离较近时只需 3 根连接线。

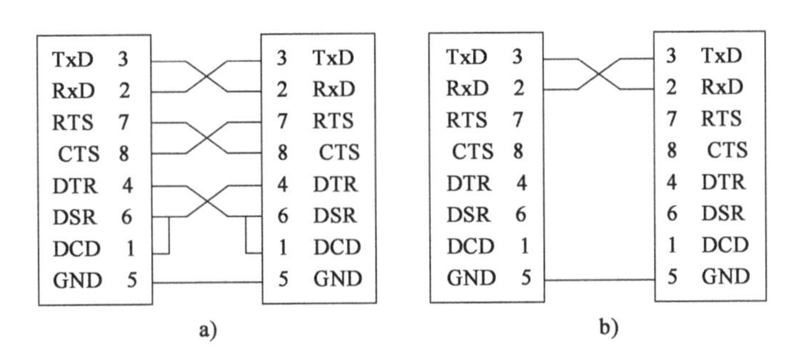

图 1-30 RS-232C 直接通信的典型连接方式

复习与提高

1. 简述 RS-232C、RS-422 和 RS-485 在原理、性能上的区别。

2. 简述通信方式的分类以及各自的特点。

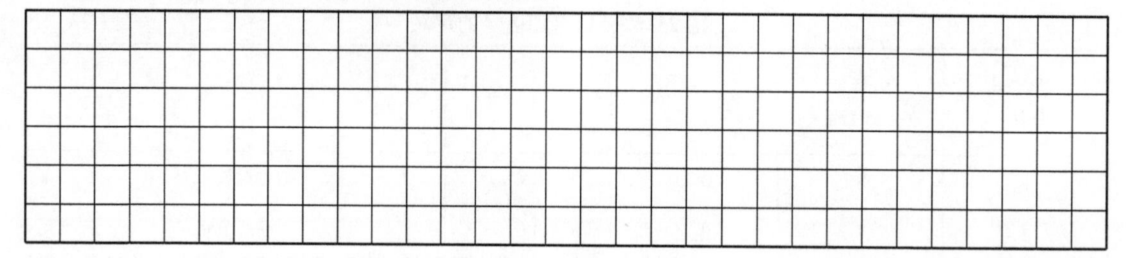

3. 异步通信中为什么需要起始位和停止位?

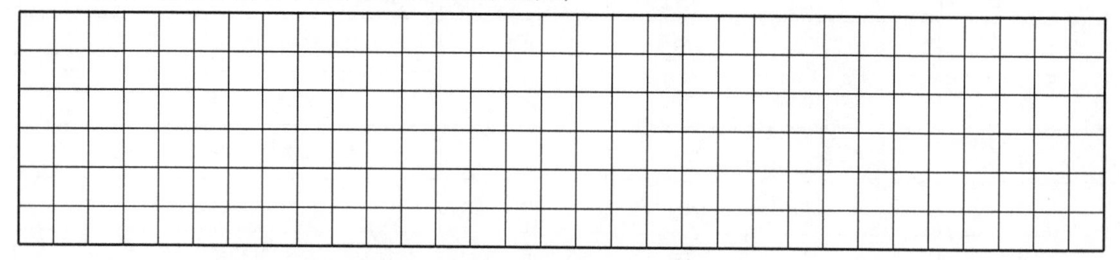

4. 简述开放系统互连模型的组成与各自的功能。

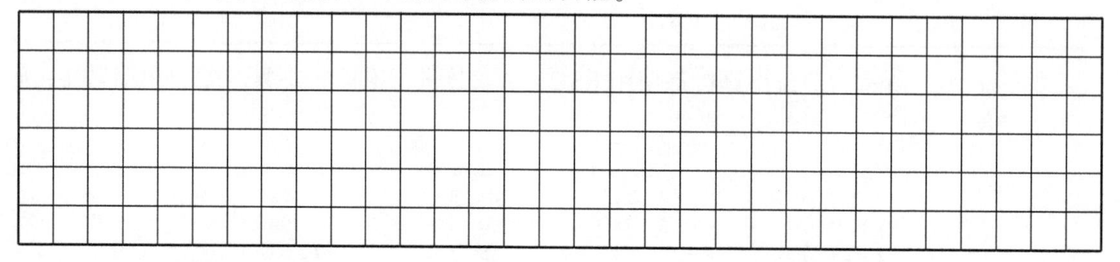

5. 简述 IEEE 802 通信标准的常见标准。

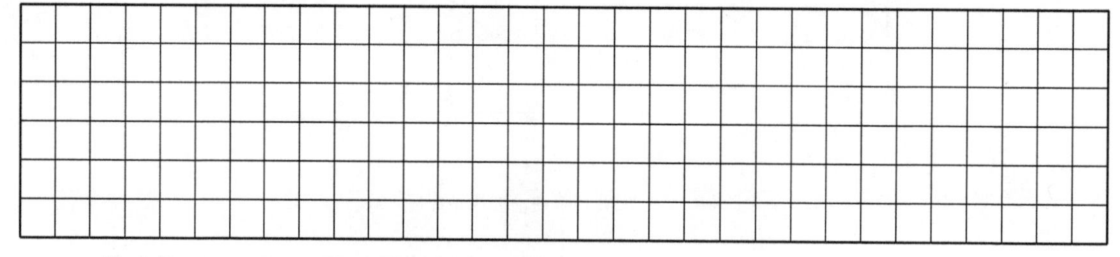

6. 简述使用 RS-232C 接口通信最简单的接线方式。

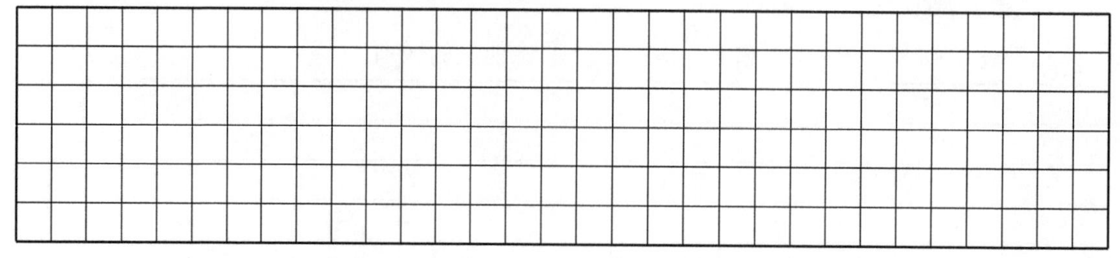

7　PLC 控制系统的设计

在对 PLC 的基本工作原理和编程技术有了一定的了解之后,就可以用 PLC 来构成一个实际的控制系统。PLC 控制系统的设计主要包括系统设计、程序设计、施工设计和安装调试等四方面的内容。本章主要介绍 PLC 控制系统的设计步骤和内容、设计与实施过程中应该注意的事项，使读者初步掌握 PLC 控制系统的设计方法。要达到能顺利地完成 PLC 控制系统的设计，更重要的是需要不断地实践。

7.1　PLC 控制系统设计的基本原则

任何一种控制系统都是为了实现被控对象的工艺要求，以提高生产效率和产品质量。因此，在设计 PLC 控制系统时，应遵循以下基本原则。

7.1.1　最大限度地满足被控对象的控制要求

充分发挥 PLC 的功能，最大限度地满足被控对象的控制要求，是设计 PLC 控制系统的首要前提，这也是设计中最重要的一条原则。这就要求设计人员在设计前就要深入现场进行调查研究，收集控制现场的资料，收集相关先进的国内外资料。同时要注意和现场的工程管理人员、工程技术人员、现场操作人员紧密配合，拟订控制方案，共同解决设计中的重点问题和疑难问题。

7.1.2　保证 PLC 控制系统安全可靠

保证 PLC 控制系统能够长期安全、可靠、稳定运行，是设计控制系统的重要原则。这就要求设计者在系统设计、元器件选择、软件编程上要全面考虑，以确保控制系统安全可靠。例如：应该保证 PLC 程序不仅在正常条件下运行，而且在非正常情况下（如突然掉电再上电、按钮按错等），也能正常工作。

7.1.3　力求简单、经济、使用及维修方便

一个新的控制工程固然能提高产品的质量和数量，带来巨大的经济效益和社会效益，但新工程的投入、技术的培训、设备的维护也将导致运行资金的增加。因此，在满足控制要求的前提下，一方面要注意不断地扩大工程的效益，另一方面也要注意不断地降低工程的成本。这就要求设计者不仅应该使控制系统简单、经济，而且要使控制系统的使用和维护方便、成本低，不宜盲目追求自动化和高指标。

7.1.4　适应发展的需要

由于技术的不断发展，控制系统的要求也将会不断提高，设计时要适当考虑到今后控制系统发展和完善的需要。这就要求在选择 PLC、I/O 模块、I/O 点数和内存容量时，要适当留有裕量，以满足今后生产的发展和工艺改进的需要。

7.2　PLC 控制系统设计与调试的步骤

表 1-24 所示为 PLC 控制系统设计与调试的一般步骤。

PLC 控制系统设计与调试的一般步骤　　表 1-24

序号	步骤要点	具体工作
1	分析被控对象 并提出控制要求	详细分析被控对象的工艺过程及工作特点，了解被控对象机、电、液之间的配合，提出被控对象对 PLC 控制系统的控制要求，确定控制方案，拟订设计任务书

续上表

序号	步骤要点	具体工作
2	确定 I/O 设备	根据系统的控制要求,确定系统所需的全部输入设备(如按钮、位置开关、转换开关及各种传感器等)和输出设备(如接触器、电磁阀、信号指示灯及其他执行器等),从而确定与 PLC 有关的 I/O 设备,以确定 PLC 的 I/O 点数
3	选择 PLC	PLC 选择包括对 PLC 的机型、容量、I/O 模块、电源等的选择
4	分配 I/O 点并设计 PLC 外围硬件线路	(1)分配 I/O 点:画出 PLC 的 I/O 点与 I/O 设备的连接图或对应关系表,该部分也可在第 2 步中进行。 (2)设计 PLC 外围硬件线路:画出系统其他部分的电气线路图,包括主电路和未进入 PLC 的控制电路等。 (3)由 PLC 的 I/O 连接图和 PLC 外围电气线路图组成系统的电气原理图。至此,系统的硬件电气线路已经确定
5	程序设计	(1)程序设计:根据系统的控制要求,采用合适的设计方法来设计 PLC 程序。程序要以满足系统控制要求为主线,逐一编写实现各控制功能或各子任务的程序,逐步完善系统指定的功能。除此之外,程序通常还应包括以下内容。 初始化程序:在 PLC 上电后,一般都要做一些初始化的操作,为启动做必要的准备,避免系统发生误动作。初始化程序的主要内容有:对某些数据区、计数器等进行清零,对某些数据区所需数据进行恢复,对某些继电器进行置位或复位,对某些初始状态进行显示等等。 检测、故障诊断和显示等程序:这些程序相对独立,一般在程序设计基本完成时再添加。 保护和联锁程序:保护和联锁是程序中不可缺少的部分,必须认真加以考虑。它可以避免由于非法操作而引起的控制逻辑混乱。 (2)程序模拟调试:程序模拟调试的基本思想是,以方便的形式模拟产生现场实际状态,为程序的运行创造必要的环境条件。根据产生现场信号的方式不同,模拟调试有硬件模拟法和软件模拟法两种形式。 硬件模拟法:使用一些硬件设备(如用另一台 PLC 或一些输入器件等)模拟产生现场的信号,并将这些信号以硬接线的方式连到 PLC 系统的输入端,其时效性较强。 软件模拟法:在 PLC 中另外编写一套模拟程序,模拟提供现场信号,其简单易行,但时效性不易保证。模拟调试过程中,可采用分段调试的方法,并利用编程器的监控功能

续上表

序号	步骤要点	具体工作
6	硬件实施	硬件实施方面主要是进行控制柜(台)等硬件的设计及现场施工。主要内容有： (1)设计控制柜和操作台等部分的电器布置图及安装接线图。 (2)设计系统各部分之间的电气互连图。 (3)根据施工图纸进行现场接线,并进行详细检查。 (4)由于程序设计与硬件实施可同时进行,因此PLC控制系统的设计周期可大大缩短
7	联机调试	联机调试是将通过模拟调试的程序进一步进行在线统调。联机调试过程应循序渐进,从PLC只连接输入设备、再连接输出设备、再接上实际负载等逐步进行调试。如不符合要求,则对硬件和程序做调整。通常只需修改部分程序即可。 全部调试完毕后,交付试运行。经过一段时间运行,如果工作正常、程序不需要修改,应将程序固化到EPROM中,以防程序丢失
8	整理和编写技术文件	技术文件包括设计说明书、硬件原理图、安装接线图、电气元件明细表、PLC程序以及使用说明书等

7.3　PLC的选择

随着PLC技术的发展,PLC产品的种类也越来越多。不同型号的PLC,其结构形式、性能、容量、指令系统、编程方式、价格等也各有不同,适用的场合也各有侧重。因此,合理选用PLC,对于提高PLC控制系统的技术经济指标有着重要意义。

PLC的选择主要应从PLC的机型、容量、I/O模块、电源模块、特殊功能模块、通信联网能力等方面加以综合考虑。

7.3.1　PLC机型的选择

PLC机型选择的基本原则是在满足功能要求及保证可靠、维护方便的前提下,力争最佳的性价比。表1-25为PLC机型选择的主要考虑因素。

PLC机型选择的主要考虑因素　　表1-25

序号	考虑因素	选择方法
1	合理的结构形式	PLC主要有整体式和模块式两种结构形式。 整体式PLC的每一个I/O点的平均价格比模块式便宜,且体积相对较小,一般用于系统工艺过程较为固定的小型控制系统中;而模块式PLC的功能扩展灵活方便,在I/O点数、输入点数与输出点数的比例、I/O模块的种类等方面选择余地大,且维修方便,一般于较复杂的控制系统
2	安装方式的选择	PLC系统的安装方式分为集中式、远程I/O式以及多台PLC联网的分布式。 集中式不需要设置驱动远程I/O硬件,系统反应快、成本低;远程I/O式适用于大型系统,系统的装置分布范围很广,远程I/O可以分散安装在现场装置附近,连线短,但需要增设驱动器和远程I/O电源;多台PLC联网的分布式适用于多台设备分别独立控制,又要相互联系的场合,可以选用小型PLC,但必须要附加通信模块

续上表

序号	考虑因素	选择方法
3	相应的功能要求	一般小型 PLC 具有逻辑运算、定时、计数等功能,对于只需要开关量控制的设备都可满足。 对于以开关量控制为主,带少量模拟量控制的系统,可选用能带 A/D 和 D/A 转换单元,具有加减算术运算、数据传送功能的增强型低档 PLC。 对于控制较复杂,要求实现 PID 运算、闭环控制、通信联网等功能,可视控制规模大小及复杂程度,选用中档或高档 PLC。但是中、高档 PLC 价格较贵,一般用于大规模过程控制和集散控制系统等场合
4	响应速度要求	PLC 是为工业自动化设计的通用控制器,不同档次 PLC 的响应速度一般都能满足其应用范围内的需要。如果要跨范围使用 PLC,或者某些功能或信号有特殊的速度要求时,则应该慎重考虑 PLC 的响应速度,可选用具有高速 I/O 处理功能的 PLC,或选用具有快速响应模块和中断输入模块的 PLC 等
5	系统可靠性的要求	对于一般系统,PLC 的可靠性均能满足。对可靠性要求很高的系统,应考虑是否采用冗余系统或热备用系统
6	机型尽量统一	一个企业,应尽量做到 PLC 的机型统一。主要考虑到以下三方面问题: (1)机型统一,其模块可互为备用,便于备品备件的采购和管理。 (2)机型统一,其功能和使用方法类似,有利于技术力量的培训和技术水平的提高。 (3)机型统一,其外部设备通用,资源可共享,易于联网通信,配上位计算机后易于形成一个多级分布式控制系统

7.3.2 PLC 容量的选择

PLC 的容量包括 I/O 点数和用户存储容量两个方面。

I/O 点数的选择:PLC 平均的 I/O 点的价格还比较高,因此应该合理选用 PLC 的 I/O 点的数量,在满足控制要求的前提下力争使用的 I/O 点最少,但必须留有一定的裕量。通常,I/O 点数是根据被控对象的输入、输出信号的实际需要,再加上 10% ~15% 的裕量来确定。

存储容量的选择:用户程序所需的存储容量大小不仅与 PLC 系统的功能有关,而且还与功能实现的方法、程序编写水平有关。一个有经验的程序员和一个初学者,在完成同一复杂功能时,其程序量可能相差 25% 之多,所以对于初学者应该在存储容量估算时多留裕量。

PLC 的 I/O 点数的多少,在很大程度上反映了 PLC 系统的功能要求,因此可在 I/O 点数确定的基础上,按下式估算存储容量后,再加 20% ~30% 的裕量。

存储容量(字节) = 开关量 I/O 点数 × 10 + 模拟量 I/O 通道数 × 100

另外,在存储容量选择的同时,注意对存储器的类型的选择。

7.3.3 I/O 模块的选择

一般 I/O 模块的价格占 PLC 价格的一半以上。PLC 的 I/O 模块有开关量 I/O 模块、模拟量 I/O 模块及各种特殊功能模块等。不同的 I/O 模块,其电路及功能也不同,直接影响 PLC 的应用范围和价格,表 1-26 所示为 I/O 模块的选择主要参考因素。

I/O 模块的选择主要参考因素　　表 1-26

序号	考虑因素	选择方法
1	开关量输入模块	(1)输入信号的类型及电压等级。 开关量输入模块有直流输入、交流输入和交流/直流输入三种类型。选择时主要根据现场输入信号和周围环境因素等。直流输入模块的延迟时间较短，还可以直接与接近开关、光电开关等电子输入设备连接；交流输入模块可靠性好，适合于有油雾、粉尘的恶劣环境中使用。 开关量输入模块的输入信号的电压等级有：直流 5V、12V、24V、48V、60V 等；交流 110V、220V 等。选择时主要根据现场输入设备与输入模块之间的距离来考虑。一般 5V、12V、24V 用于传输距离较近场合，如 5V 输入模块最远不得超过 10m。距离较远的应选用输入电压等级较高的模块。 (2)输入接线方式：开关量输入模块主要有汇点式和分组式两种接线方式。 汇点式的开关量输入模块所有输入点共用一个公共端(COM)；而分组式的开关量输入模块是将输入点分成若干组，每一组(几个输入点)有一个公共端，各组之间是分隔的。分组式的开关量输入模块价格较汇点式的高，如果输入信号之间不需要分隔，一般选用汇点式的。 (3)注意同时接通的输入点数量。 对于选用高密度的输入模块(如 32 点、48 点等)，应考虑该模块同时接通的点数一般不要超过输入点数的 60%。 (4)输入门槛电平。 为了提高系统的可靠性，必须考虑输入门槛电平的大小。门槛电平越高，抗干扰能力越强，传输距离也越远，具体可参阅 PLC 说明书
2	开关量输出模块	(1)输出方式：开关量输出模块有继电器输出、晶闸管输出和晶体管输出三种方式。 继电器输出方式的价格便宜，既可以用于驱动交流负载，又可用于直流负载，而且适用的电压大小范围较宽、导通压降小，同时承受瞬时过电压和过电流的能力较强，但其属于有触点元件，动作速度较慢(驱动感性负载时，触点动作频率不得超过 1Hz)、寿命较短、可靠性较差，只能适用于不频繁通断的场合。 对于频繁通断的负载，应该选用晶闸管输出或晶体管输出，它们属于无触点元件。但晶闸管输出只能用于交流负载，而晶体管输出只能用于直流负载。 (2)输出接线方式：开关量输出模块主要有分组式和分隔式两种接线方式。 分组式输出是几个输出点为一组，一组有一个公共端，各组之间是分隔的，可分别用于驱动不同电源的外部输出设备；分隔式输出是每一个输出点就有一个公共端，各输出点之间相互隔离。选择时主要根据 PLC 输出设备的电源类型和电压等级的多少而定。一般整体式 PLC 既有分组式输出，也有分隔式输出。 (3)驱动能力。 开关量输出模块的输出电流(驱动能力)必须大于 PLC 外接输出设备的额定电流。用户应根据实际输出设备的电流大小来选择输出模块的输出电流。如果实际输出设备的电流较大，输出模块无法直接驱动，可增加中间放大环节。

续上表

序号	考虑因素	选择方法
2	开关量输出模块	(4)注意同时接通的输出点数量。 选择开关量输出模块时,还应考虑能同时接通的输出点数量。同时接通输出设备的累计电流值必须小于公共端所允许通过的电流值,如一个220V/2A的8点输出模块,每个输出点可承受2A的电流,但输出公共端允许通过的电流并不是16A(8×2A),通常要比此值小得多。一般来讲,同时接通的点数不要超出同一公共端输出点数的60%。 (5)输出的最大电流与负载类型、环境温度等因素有关。 开关量输出模块的技术指标,它与不同的负载类型密切相关,特别是输出的最大电流。另外,晶闸管的最大输出电流随环境温度升高会降低,在实际使用中也应注意
3	模拟量I/O模块	模拟量I/O模块的主要功能是数据转换,并与PLC内部总线相连,同时为了安全,也有电气隔离功能。A/D模块是将现场由传感器检测而产生的连续的模拟量信号转换成PLC内部可接受的数字量;D/A模块是将PLC内部的数字量转换为模拟量信号输出。 典型模拟量I/O模块的量程为-10~+10V、0~+10V、4~20mA等,可根据实际需要选用,同时还应考虑其分辨率和转换精度等因素。 一些PLC制造厂家还提供特殊模拟量输入模块,可用来直接接收低电平信号(如RTD、热电偶等信号)
4	特殊功能模块	目前,PLC制造厂家相继推出了一些具有特殊功能的I/O模块,有的还推出了自带CPU的智能型I/O模块,如高速计数器、凸轮模拟器、位置控制模块、PID控制模块、通信模块等

7.3.4 电源模块及其他外设的选择

电源模块的选择:电源模块选择仅对于模块式结构的PLC而言,对于整体式PLC不存在电源的选择。

电源模块的选择主要考虑电源输出额定电流和电源输入电压。电源模块的输出额定电流必须大于CPU模块、I/O模块和其他特殊模块等消耗电流的总和,同时还应考虑今后I/O模块的扩展等因素;电源输入电压一般根据现场的实际需要而定。

编程器的选择:对于小型控制系统或不需要在线编程的系统,一般选用价格便宜的简易编程器。对于由中高档PLC构成的复杂系统或需要在线编程的PLC系统,可以选配功能强、编程方便的智能编程器,但智能编程器价格较贵。如果有现成的个人计算机,也可以选用PLC的编程软件,在个人计算机上实现编程器的功能。

写入器的选择:为了防止由于干扰或锂电池电压不足等原因破坏RAM中的用户程序,可选用EPROM写入器,通过它将用户程序固化在EPROM中。有些PLC或其编程器本身就具有EPROM写入的功能。

7.4 减少I/O点数的措施

PLC在实际应用中常碰到这样两个问题:一是PLC的I/O点数不够,需要扩展,然而增加I/O点数将提高成本;二是已选定的PLC可扩展的I/O点数有限,无法再增加。因此,在满足系统控制要求的前提下,合理使用I/O点数,尽量减少所需的I/O点数是很有意义的。表1-27介绍了几种常用的减少I/O点数的措施。

减少输入点数的常用措施 表 1-27

序号	措　施	简　介	示 意 图
1	分组输入	一般系统都存在多种工作方式，但系统同时又只选择其中一种工作方式运行，也就是说，各种工作方式的程序不可能同时执行。因此，可将系统输入信号按其对应的工作方式不同分成若干组，PLC 运行时只会用到其中的一组信号，所以各组输入可共用 PLC 的输入点，这样就使所需的输入点减少	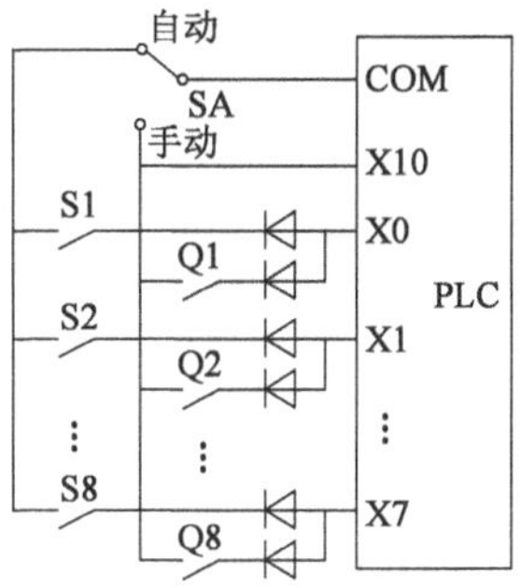自动 SA 手动 COM X10 S1 Q1 X0 PLC S2 Q2 X1 S8 Q8 X7
2	矩阵输入	如图用 3×3 矩阵输入电路，用 PLC 的三个输出点 Y0、Y1、Y2 和三个输入点 X0、X1、X2 来实现 9 个开关量输入设备的输入	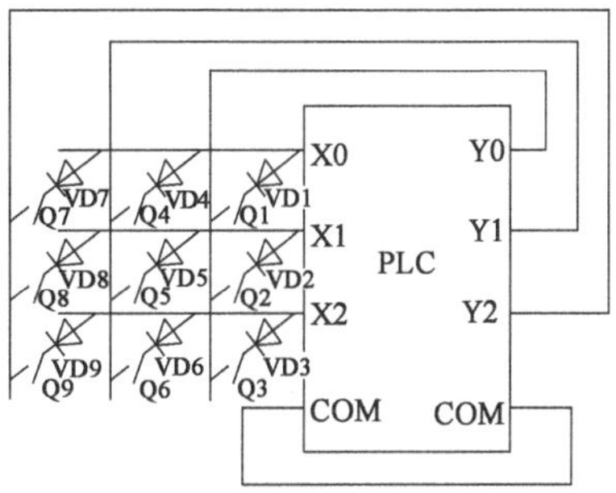X0 Y0 VD7 Q7 VD4 Q4 VD1 Q1 X1 Y1 PLC VD8 Q8 VD5 Q5 VD2 Q2 X2 Y2 VD9 Q9 VD6 Q6 VD3 Q3 COM COM
3	组合输入	对于不会同时接通的输入信号，可采用组合编码的方式输入	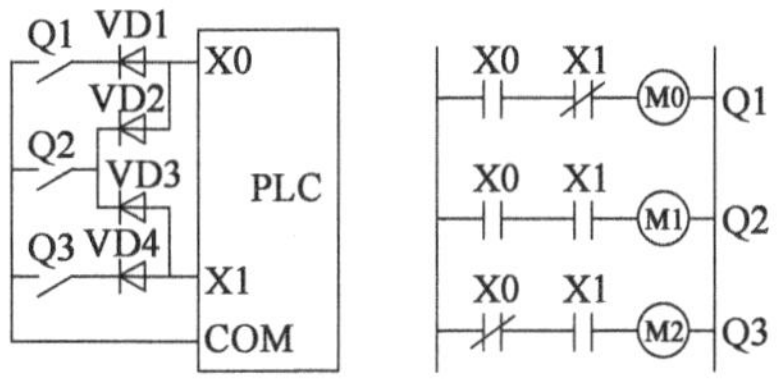Q1 VD1 X0 VD2 Q2 VD3 PLC Q3 VD4 X1 COM X0 X1 M0 Q1 X0 X1 M1 Q2 X0 X1 M2 Q3a)　　b)
4	输入设备多功能化	在传统的继电器电路中，一个主令电器（开关、按钮等）只产生一种功能的信号。而在 PLC 系统中，可借助于 PLC 强大的逻辑处理功能，来实现一个输入设备在不同条件下，产生的信号作用不同	
5	合并输入	将某些功能相同的开关量输入设备合并输入。如果是几个常闭触点，则串联输入；如果是几个常开触点，则并联输入。因此，几个输入设备就可共用 PLC 的一个输入点	

续上表

序号	措　施	简　介	示 意 图
6	某些输入设备可不进PLC	系统中有些输入信号功能简单、涉及面很窄,如某些手动按钮、电动机过载保护的热继电器触点等,有时就没有必要作为 PLC 的输入,将它们放在外部电路中同样可以满足要求	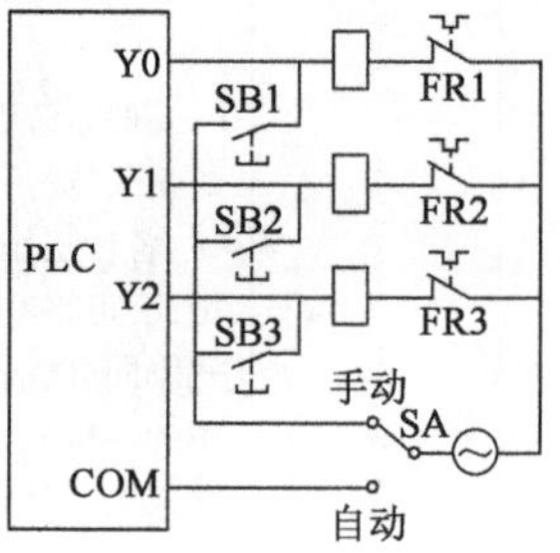 PLC Y0 Y1 Y2 COM SB1 SB2 SB3 FR1 FR2 FR3 手动 SA 自动

由于输入、输出情况相同,减少输入点数的措施也可以作为减少输出点数的措施,此处不再赘述。

7.5　PLC 控制系统的维护和故障诊断

PLC 的可靠性很高,但环境的影响及内部元件的老化等因素,也会造成 PLC 不能正常工作。如果等到 PLC 报警或故障发生后再去检查、修理,总是被动的。

如果能经常定期地做好维护检修,就可以做到系统始终工作在最佳状态下。因此,定期检修与做好日常维护是非常重要的。

7.5.1　PLC 控制系统的维护

一般情况下,检修时间以每 6 个月至 1 年 1 次为宜,当外部环境条件较差时,可根据具体情况缩短检修间隔时间。表 1-28 列出了 PLC 日常维护检修的一般内容。

PLC 日常维护检修的一般内容　　表 1-28

序号	检 修 项 目	检 修 内 容
1	供电电源	在电源端子处测电压变化是否在标准范围内
2	外部环境	环境温度(控制柜内)是否在规定范围 环境湿度(控制柜内)是否在规定范围 积尘情况(一般不能积尘)
3	输入、输出电源	在输入、输出端子处测电压变化是否在标准范围内
4	安装状态	各单元是否可靠固定、有无松动 连接电缆的连接器是否完全插入旋紧 外部配件的螺钉是否松动
5	寿命元件	锂电池寿命等

7.5.2　PLC 的故障诊断

任何 PLC 都具有自诊断功能,当 PLC 异常时应该充分利用其自诊断功能以分析故障原因。一般当 PLC 发生异常时,首先应检查电源电压、PLC 及 I/O 端子的螺钉和接插件是否松动,以及有无其他异常。然后再根据 PLC 基本单元上设置的各种 LED 的指示灯状况,以检查PLC自身和外部有无异常。表1-29列出了根据LED指示灯状况诊断PLC故障原因的方法。

根据LED指示灯状况诊断PLC故障原因　　表1-29

序号	故障提示	处理方法
1	电源指示 ([POWER]LED指示)	当向PLC基本单元供电时,基本单元表面上设置的[POWER]LED指示灯会点亮。如果电源合上但[POWER]LED指示灯不亮,应确认电源接线。另外,若同一电源有驱动传感器等时,应确认有无负载短路或过电流。若不是上述原因,则可能是PLC内混入导电性异物或其他异常情况,使基本单元内的熔断丝熔断,此时可通过更换熔断丝来解决
2	出错指示 ([EPROR]LED闪烁)	当程序语法错误(如忘记设定定时器或计数器的常数等),或有异常噪声、导电性异物混入等原因而引起程序内存的内容变化时,[EPROR]LED会闪烁,PLC处于STOP状态,同时输出全部变为OFF。在这种情况下,应检查程序是否有错,检查有无导电性异物混入和高强度噪声源
3	出错指示 ([EPROR]LED灯亮)	由于PLC内部混入导电性异物或受外部异常噪声的影响,导致CPU失控或运算周期超过200ms,则WDT出错,[EPROR]LED灯点亮,PLC处于STOP,同时输出全部都变为OFF。此时可进行断电复位,若PLC恢复正常,应检查有无异常噪声发生源和导电性异物混入的情况。另外,应检查PLC的接地是否符合要求
4	输入指示	不管输入单元的LED灯亮还是灭,应检查输入信号开关是否确实在ON或OFF状态。如果输入开关的额定电流容量过大或由于油侵入等原因,容易产生接触不良。当输入开关与LED灯亮用电阻并联时,即使输入开关OFF但并联电路仍导通,仍可对PLC进行输入。如果使用光传感器等输入设备,由于发光/受光部位粘有污垢等,引起灵敏度变化,有可能不能完全进入ON状态。在比PLC运算周期短的时间内,不能接收到ON和OFF的输入。如果在输入端子上外加不同的电压时,会损坏输入回路
5	输出指示	不管输出单元的LED灯亮还是灭,如果负载不能进行ON或OFF时,主要是由于过载、负载短路或容量性负载的冲击电流等,引起继电器输出接点黏合,或接点接触面不好导致接触不良

复习与提高

1. PLC控制系统与继电器控制系统的设计过程相比,有何特点?

2. 简述选择 PLC 的主要依据。

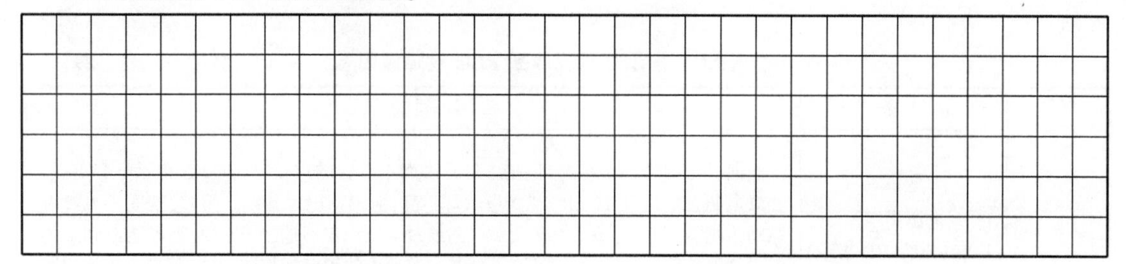

3. 简述选择 I/O 模块主要参考的因素。

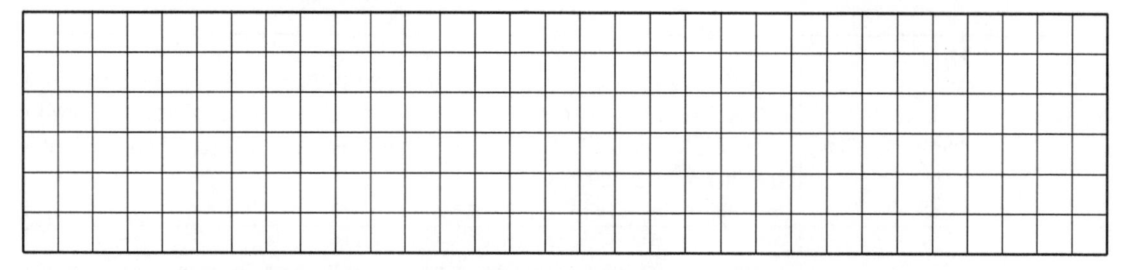

4. PLC 的开关量输入单元一般有哪几种输入方式？分别适用于什么场合？

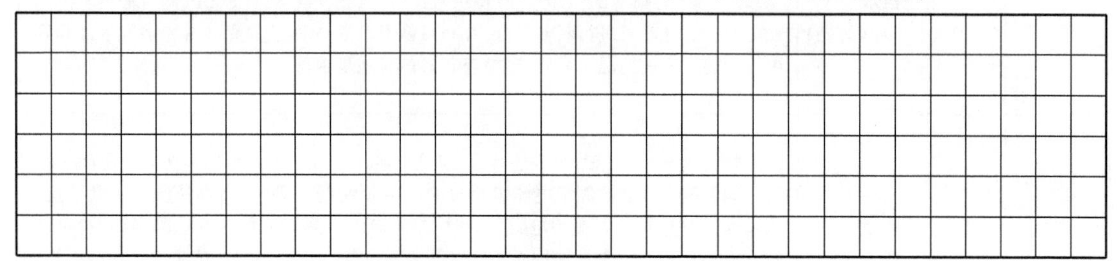

5. PLC 的开关量输出单元一般有哪几种输出方式？各有什么特点？

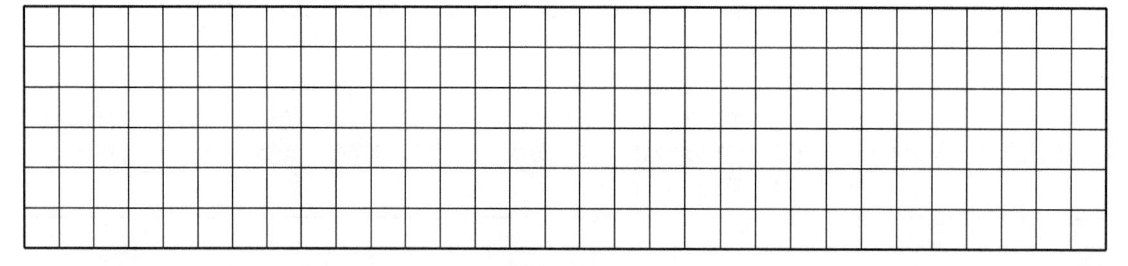

6. 简述 PLC 控制系统设计与调试的一般步骤。

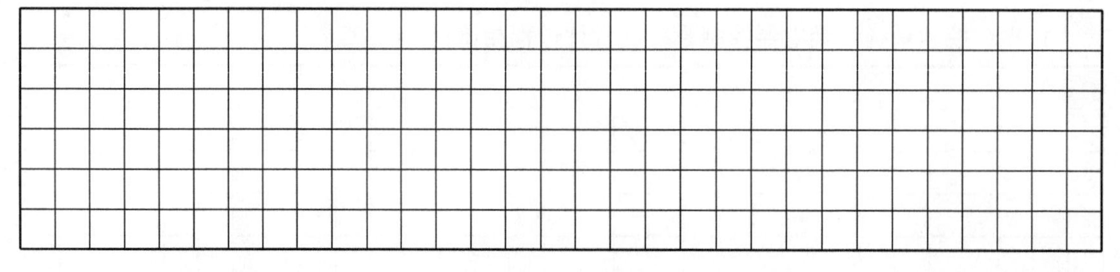

模块二　基于开关量的三相异步电动机 PLC控制技术

知识目标：

1. 掌握PLC的基本概念；
2. 掌握常开常闭触点取用、串并联指令；
3. 掌握电路块串并联指令；
4. 掌握置位与复位指令；
5. 掌握脉冲生成指令；
6. 掌握触发器指令；
7. 掌握取反指令与空操作指令；
8. 掌握逻辑堆栈指令；
9. 掌握定时器指令。

能力目标：

1. 能够接受工作任务，合理收集专业知识信息；
2. 能够根据工作任务要求，制定I/O分配表；
3. 能够绘制PLC接线图；
4. 能够根据任务要求拟订物料清单；
5. 能够编制PLC控制程序；
6. 能够根据电气接线图完成电气控制系统的安装；
7. 能够独立完成PLC程序的下载与调试；
8. 能够自主学习，并与同伴进行技术交流，处理工作过程中的矛盾与冲突；
9. 能够进行学习成果展示和汇报。

素养目标：

1. 教学过程对接生产过程，培养学生诚实守信、爱岗敬业，具有精益求精的工匠精神，遵守工位5S与安全规范；
2. 能够考虑成本因素，养成勤俭节约的良好品德；
3. 通过自查与互查环节，培养学生的质量意识、绿色环保意识、安全意识、信息素养、创新精神；
4. 通过课后查阅资料完成加强练习，培养学生的信息素养、创新精神。

1 PLC

PLC是在继电-接触器控制和计算机控制基础上开发的工业自动化控制装置,是一种数字运算操作的电子控制系统,是专门为在工业环境下应用而设计的,具有可靠性高、设计施工周期短、维修方便、性价比高等优点。目前,在普通机床电气控制系统产品升级、技术改造领域已得到广泛应用。本模块介绍利用西门子S7-200系列PLC对常用普通机床电气控制系统进行技术改造的工程案例。

2 PLC的位逻辑指令

位逻辑指令主要指对PLC存储器中的某一位进行操作的指令,它的操作数是位。位逻辑指令包括触点指令和线圈指令两大类,常见的触点指令有触点取用指令、触点串、并联指令、电路块串、并联指令等;常见的线圈指令有线圈输出指令、置位复位指令等。位逻辑指令是依靠1、0两个数进行工作的,1表示触点或线圈的通电状态,0表示触点或线圈的断电状态。利用位逻辑指令可以实现位逻辑运算和控制,在继电器系统的控制中应用较多。

在位逻辑指令中,每个指令的常见语言表达形式均有两种:一种是梯形图;另一种是语句表。语句表的基本表达形式为操作码+操作数,其中操作数以位地址格式形式出现。

2.1 触点的取用指令与线圈输出指令

触点的取用指令与线圈输出指令见表2-1。

触点的取用指令与线圈输出指令 表2-1

指令名称	梯形图表达方式	指令表表达方式	功能	操作数
常开触点取用指令	<位地址> —| |—	LD <位地址>	用于逻辑运算的开始,即开始的常开触点,表示常开触点与左母线相连	I/Q/M/SM T/C/V/S
常闭触点取用指令	<位地址> —|/|—	LDN <位地址>	用于逻辑运算的开始,即开始的常闭触点,表示常闭触点与左母线相连	I/Q/M/SM T/C/V/S
线圈输出指令	<位地址> —( )	= <位地址>	用于线圈的驱动	Q/M/SM T/C/V/S

使用说明:

(1)每个逻辑运算开始都需要触点取用指令;每个电路块的开始也都需要触点取用指令。

(2)线圈输出指令可并联使用多次,但不能串联使用。

(3)在线圈输出指令的梯形图表示形式中,同一编号线圈不能出现多次。

触点的取用指令与线圈输出指令应用举例如图 2-1 所示。

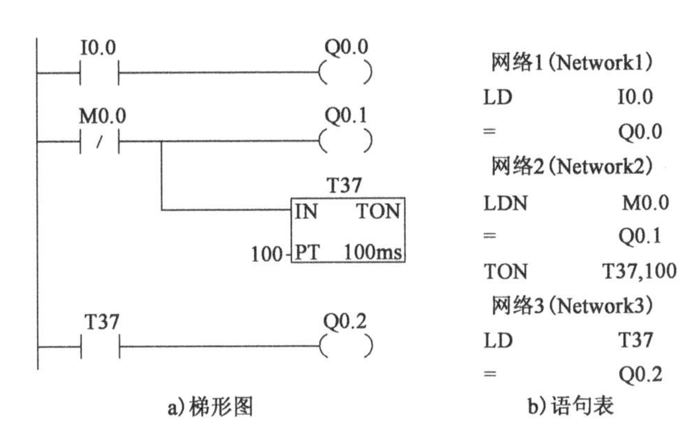

图 2-1　触点的取用指令与线圈输出指令应用举例

2.2　触点串联指令与触点并联指令

触点串联指令与触点并联指令见表 2-2。

触点串联指令与触点并联指令　　表 2-2

指令名称	梯形图表达方式	指令表表达方式	功　能	操 作 数
常开触点串联指令	<位地址>　<位地址>	A <位地址>	用于单个常开触点串联	I/Q/M/SM T/C/V/S
常闭触点串联指令	<位地址>　<位地址> /	AN <位地址>	用于单个常闭触点串联	I/Q/M/SM T/C/V/S
常开触点并联指令	<位地址>　<位地址>	O <位地址>	用于单个常开触点并联	I/Q/M/SM T/C/V/S
常闭触点并联指令	<位地址>　<位地址> /	ON <位地址>	用于单个常闭触点并联	I/Q/M/SM T/C/V/S

触点串联指令使用说明:

(1)单个触点串联指令可以连续使用,但受编程软件和打印宽度的限制,一般串联不超过 11 个触点。

(2)在"="之后,通过串联触点对其他线圈使用"="指令,称为连续输出。

触点串联指令应用如图2-2所示。

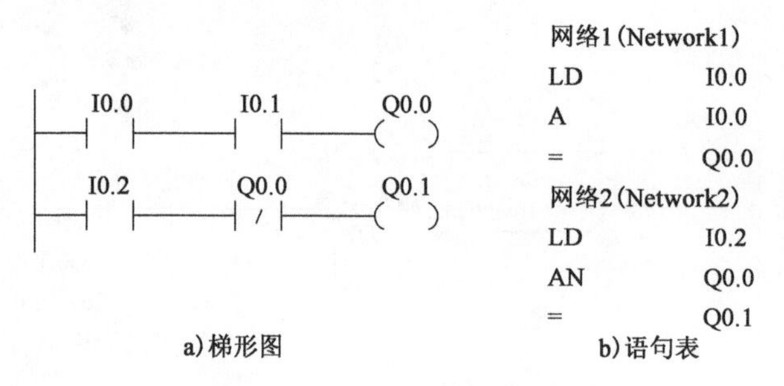

a)梯形图　　b)语句表

图2-2　触点串联指令应用举例

触点并联指令使用说明:

(1)单个触点并联指令可以连续使用,但受编程软件和打印宽度的限制,一般并联不超过7个。

(2)若两个以上触点串联后与其他支路并联,则需用到后面串联电路块并联指令OLD。

触点并联指令应用如图2-3所示。

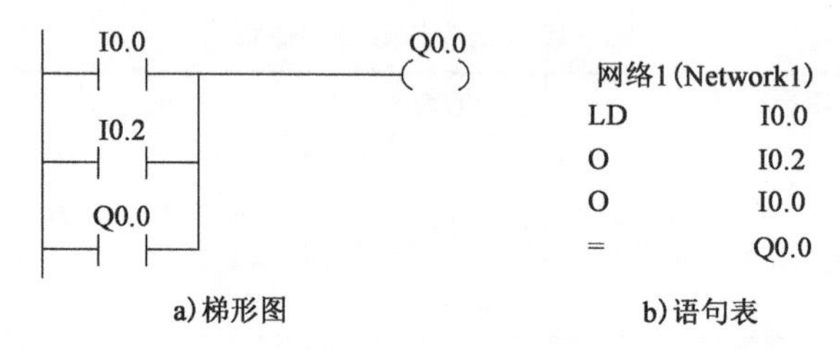

a)梯形图　　b)语句表

图2-3　触点并联指令应用举例

2.3　电路块串联指令与并联指令

电路块串联指令与并联指令说明见表2-3。

电路块串联指令与并联指令说明　　表2-3

指令名称	梯形图表达方式	指令表表达方式	功　能	操作数
并联电路块串联指令	〈位地址〉 〈位地址〉 〈位地址〉 〈位地址〉 〈位地址〉	ALD	用来描述并联电路块的串联关系。 说明:两个以上触点并联形成的电路称为并联电路块	无
串联电路块并联指令	〈位地址〉 〈位地址〉 〈位地址〉 〈位地址〉 〈位地址〉	OLD	用来描述串联电路块的并联关系。 说明:两个以上触点串联形成的电路称为串联电路块	无

并联电路块串联指令使用说明：

(1)在每个并联电路块的开始都需用LD或LDN指令。

(2)可顺次使用ALD指令，进行多个电路块的串联。

(3)ALD指令用于并联电路块的串联，而A/AN用于单个触点的串联。

并联电路块串联指令应用举例如图2-4所示。

串联电路块并联指令使用说明：

(1)在每个串联电路块的开始都需用LD或LDN指令。

(2)可顺次使用OLD指令，进行多个电路块的并联。

(3)OLD指令用于串联电路块的并联，而O/ON用于单个触点的并联。

串联电路块并联指令应用举例如图2-5所示。

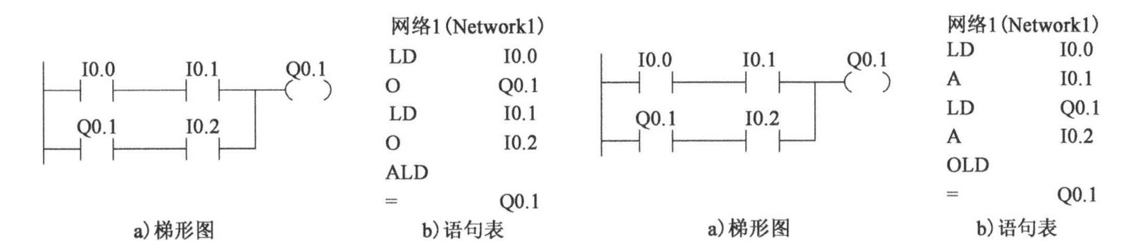

图2-4　并联电路块串联指令应用举例

图2-5　串联电路块并联指令应用举例

2.4　置位与复位指令

置位复位指令具有记忆和保持功能，对于某一元件来说，一旦被置位，始终保持通电(置1)状态，直到对它进行复位(清0)为止，复位指令与置位指令道理一致，对同一元件多次使用置位复位指令，元件的状态取决于最后执行的那条指令。

置位与复位指令表见表2-4。

置位与复位指令表　　　　表2-4

指令名称	梯形图表达方式	指令表表达方式	功　能	操 作 数
置位指令 S(set)	<位地址> —(S) N	S <位地址>,N	从起始位(bit)开始连续N位被置1	Q/M/SM T/C/V/S/L
复位指令 R(Reset)	<位地址> —(R) N	R <位地址>,N	从起始位(bit)开始连续N位被清0	Q/M/SM T/C/V/S/L

置位和复位指令使用说明：

(1)置位复位指令具有记忆和保持功能，对于某一元件来说一旦被置位，始终保持通电(置1)状态，直到对它进行复位(清0)为止，复位指令与置位指令道理一致。

(2)对同一元件多次使用置位复位指令,元件的状态取决于最后执行的那条指令。

置位和复位指令应用举例如图2-6所示。

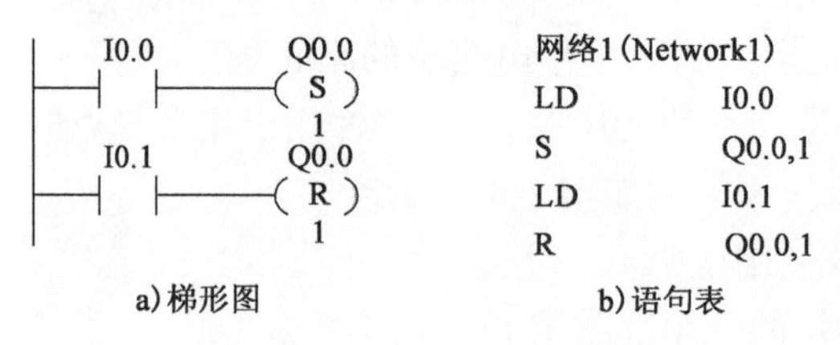

图2-6 置位和复位指令应用举例

2.5 脉冲生成指令

脉冲生成指令表见表2-5。

脉冲生成指令表 表2-5

指令名称	梯形图表达方式	指令表表达方式	功 能	操 作 数
上升沿脉冲发生指令	—| P |—	EU	产生宽度为一个扫描周期的上升沿脉冲	无
下降沿脉冲发生指令	—| N |—	ED	产生宽度为一个扫描周期的下降沿脉冲	无

脉冲生成指令使用说明:

(1)EU、ED为边沿触发指令,该指令仅在输入信号变化时有效,且输出脉冲宽度为一个扫描周期。

(2)对于开机时就为接通状态的输入条件,EU、ED指令不执行。

(3)EU、ED指令常常与S/R指令联用。

脉冲生成应用举例如图2-7所示。

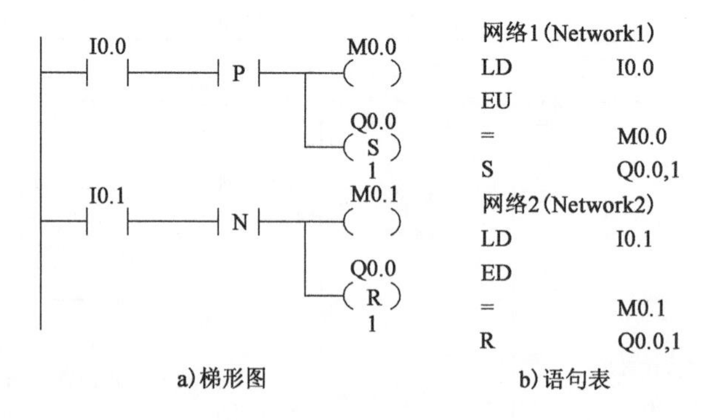

图2-7 脉冲生成应用举例

2.6 触发器指令

触发器指令表见表2-6。

触发器指令表　　　　表2-6

指令名称	梯形图表达方式	指令表表达方式	功　　能	操　作　数
置位优先 触发器指令 （SR）	〈位地址〉 S1　OUT SR R	SR	置位信号S1和复位信号R同时为1时，置位优先	S1、R1、S、R的操作数：I、Q、V、M、SM、S、T、C
复位优先 触发器指令 （RS）	〈位地址〉 S　OUT RS R1	RS	置位信号S和复位信号R1同时为1时，复位优先	Bit的操作数：I、Q、V、M、S

触发器指令使用说明：

（1）I0.1 =1时，Q0.1置位，Q0.1输出始终保持；I0.2 =1时，Q0.1复位；若两者同时为1，置位优先。

（2）I0.1 =1时，Q0.2置位，Q0.2输出始终保持；I0.2 =1时，Q0.2复位；若两者同时为1，复位优先。

触发器指令应用举例如图2-8所示。

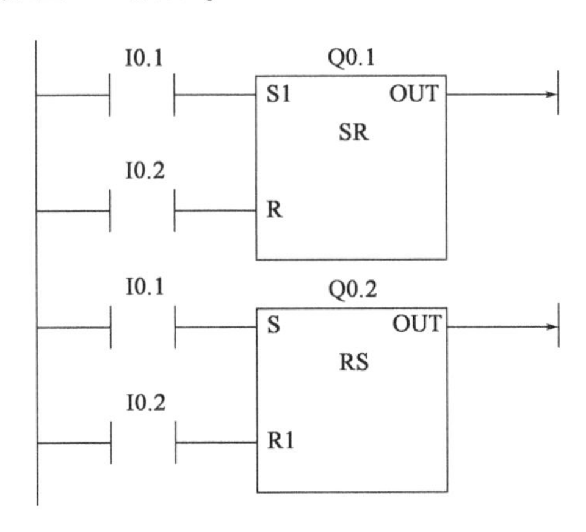

图2-8　触发器指令应用举例

2.7　取反与空操作指令

取反与空操作指令表见表2-7。

取反与空操作指令表

表 2-7

指令名称	梯形图表达方式	指令表表达方式	功　能	操　作　数
取反指令	─┤NOT├─	NOT	对逻辑结果取反操作	无
空操作指令	N ─[NOP]	NOP N	空操作,其中 N 为空操作次数,$N=0\sim255$	无

取反与空操作指令应用举例如图 2-9 所示。

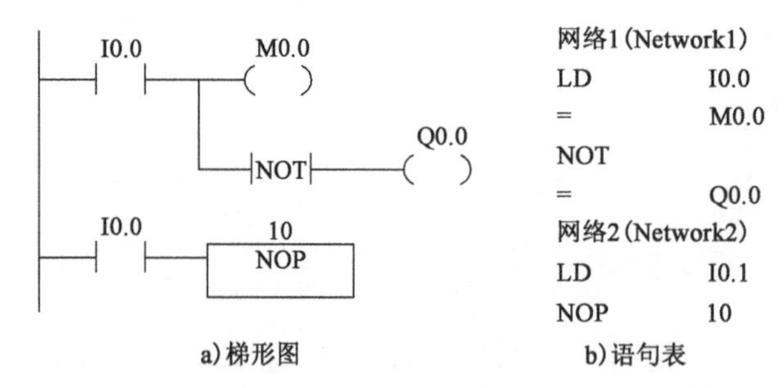

图 2-9　取反与空操作指令应用举例

2.8　逻辑堆栈指令

堆栈是一组能够存储和取出数据的暂存单元。在 S7-200 PLC 中,堆栈有 9 层,顶层叫栈顶,底层叫栈底。堆栈的存取特点是“后进先出”,每次进行入栈操作时,新值都放在栈顶,栈底值丢失;每次进行出栈操作时,栈顶值弹出,栈底值补进随机数。

逻辑堆栈指令主要用来完成对触点进行复杂连接,配合 ALD、OLD 指令使用,逻辑堆栈指令主要有逻辑入栈指令、逻辑读栈指令和逻辑出栈指令,具体如下。

(1)逻辑入栈指令(LPS)。

逻辑入栈指令又称分支指令或主控指令,执行逻辑入栈指令时,把栈顶值复制后压入堆栈,原堆栈中各层栈值依次下压一层,栈底值被压出丢失。

(2)逻辑读栈指令(LRD)。

逻辑读栈指令把堆栈中第 2 层的值复制到栈顶,2 ~9 数据不变,堆栈没有压入和弹出,但原来的栈顶值被新的复制值取代。

(3)逻辑出栈指令(LPP)。

逻辑出栈指令又称分支结束指令或主控复位指令,执行逻辑出栈(LPP)指令时,堆栈做弹出栈操作,将栈顶值弹出,原堆栈各级栈值依次上弹一级,原堆栈第 2 级的值成为栈顶值,原栈顶值从栈内丢失。

逻辑堆栈指令使用说明:

LPS 指令和 LPP 指令必须成对出现;受堆栈空间限制,LPS 指令和 LPP 指令连续使用不得超过 9 次;堆栈指令 LPS、LRD、LPP 无操作数。

逻辑堆栈指令应用实例如图 2-10 所示。

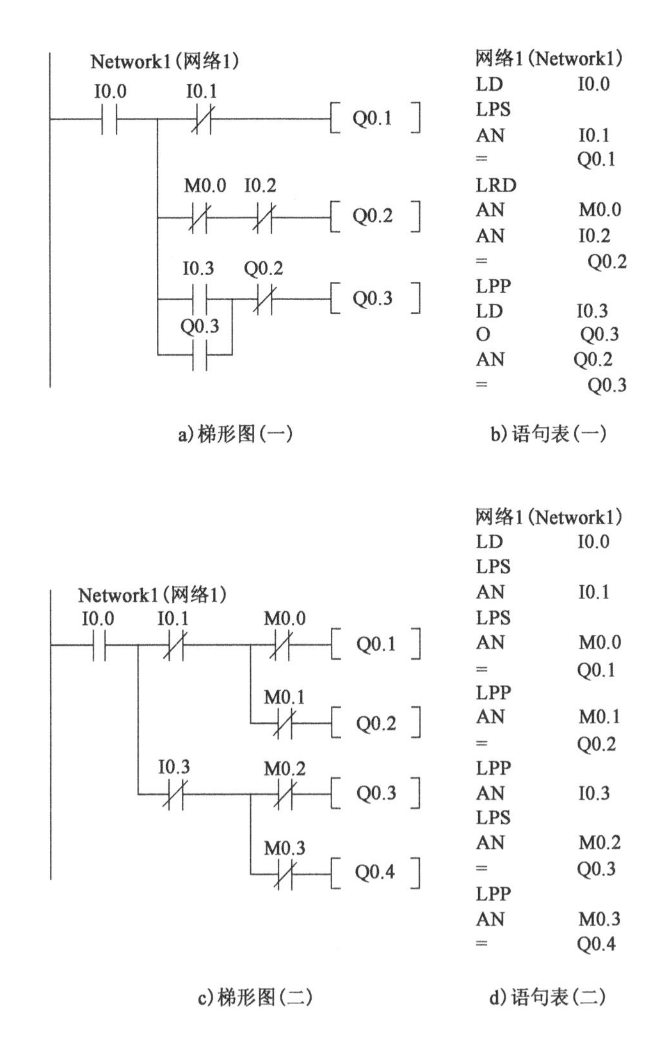

图2-10　逻辑堆栈指令应用实例

3　定时器指令

定时器是PLC中最常用的编程元件之一,其功能与继电器控制系统中的时间继电器相同,起到延时作用。与时间继电器不同的是,定时器有无数对常开/常闭触点供用户编程使用。其结构主要由一个16位当前值寄存器(用来存储当前值)、一个16位预置值寄存器(用来存储预置值)和1位状态位(反映其触点的状态)组成。

按工作方式的不同,可以将S7-200 PLC定时器分为3大类,它们分别为通电延时型定时器、断电延时型定时器和保持型通电延时定时器。定时器指令的指令格式见表2-8。

3.1　定时器指令格式

定时器指令表见表2-8。

定时器指令表

表 2-8

名称	通电延时型定时器	断电延时型定时器	保持型通电延时型定时器
定时器类型	TON	TOF	TONR
梯形图符号	Tn IN TON PT	Tn IN TOF PT	Tn IN TONR PT
指令表格式	TON Tn,PT	TOF Tn,PT	TONR Tn,PT

3.2 定时器编程元件概念

(1)定时器编号:T0～T255。

(2)使能端:使能端控制着定时器的能流,当使能端输入有效时,也就是说使能端有能流流过时,定时时间到,定时器输出状态为1(定时器输出状态为1可以近似理解为定时器线圈吸合);当使能端输入无效时,也就是说使能端无能流流过时,定时器输出状态为0。

(3)预置值输入端:在编程时,根据时间设定需要在预置值输入端输入相应的预置值,预置值为16位有符号整数,允许设定的最大值为32767,其操作数为VW、IW、QW、SW、SMW、LW、AIW、T、C、AC、常数等。

(4)时基:相应的时基有3种,它们分别为1ms、10ms和100ms,不同的时基,对应的最大定时范围、编号和定时器刷新方式不同。

(5)当前值:定时器当前所累计的时间称为当前值,当前值为16位有符号整数,最大计数值为32767。

(6)定时时间计算公式为:$T = PT \times S$,式中,T为定时时间、PT为预置值、S为时基。

定时器编程元件说明如图2-11所示。

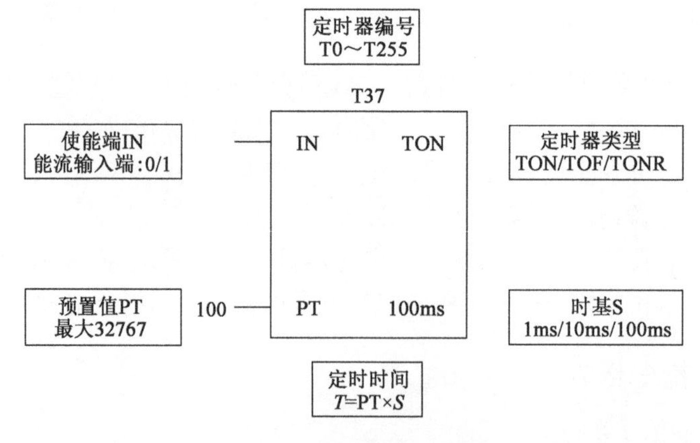

图2-11 定时器编程元件说明

3.3　定时器类型、时基和编号

定时器类型、时基和编号见表2-9。

定时器类型、时基和编号　　表2-9

定时器类型	时基(ms)	最大定时范围(ms)	定时器编号(ms)
TONR	1	32.767	T0 和 T4
	10	327.67	T1～T4 和 T65～T68
	100	3276.7	T5～T31 和 T69～T95
TON/TOF	1	32.767	T32 和 T96
	10	327.67	T33～T36 和 T97～T100
	100	3276.7	T37～T63 和 T101～T255

3.4　定时器的工作原理

(1)通电延时型定时器(TON)指令工作原理。

当使能端(IN)输入有效,当前值从0开始递增,当当前值大于或等于预置值时,定时器输出状态为1(定时器输出状态为1可理解为定时器线圈吸合),相应常开触点闭合,常闭触点断开;到达预置值后,当前值继续增大,直到最大值32767,在此期间定时器输出状态仍然为1,直到使能端无效时,定时器才复位,当前值被清零,此时输出状态为0。

TON指令应用举例如图2-12所示。

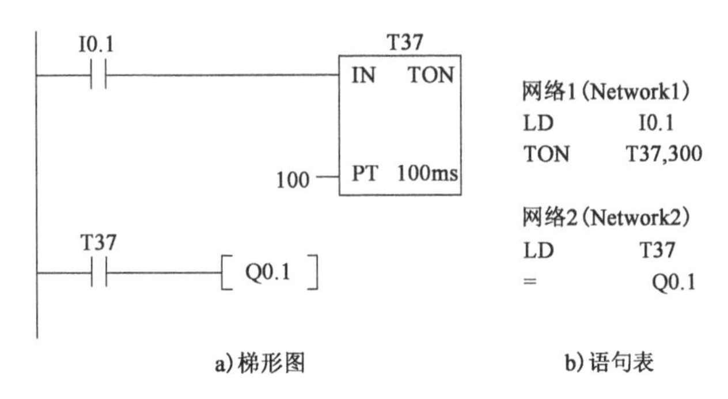

图2-12　TON指令应用举例

(2)断电延时型定时器(TOF)指令工作原理。

当使能端(IN)输入有效,定时器输出状态为1,当前值复位;当使能端(IN)断开而使输入无效,当前值从0开始递增,当当前值等于预置值时,定时器复位并停止计时,当前值保持。

TOF指令应用举例如图2-13所示。

(3)保持型通电延时型定时器(TONR)指令工作原理。

当使能端(IN)输入有效,定时器开始计时,当前值从0开始递增,当当前值大于或等于预置值时,定时器输出状态为1;当使能端(IN)无效时,当前值处于保持状态,但当使能端再次有效时,当前值在原来保持值的基础上继续递增计时;保持型通电延时定时器采用线圈复位指令(R)进行复位操作,当复位线圈有效时,定时器当前值被清零,定时器输出状态为0。

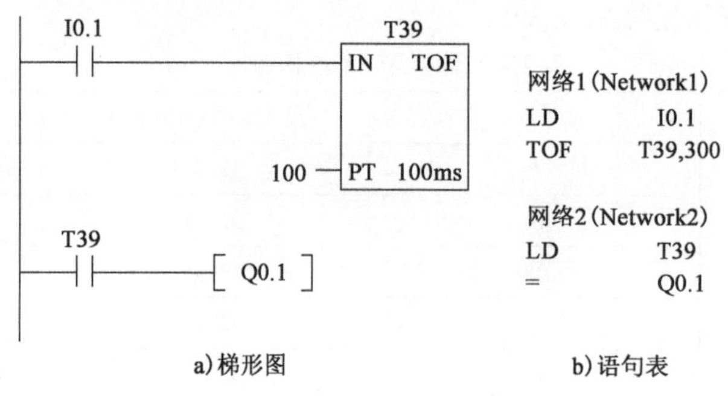

图2-13 TOF指令应用举例

TONR指令应用举例如图2-14所示。

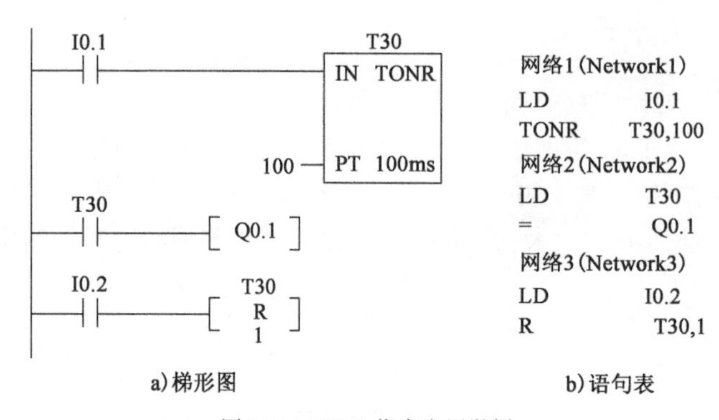

图2-14 TONR指令应用举例

3.5 定时器使用说明

(1)通电延时型定时器符合通常的编程习惯,与其他两种定时器相比,在实际编程中通电延时型定时器应用最多。

(2)通电延时型定时器适用于单一间隔定时;断电延时型定时器适用于故障发生后的时间延时;保持型通电延时定时器适用于累计时间间隔定时。

(3)通电延时型定时器和断电延时型定时器共用同一组编号(表2-8),因此同一编号的定时器不能既作通电延时型定时器使用,又作断电延时型定时器使用。例如,不能既有通电延时型定时器T37,又有断电延时型定时器T37。

(4)可以用复位指令对定时器进行复位,且保持型通电延时型定时器只能用复位指令对其进行复位操作。

(5)对于不同时基的定时器,它们当前值的刷新周期是不同的。

3.6 定时器指令应用举例

控制要求:有红、绿、黄三盏小灯。当按下启动按钮时,三盏小灯每隔2s轮流点亮并循环;当按下停止按钮时,三盏小灯都熄灭。

定时器指令应用举例如图 2-15 所示。

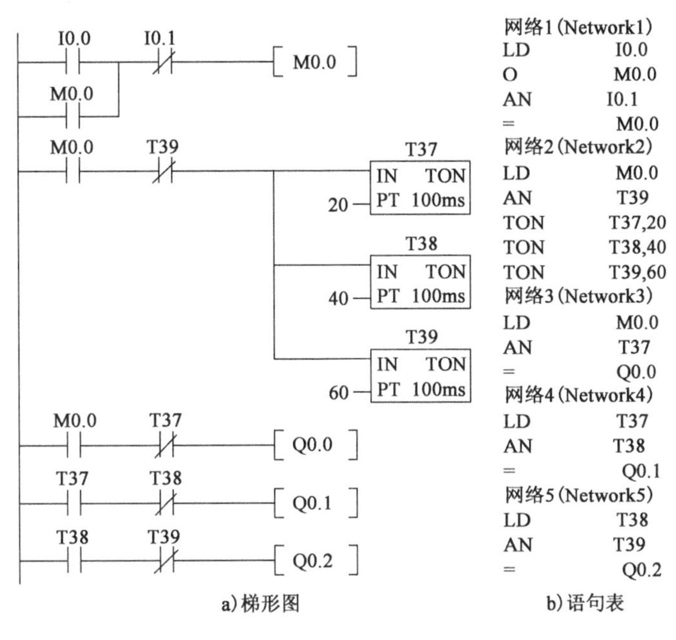

图 2-15　定时器指令应用举例

4　三相异步电动机连续运行 PLC 控制解析

4.1　基于接触器的三相异步电动机的连续控制过程

当启动按钮松开后,接触器通过自身的辅助动合触点使其线圈继续保持得电的作用称为自锁。与启动按钮并联起自锁作用的辅助动合触点称为自锁触头。利用自锁、自锁触头概念。可构成三相异步电动机连续运转控制线路,典型控制线路如图 2-16 所示。该线路具有电动机连续运转控制、欠压和失压(或零压)保护功能,是各种机床电气控制线路的基本控制线路。

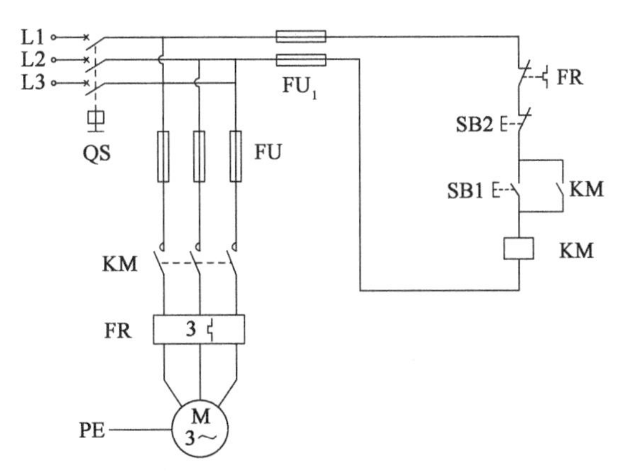

图 2-16　三相异步电动机连续运行控制电气原理图

4.1.1 工作原理

该控制线路工作原理如下：

(1)先合上电源开关QS。

(2)启动：按下SB1→KM线圈得电→KM主触头和自锁触头闭合→M启动连续运行。

(3)停止：按下SB2→KM线圈失电→KM主触头和自锁触头断开→M停止连续运行。

(4)欠压保护。欠压是指线路电压低于电动机应加的额定电压。欠压保护是指当线路电压下降到某一数值时，电动机能自动脱离电源停转，避免电动机在欠压状态下运行的一种保护措施。最常用的欠压保护是由接触器来实现的。其保护原理如下：当线路电压下降到一定值(一般指低于额定电压的85%)时，接触器线圈两端的电压也同样下降到此值，使接触器线圈磁通减弱，产生的电磁吸力减小。当电磁吸力减小到小于反作用弹簧的拉力时，动铁芯被迫释放，主触头和辅助动合触点(自锁触头)同时分断，自动切断主电路和控制电路，电动机失电停转，从而实现了欠压保护功能。

(5)失压(或零压)保护。失压保护是指电动机在正常运行中，由于外界某种原因引起突然断电时，能自动切断电动机电源；当重新供电时，保证电动机不能自行启动的一种保护措施。最常用的失压保护也是由接触器来实现的。

4.1.2 任务分析

1)控制功能

(1)用PLC按图2-16控制电路要求编程，即按下控制按钮SB1，电动机M启动运转，再按下控制按钮SB2，电动机M停止运转。

(2)具有电动机过载保护措施。

2)电器元件及功能说明

电器元件及功能说明见表2-10。

电器元件及功能说明表　　表2-10

符　号	名称及用途	符　号	名称及用途
QS	空气开关	SB2	停止按钮
FU1	熔断器	M	三相异步电动机
SB1	启动按钮	KM	交流接触器

3)I/O地址分配表

I/O地址分配见表2-11。

I/O地址分配表　　表2-11

输入信号			输出信号		
电器元件	地址	功能	电器元件	地址	功能
SB1	I0.1	启动	KM	Q0.0	接触器
SB2	I0.2	停止			

4)PLC输入、输出接线图

PLC输入、输出接线图如图2-17所示。

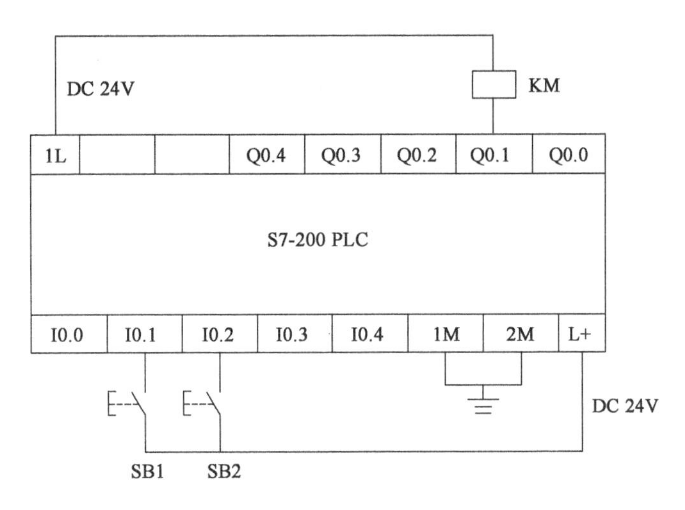

图 2-17　三相异步电动机连续运行 PLC 接线图

4.1.3　PLC 控制程序

1)梯形图程序

三相异步电动机连续运行 PLC 控制梯形图如图 2-18 所示。

2)语句表程序

三相异步电动机连续运行 PLC 控制语句表程序如图 2-19 所示。

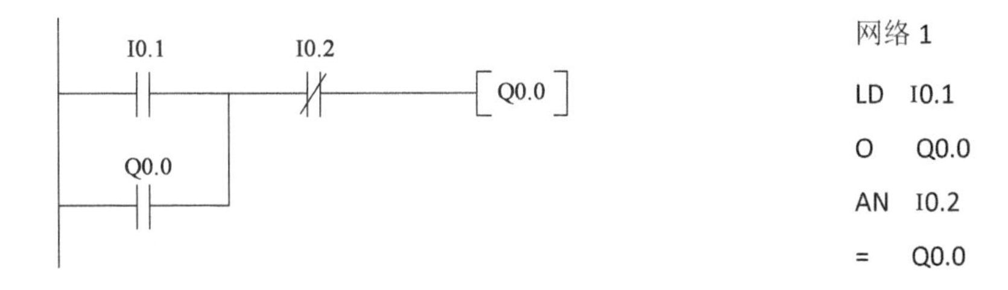

图 2-18　三相异步电动机连续运行 PLC 控制梯形图　　图 2-19　三相异步电动机连续运行 PLC 控制语句表程序

学习情境 2-1　三相异步电动机正反转运行 PLC 控制

1　信息(创设情境,提供资讯)

基于机械与电气互锁的三相异步电动机正反转控制电路如图 2-20 所示,该控制线路也具有电动机正反转控制、过流保护和过载保护等功能,且可克服接触器联锁正反转控制线路和按钮联锁正反转控制线路的不足。

现须将其控制线路改造为 PLC 控制系统,运用 PLC 来控制三相异步电动机正反转,请按照设定的学习情境完成系列任务。

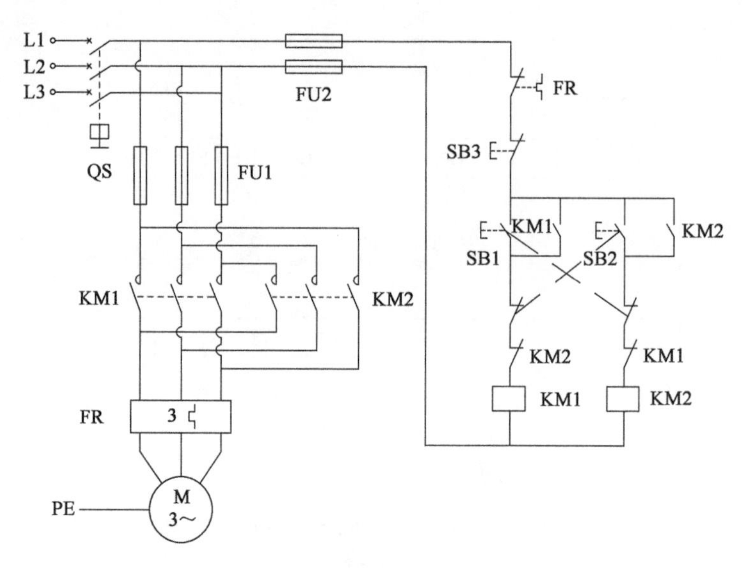

图 2-20　三相异步电动机带机械与电气双重互锁正反转控制电气原理图

(1)独立学习:观察现场 PLC 设备(图 2-21),根据实际型号填写表 2-12。

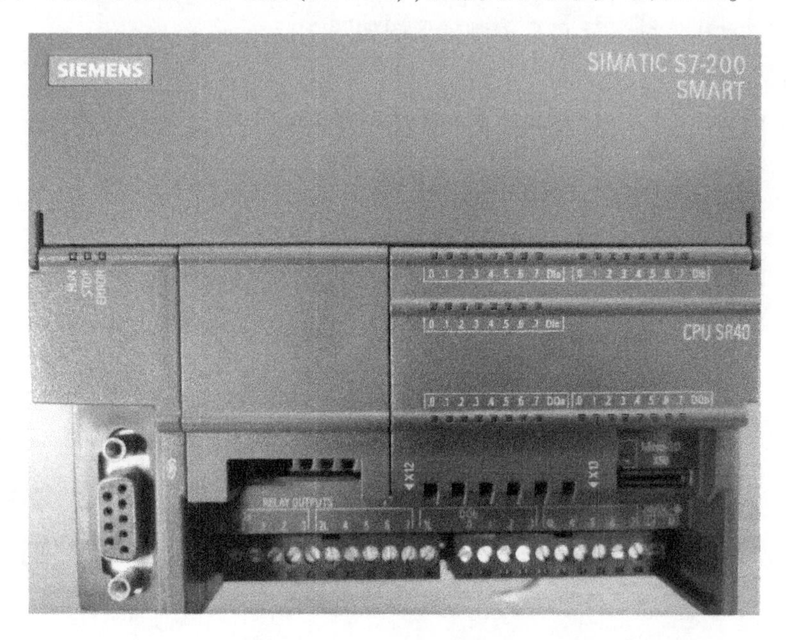

图 2-21　西门子 S7-200 Smart 型 PLC

PLC 型号内容　表 2-12

项　目	内　容
	说明 PLC 上状态指示灯每个指示灯显示功能:

续上表

项　　目	内　　容
CPU SR40	型号含义：
	通信口功能：
	I/O 指示灯对应的 I/O 地址：
	端子功能：

(2)小组讨论：简要概述 PLC 的工作特点。

2　计划(分析任务，制订计划)

(1)小组讨论：讨论并填写 PLC 控制系统的 I/O 地址分配表，完成表 2-13。

PLC 控制系统 I/O 地址分配表　　表 2-13

设备元件名称	I/O 地址	符　号　名	数 据 类 型	功 能 描 述

(2)个人/小组讨论:绘制 PLC 控制系统的接线图。

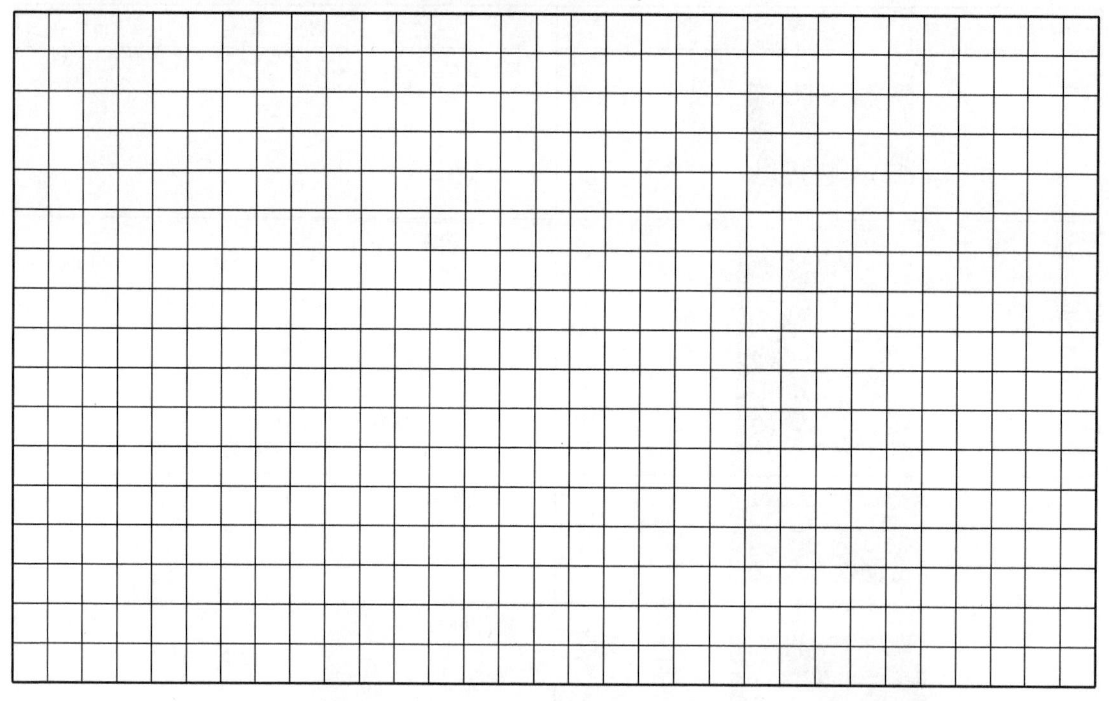

(3)个人/小组工作:列出 PLC 控制系统安装所需元器件、工具及材料清单并计算成本,完成表 2-14。

清　单　　表 2-14

序　号	名　称	符　号	型　号	数　量	规　格
1					
2					
3					
4					
5					
6					
7					
8					
9					
成本核算					

(4)个人/小组工作:选择 PLC 控制程序设计的方法,并简要概述编程方法与思路,完成表 2-15。

编程方法与思路 表 2-15

1	移植设计法	□
2	经验设计法	□
3	顺序控制法	□
4	逻辑设计法	□
5	如果上面选项均不符合要求，可自行拟订方法	□

注：选择（在选择的程序设计方法后面打√，没有用到打×）。

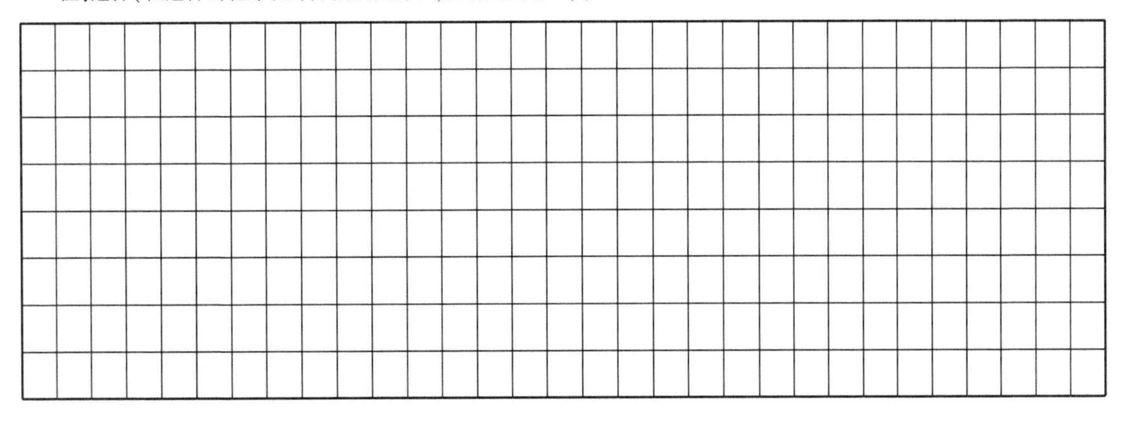

3　决策（集思广益，做出决定）

（1）个人/小组讨论：绘制 PLC 控制系统的梯形图。

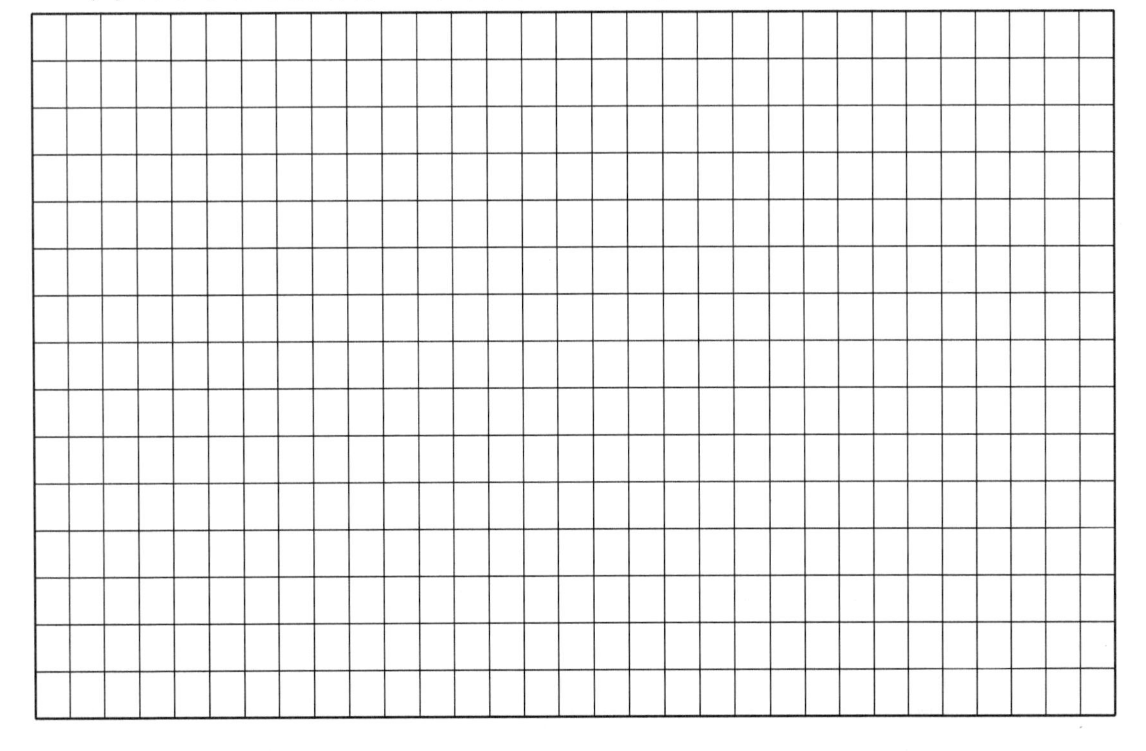

(2)个人/小组讨论:书写绘制 PLC 控制系统的语句表指令。

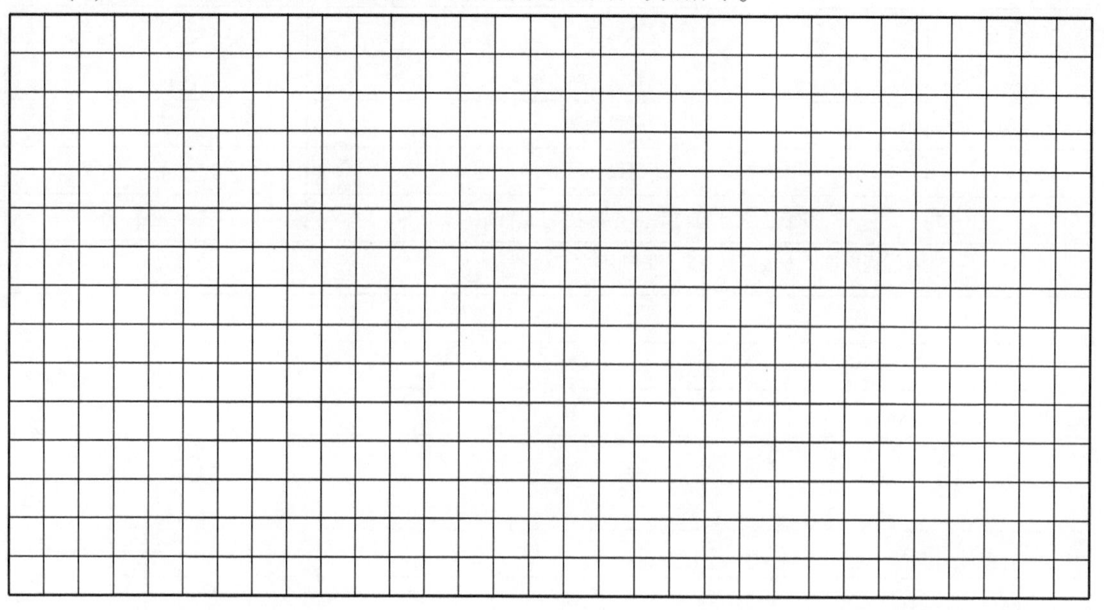

(3)个人/小组讨论:制定 PLC 控制系统安装项目小组工作计划表,确认成员分工及计划时间,完成表 2-16。

工作要点　　表 2-16

序　号	工作计划	职　责	人　员	计划工时	备　注
1					
2					
3					
4					
5					

4　实施(分工合作,沟通交流)

小组工作:按工作计划实施三相异步电动机正反转运行 PLC 控制系统安装与调试,完成表 2-17。

安装与调试　　表 2-17

序　号	行动步骤	实施人员	实际用时	计划工时
1				
2				
3				
4				
5				
6				
7				
8				

5　控制(查漏补缺,质量检测)

(1)小组自检:对照评测标准检查,完成表2-18。

检　　查　　　　表2-18

1	在断电情况下检查控制系统是否存在短路现象	□
2	接通控制的电源	□
3	将控制装置置为模式“STOP(停止)”	□
4	测量值是否正常	□

注:自检(按序号顺序完成,完成打√,没有完成打×)。

(2)小组自检:如果发现不正常现象,请说明原因,完成表2-19。

不正常原因　　　　表2-19

工作元件/控制电压	状态	端子的测量	电压额定值(V)	测量值正常(是/否)
工作电压	接通	L至M	24	
开关/控制电压	接通	开关常开触点至M	24	
按钮/控制电压	接通	按钮常开触点至M	24	
结果	正常□		不正常□	

6　评价(总结过程,任务评估)

(1)小组工作:将自己的总结向别的同学介绍,描述收获、问题和改进措施。在一些工作完成不尽意的地方,征求意见。

①收获。

②问题。

③别人给自己的意见。

④改进措施。

(2)小组之间按照评分标准进行工作过程自评和互评,完成表2-20。

自评和互评

表2-20

班级		被评组名		日期		
评价指标	评价要素			分数	自评分数	互评分数
信息检索	该组能否有效利用网络资源、工作手册查找有效信息			5		
	该组能否用自己的语言有条理地去解释、表述所学知识			5		
	该组能否对查找到的信息有效转换到工作中			5		
感知工作	该组能否熟悉自己的工作岗位,认同工作价值			5		
	该组成员在工作中,是否获得满足感			5		
参与状态	该组与教师、同学之间是否相互尊重、理解、平等			5		
	该组与教师、同学之间是否能够保持多向、丰富、适宜的信息交流			5		
	该组能否处理好合作学习和独立思考的关系,做到有效学习			5		
	该组能否提出有意义的问题或能发表个人见解;能按要求正确操作;能够倾听、协作分享			5		
	该组能否积极参与,在产品加工过程中不断学习,综合运用信息技术的能力提高很大			5		
学习方法	该组的工作计划、操作技能是否符合规范要求			5		
	该组是否获得了进一步发展的能力			5		
工作过程	该组是否遵守管理规程,操作过程符合现场管理要求			5		
	该组平时上课的出勤情况和每天完成工作任务情况			5		
	该组成员是否能完成工作任务,并善于多角度思考问题,能主动发现、提出有价值的问题			15		
思维状态	该组是否能发现问题、提出问题、分析问题、解决问题、创新问题			5		
自评反馈	该组能严肃认真地对待自评,并能独立完成自测试题			10		
总分数				100		
简要评述						

(3)教师按照评分标准对各小组进行任务工作过程总评,完成表2-21。

总　评　　表2-21

班级		组名		姓名	
出勤情况					
信息	口述或书面梳理工作任务要点	1. 表述仪态自然、吐字清晰	25	表述仪态不自然或吐字模糊扣5分	
		2. 工作页表述思路清晰、层次分明、准确		表述思路模糊或层次不清扣5分,分工不明确扣5分	
计划	填写I/O分配表及绘PLC接线图	1. I/O分配表准确无误 2. PLC接线图准确无误 3. 制订计划及清单清晰合理	15	表述思路或层次不清扣5分	
				计划及清单不合理扣5分	
决策	制订工艺计划	1. 制订合理工艺 2. 制订合理程序	10	一处计划不合理扣3分,扣完为止	
实施	安装准备	工具、元器件、辅材准备	4	每漏一项扣1分	
	PLC控制系统安装与调试	1. 元器件安装是否牢固 2. 显示元器件符合专业连接 3. 所有电气线路、芯线符合专业的敷设(包括电缆槽中) 4. 导线的剥线和芯线端头的固定 5. 软件使用(工程创建,指令输入) 6. 通信设置并下载 7. 功能是否与控制要求一致	25	错误1处扣1分,扣完为止	
		8. 设备、工具、量具、刀具、工位恢复整理	6	每违反一项扣1分,扣完此项配分为止	
控制		正确读取和测量加工数据并正确分析测量结果	5	能自我正确检测要点并分析原因,错一项,扣1分,扣完为止	
评价	工作过程评价	1. 依据自评分数	5		
		2. 依据互评分数	5		
合计			100		

学习情境 2-2　两台三相异步电动机顺序运行 PLC 控制

1　信息(创设情境,提供资讯)

由图 2-22 可知,两台电动机顺序启动逆序停止控制线路主电路接触器 KM1、KM2 不存在顺序控制功能,电动机 M1、M2 均属于独立的单向运行单元电路。该控制线路的特点:电动机 M2 的控制电路先与接触器 KM1 的线圈并联后再与 KM1 的自锁触头串联,这样就保证了 M1 启动后 M2 才能启动的顺序控制要求。

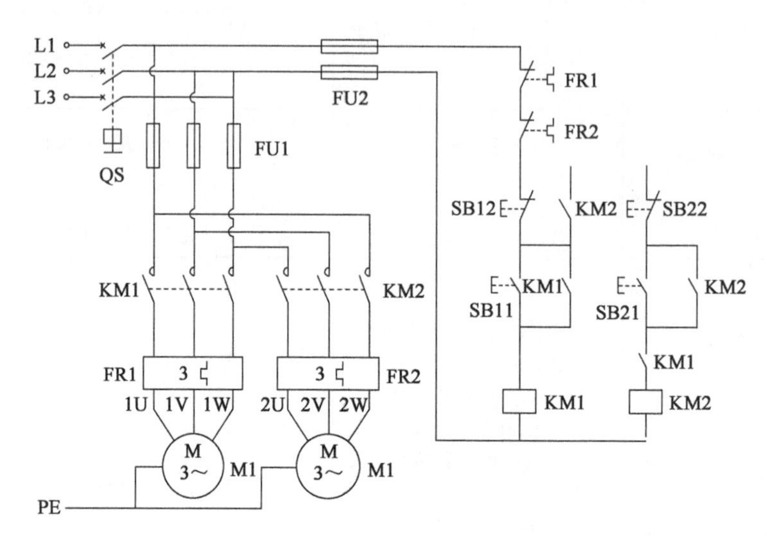

图 2-22　两台电动机顺序启动逆序停止控制电气原理图

现须将其控制线路改造为 PLC 控制系统,运用 PLC 来控制两台三相异步电动机顺序启动逆序停止。

小组讨论:简要概述两台三相异步电动机顺序启动逆序停止电气控制电路中主令电器和控制电器,并进行分类。

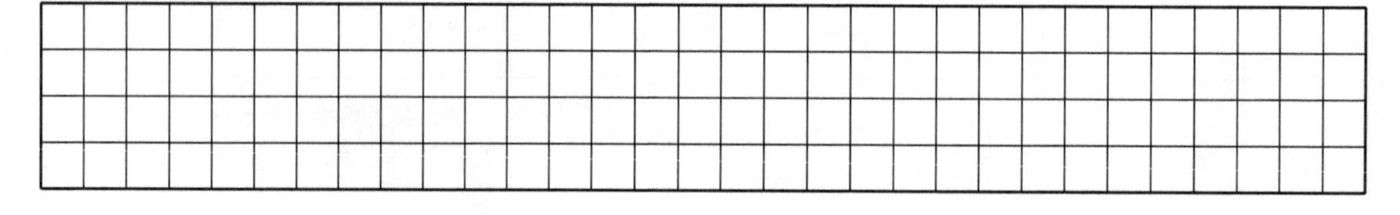

2　计划(分析任务,制订计划)

(1)小组讨论:讨论并填写出 PLC 控制系统的 I/O 地址分配表,完成表 2-22。

PLC 控制系统 I/O 地址分配表　　表 2-22

设备元件名称	I/O 地址	符 号 名	数 据 类 型	功 能 描 述

(2)个人/小组讨论:绘制 PLC 控制系统的接线图。

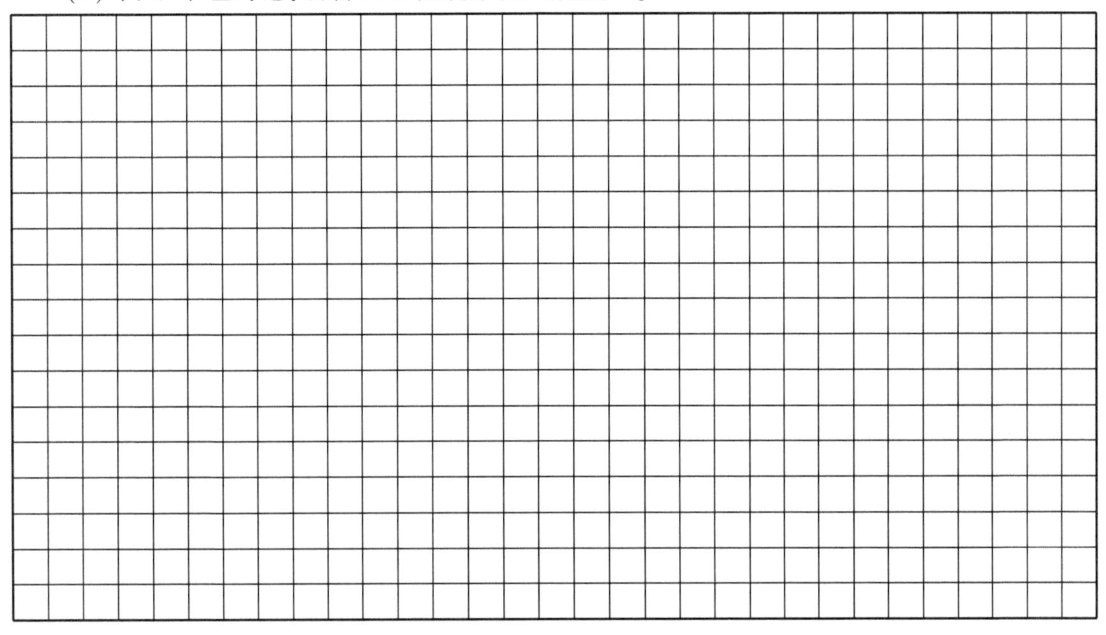

(3)个人/小组工作:列出 PLC 控制系统安装所需元器件、工具及材料清单并计算成本,完成表 2-23。

清　　单　　表 2-23

序　　号	名　　称	符　　号	型　　号	数　　量	规　　格
1					
2					
3					
4					
5					
6					
7					
8					
9					
成本核算					

(4)个人/小组工作:选择 PLC 控制程序设计的方法,并简要概述编程方法与思路,完成表 2-24。

编程方法与思路　　表 2-24

1	移植设计法	□
2	经验设计法	□
3	顺序控制法	□
4	逻辑设计法	□
5	如果上面选项均不符合要求,可自行拟订方法	□

注:选择(在选择的程序设计方法后面打√,没有用到打×)。

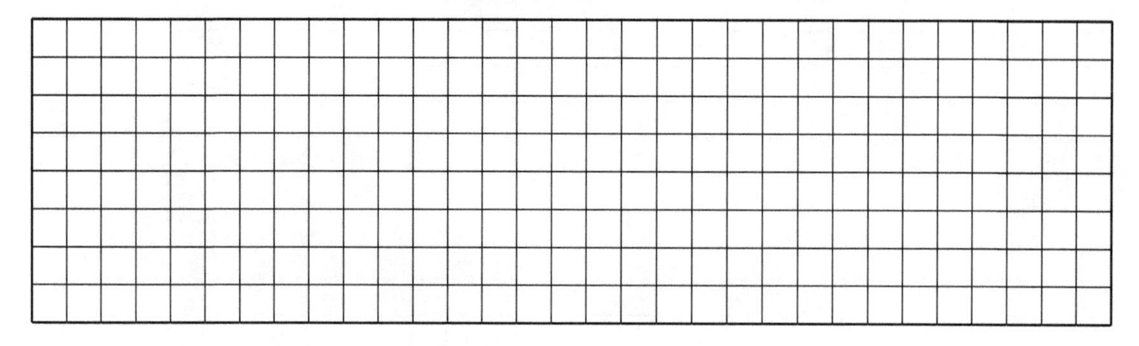

3　决策(集思广益,做出决定)

(1)个人/小组讨论:绘制 PLC 控制系统的梯形图。

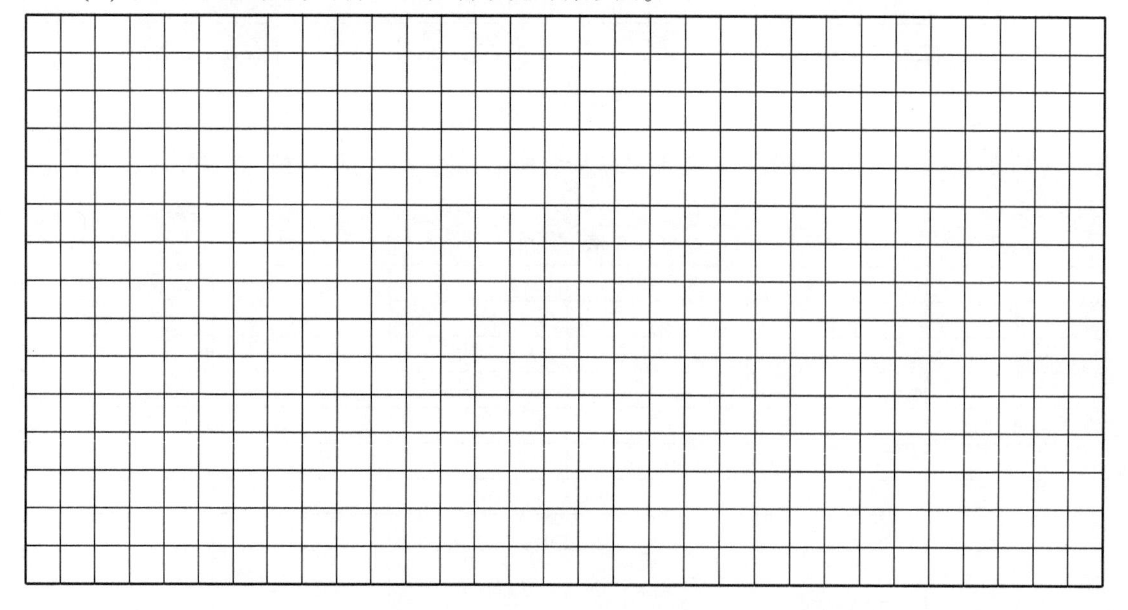

(2)个人/小组讨论:书写绘制 PLC 控制系统的语句表指令。

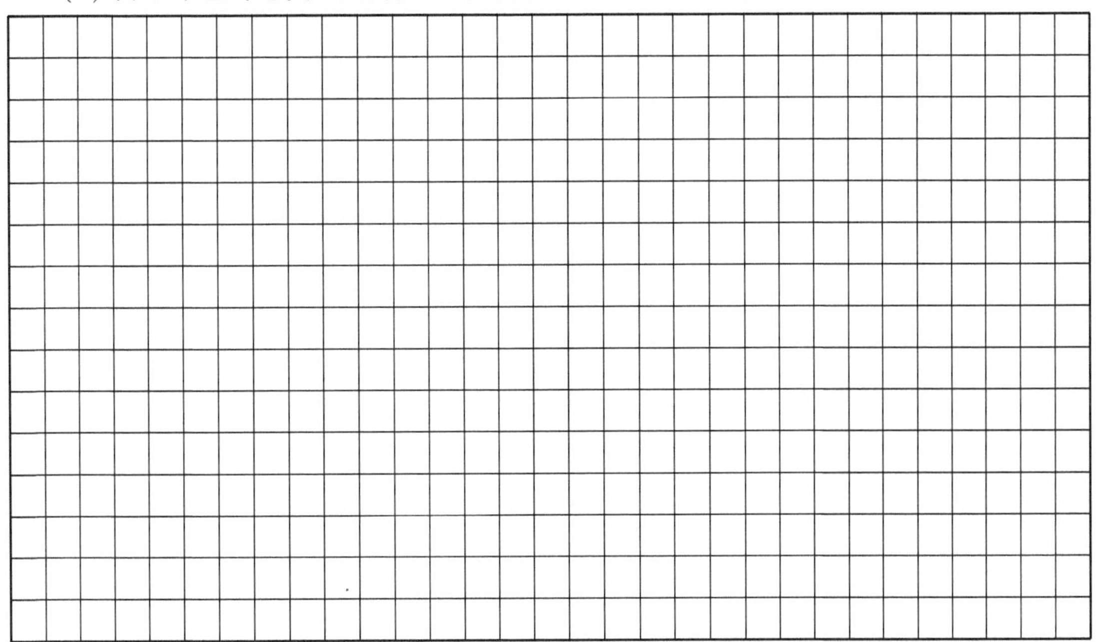

学习情境2-3 CW6136B 型卧式车床 PLC 控制

1 信息(创设情境,提供资讯)

车床是应用极为广泛的金属切削机床,主要用于车削外圆、内圆、端面螺纹和定型表面,并可通过尾架进行钻孔、铰孔和攻螺纹等切削加工,且不同型号车床的主电动机工作要求不同,因而由不同的控制线路构成。

1.1 CW6136B 型卧式车床电气控制线路

CW6136B 型卧式车床电气控制线路如图 2-23 所示。其主要承担车削内外圆柱面、圆锥面及其他旋转体零件等工作,也可加工各种常用的公制、英制、模数和径节螺纹,并能拉削油沟和键槽,具有传动刚度较高、精度稳定、能进行强力切削、外形整齐美观、易于擦拭和维护等特点。

1.2 CW6136B 型卧式车床电气控制线路主电路

1)电路结构及主要电气元件作用

CW6163B 型卧式车床主电路由图 2-23 中电源开关及保护部分、快速进给电动机 M3 主电路组成。对应图区中使用的各电器元件符号及功能说明见表 2-25。

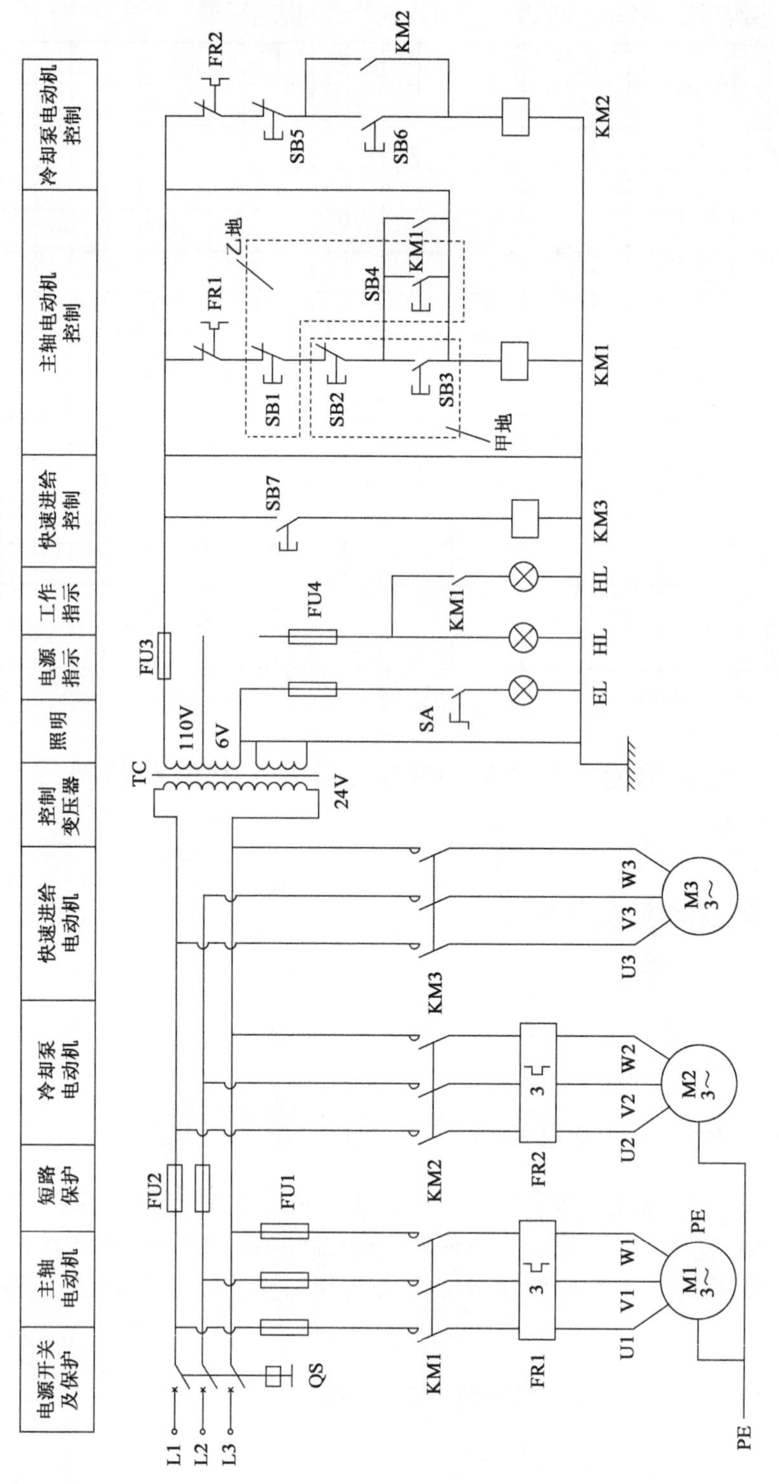

图2-23　CW6136B型卧式车床电气控制原理图

CW6136B 型卧式车床主轴控制电气元件表　　表 2-25

符　　号	名称及用途	符　　号	名称及用途
M1	主轴电动机	KM3	M3 控制接触器
M2	冷却泵电动机	FR1、FR2	热继电器
M3	刀架快速移动电动机	QS	组合开关
KM1	M1 控制接触器	FU1、FU2	熔断器
KM2	M2 控制接触器		

2)工作原理

电路通电后,断路器 QS 将 380V 交流电压引入 CW6163B 型卧式车床主电路。其中,主轴电动机 M1 工作状态由接触器 KM1 主触头控制。实际应用时,安培表可显示主轴电动机 M1 实际工作电流;热继电器 KR1 实现主轴电动机 M1 过载保护功能。

冷却泵电动机 M2 工作状态由接触器 KM2 主触头控制。实际应用时,热继电器 KR2 实现冷却泵电动机 M2 过载保护功能。

快速进给电动机 M3 工作状态由接触器 KM3 主触头控制。实际应用时,由于快速移动电动机 M3 为短期点动工作,故未设过载保护。

1.3　CW6136B 型卧式车床电气控制线路控制电路

CW6163B 型卧式车床控制电路由图 2-23 中控制变压器部分和冷却泵电动机控制部分组成。实际应用时,合上电源开关 QS, 380V 交流电压经 FU1、FU2 加至控制变压器 TC 一次绕组两端,经降压后输出 110V 交流电压作为控制电路的电源,24V 交流电压作为机床工作照明电路电源,6V 交流电压作为信号指示电路电源。

1)电路结构及主要电器元件作用

CW6163B 型卧式车床控制电路由主轴电动机 M1 控制电路、冷却泵电动机 M2 控制电路、快速进给电动机 M3 控制电路和照明、信号等电路组成。CW6136B 型卧式车床冷却泵电动机控制电器元件符号及说明见表 2-26。

CW6136B 型卧式车床冷却泵电动机控制电器元件表　　表 2-26

符　　号	名称及用途	符　　号	名称及用途
TC	控制变压器	SB7	M3 点动启动按钮
FU3、FU4	熔断器	SA	照明灯控制开关
SB1、SB2	M1 两地停止按钮	EL	照明灯
SB3、SB4	M1 两地启动按钮	HL1	电源指示灯
SB5	M2 停止按钮	HL2	M1 工作指示
SB6	M2 启动按钮		

2)工作原理

CW6163B 型卧式车床的主轴电动机 M1 主电路、冷却泵电动机 M2 主电路和快速进给电动机 M3 主电路接通电路的元件分别为接触器 KM1、接触器 KM2 和接触器 KM3 主触头。所以,在确定各控制电路时,只需各自找到它们相应元件的控制线圈即可。

(1)主轴电动机 M1 控制电路:通电后,当需要主轴电动机 M1 启动运转时,按下两地启动按钮 SB3 或 SB4,接触器 KM1 得电吸合并自锁,主轴电动机 M1 主电路中接触器 KM1 主触头闭合接通主轴电动机 M1 电源,主轴电动机 M1 启动运转。当需要主轴电动机 M1 停止运转时,按下两地停止按钮 SB1 或 SB2,接触器 KM1 失电释放,其主触头断开,使主轴电动机 M1 失电停止运转。

(2)冷却泵电动机 M2 控制电路:主轴电动机 M1 启动运转后,当需要冷却泵电动机 M2 启动运转时,按下启动按钮 SB6,接触器 KM2 供电吸合并自锁.冷却泵电动机 M2 主电路中接触器 KM2 主触头闭合接通冷却泵电动机 M2、电源,冷却泵电动机 M2 启动运转。当需要冷却泵电动机 M2 停止运转时,按下停止按钮 SB5 即可。

(3)快速进给电动机 M3 控制电路:实际应用时,按下点动按钮 SB7 可对快速进给电动机 M3 实现点动控制。

(4)照明、信号电路:实际应用时,控制变压器 TC 的二次侧输出电压,作为车床低压照明灯和信号灯的电源。其中,车床工作照明灯 EL 由单极控制开关 SA 控制;M1 工作指示灯 HL2 由接触器 KM1 辅助动合触点控制,即当主轴电动机 M1 启动运转时。EL2 点亮指示 M1 工作状态,当 M1 停止运转时,EL2 也随着熄灭。

小组讨论:简要概述 CW6136B 型卧式车床电气控制电路中主令电器和控制电器,并进行分类。

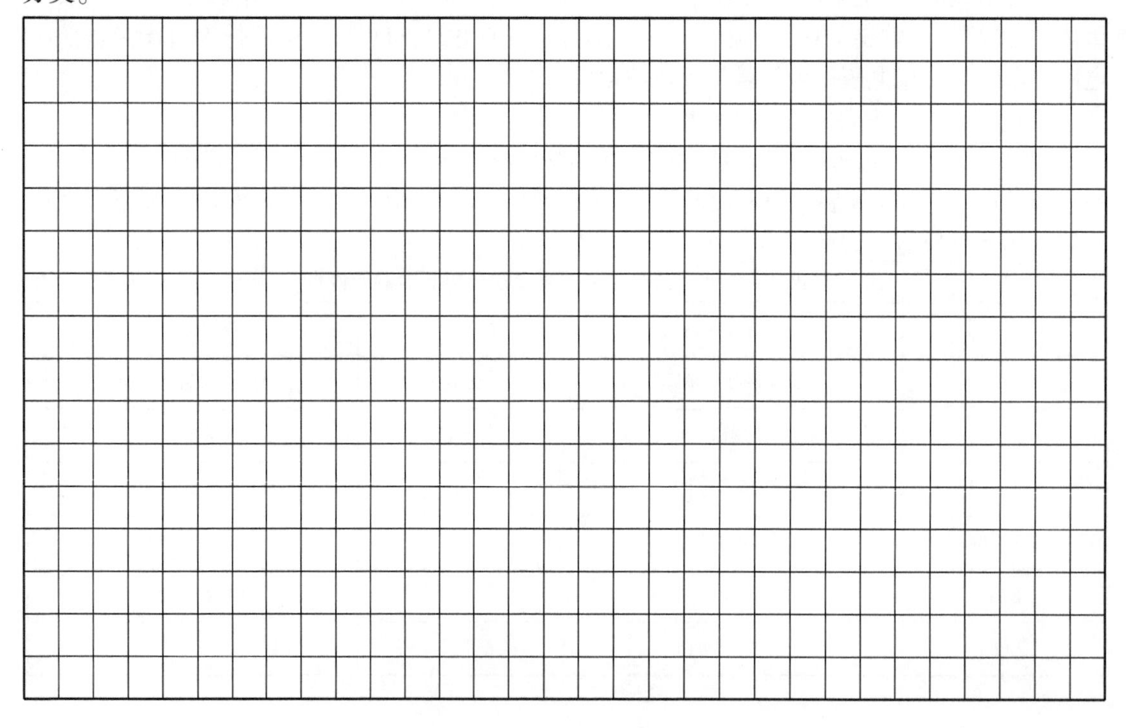

2　计划(分析任务,制订计划)

(1)小组讨论:讨论并填写 PLC 控制系统的 I/O 地址分配表,完成表 2-27。

PLC 控制系统 I/O 地址分配表　　表 2-27

设备元件名称	I/O 地址	符　号　名	数 据 类 型	功 能 描 述

(2)个人/小组讨论:绘制 PLC 控制系统的接线图。

(3)个人/小组工作:列出PLC控制系统安装所需元器件、工具及材料清单并计算成本,完成表2-28。

清　单　　表2-28

序　号	名　称	符　号	型　号	数　量	规　格
1					
2					
3					
4					
5					
6					
7					
8					
9					
成本核算					

(4)个人/小组工作:选择PLC控制程序设计的方法,并简要概述编程方法与思路,完成表2-29。

编程方法与思路　　表2-29

1	移植设计法	□
2	经验设计法	□
3	顺序控制法	□
4	逻辑设计法	□
5	如果上面选项均不符合要求,可自行拟订方法	□

注:选择(在选择的程序设计方法后面打√,没有用到打×)。

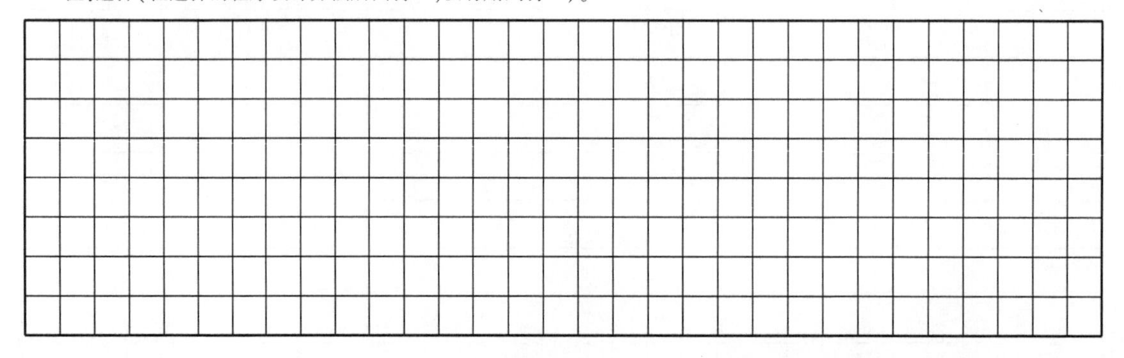

3　决策(集思广益,做出决定)

(1)个人/小组讨论:绘制 PLC 控制系统的梯形图。

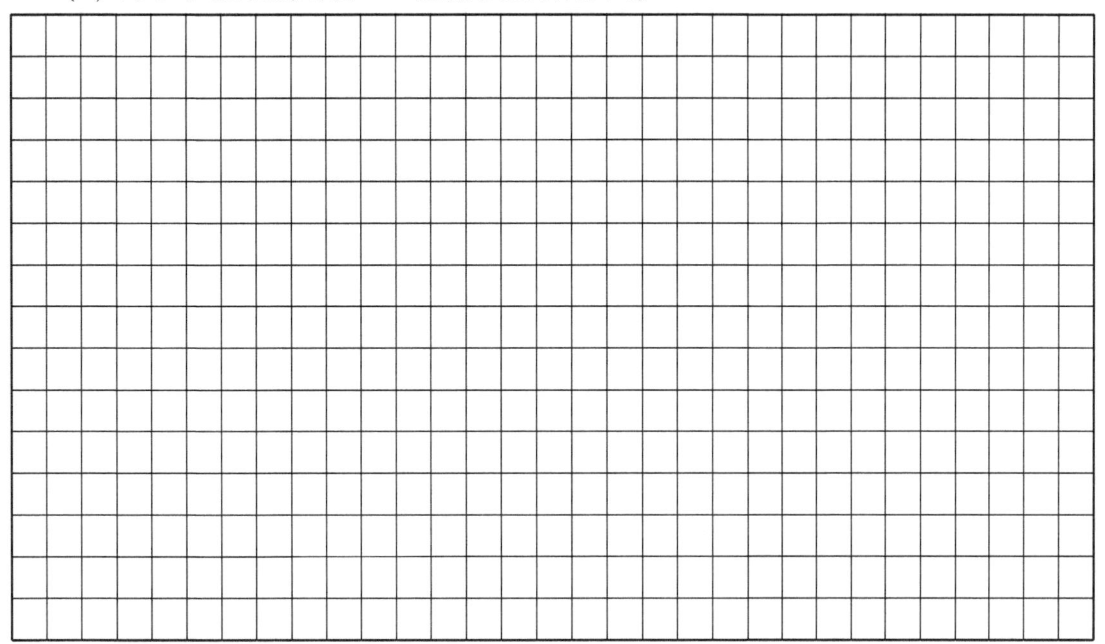

(2)个人/小组讨论:书写绘制 PLC 控制系统的语句表指令。

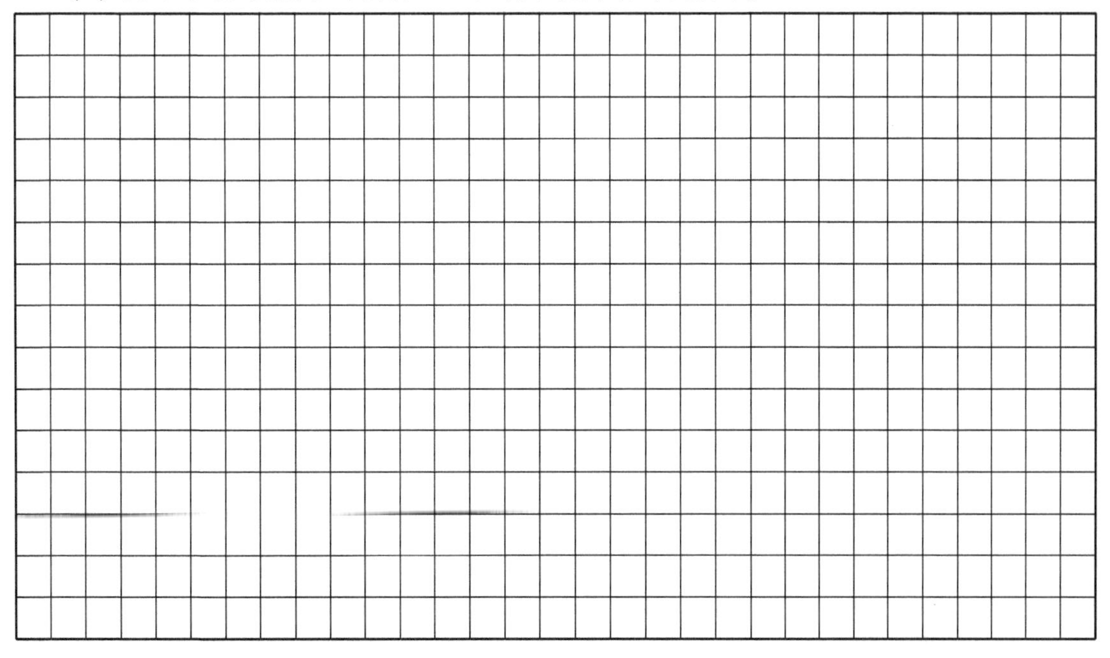

学习情境 2-4　基于行程开关的小车自动往返 PLC 控制

1　信息(创设情境,提供资讯)

送料小车在限位开关 SQ1 处装料(图 2-24),10s 后装料结束,开始右行,碰到 SQ2 后停下来卸料,15s 后左行,碰到 SQ1 后又停下来装料,这样不停地循环工作,直到按下停止按钮 SB3。按钮 SB1 和 SB2 分别用来控制小车右行和左行。

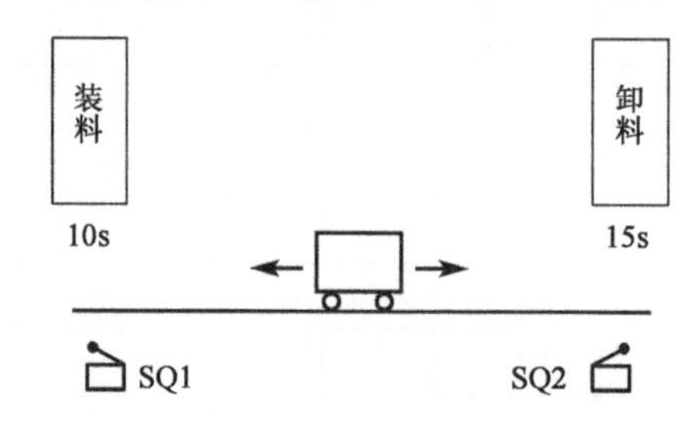

图 2-24　送料小车运动控制示意图

小组讨论:简要概述基于行程开关的小车自动往返电气控制电路中主令电器和控制电器,并进行分类。

2　计划(分析任务,制订计划)

(1)小组讨论:讨论并填写出 PLC 控制系统的 I/O 地址分配表,完成表 2-30。

PLC 控制系统 I/O 地址分配表　　表 2-30

设备元件名称	I/O 地址	符 号 名	数 据 类 型	功 能 描 述

(2)个人/小组讨论:绘制 PLC 控制系统的接线图。

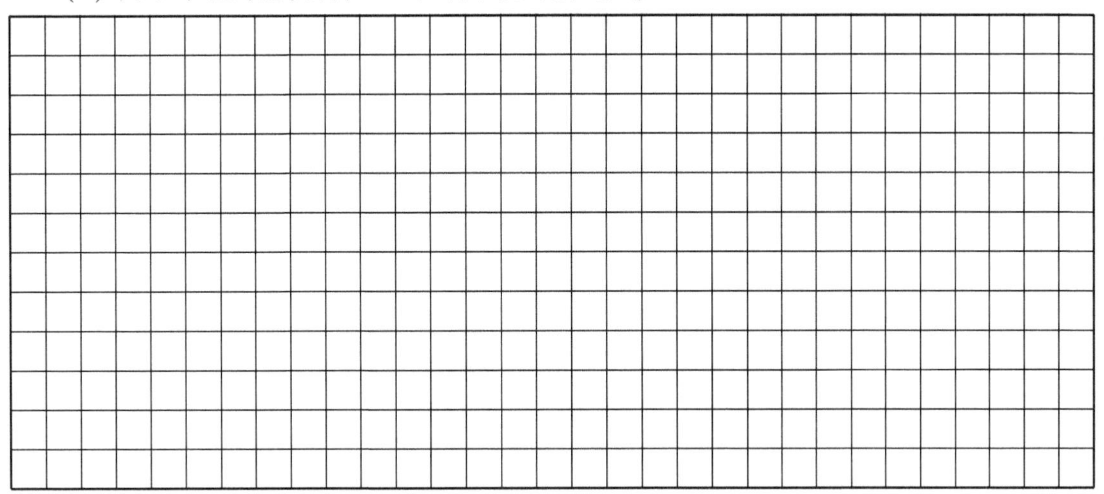

(3)个人/小组工作:列出 PLC 控制系统安装所需元器件、工具及材料清单并计算成本,完成表 2-31。

清　单　　表 2-31

序　号	名　称	符　号	型　号	数　量	规　格
1					
2					
3					
4					
5					
6					
7					
8					
9					
成本核算					

(4)个人/小组工作:选择 PLC 控制程序设计的方法,并简要概述编程方法与思路,完成表 2-32。

编程方法与思路　　表 2-32

1	移植设计法	□
2	经验设计法	□
3	顺序控制法	□
4	逻辑设计法	□
5	如果上面选项均不符合要求,可自行拟订方法	□

注:选择(在选择的程序设计方法后面打√,没有用到打×)。

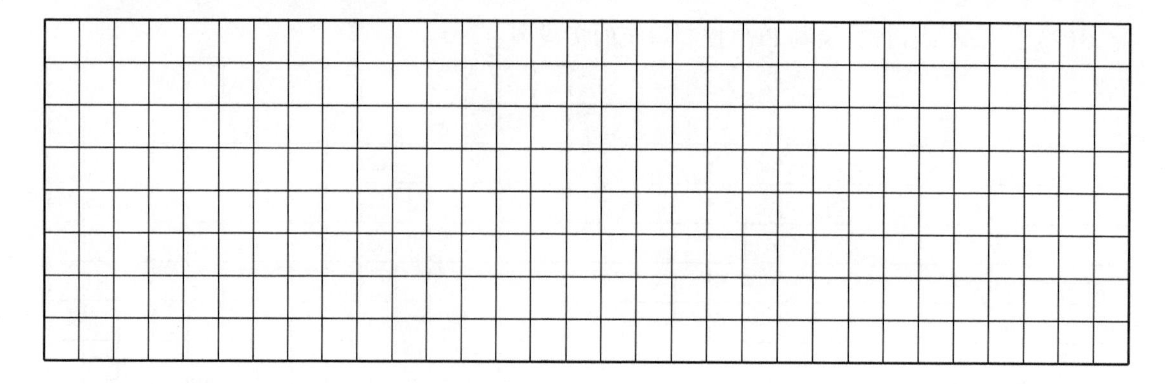

3　决策(集思广益,做出决定)

(1)个人/小组讨论:绘制 PLC 控制系统的梯形图。

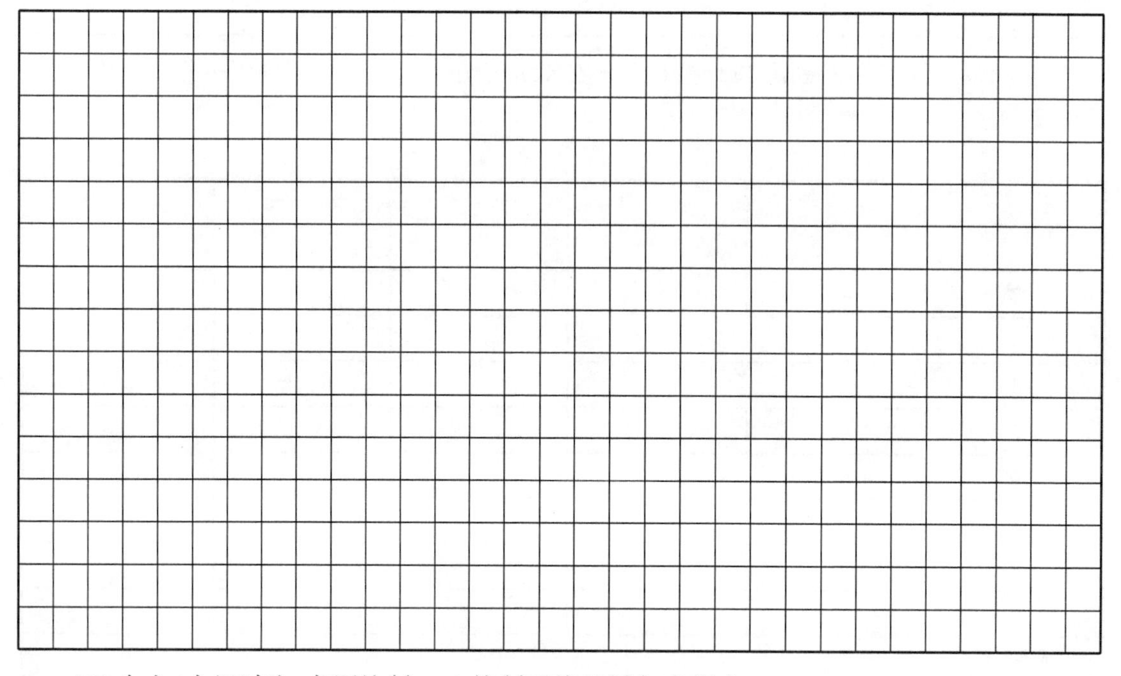

(2)个人/小组讨论:书写绘制 PLC 控制系统的语句表指令。

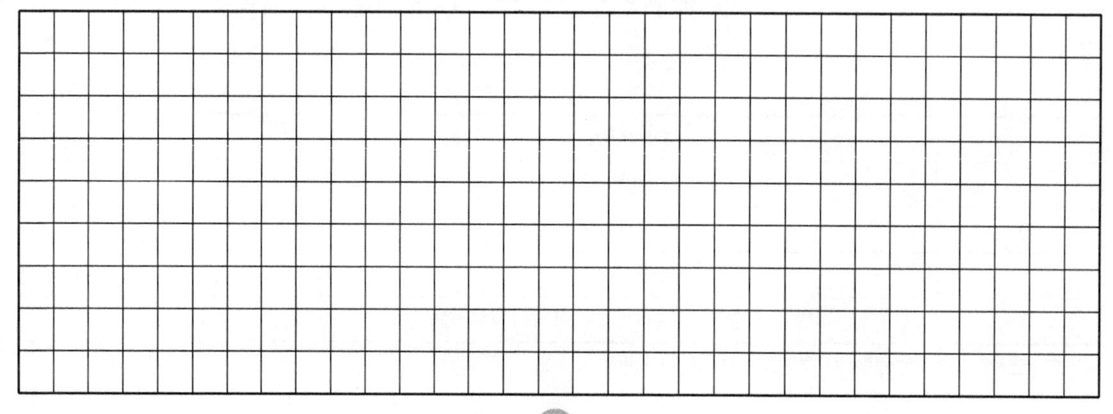

复习与提高

1. 每个串联电路块的开始都不需要使用指令(　　)。

A. LD　　B. LDN

C. ALD　　D. OLD

2. 每个并联电路块的开始都不需要使用指令(　　)。

A. LD　　B. LDN

C. ALD　　D. OLD

3. 关于置位与复位指令,说法错误的是(　　)。

A. 均具有记忆和保持功能　　B. 元件置位,保持通电至复位为止

C. 置位不必与复位成对使用　　D. 多次置复位,取决最后执行指令

4. 下列关于逻辑堆栈指令说法正确的是(　　)。

A. LPS 和 LPP 指令必须成对使用　　B. LPS 和 LPP 指令连续使用不受限

C. LPS、LRD 和 LPP 有操作数　　D. LPS、LRD 和 LPP 指令须成对使用

5. 下面关于定时器指令表述错误的是(　　)。

A. TON：通电延时型定时器　　B. TOF：断电延时型定时器

C. TONR：保持型通电延时定时器　　D. TONR：保持型断电延时定时器

6. 书写 3 种不同定时器编程元件格式,并做注解。

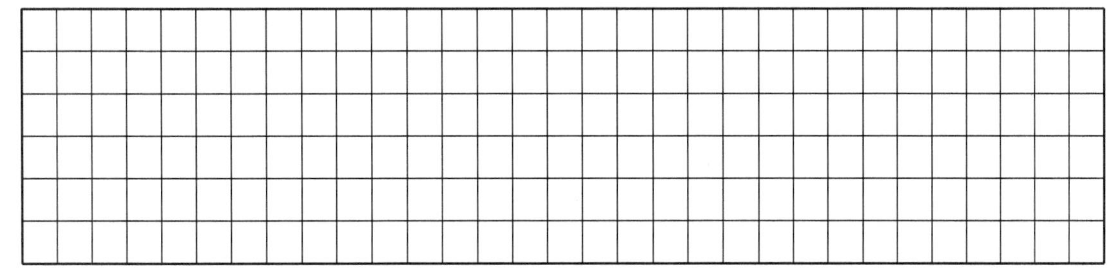

模块三　基于开关量的信号灯系统 PLC 控制技术

知识目标：

1. 掌握辅助继电器指令；
2. 掌握特殊继电器指令；
3. 掌握计数器指令；
4. 掌握比较指令；
5. 掌握移位指令；
6. 掌握递增与递减指令。

能力目标：

1. 能够接受工作任务，合理收集专业知识信息；
2. 能够根据工作任务要求，制定 I/O 分配表；
3. 能够绘制 PLC 接线图；
4. 能够根据任务要求拟订物料清单；
5. 能够编制 PLC 控制程序；
6. 能够根据电气接线图完成电气控制系统的安装；
7. 能够独立完成 PLC 程序的下载与调试；
8. 能够自主学习，并与同伴进行技术交流，处理工作过程中的矛盾与冲突；
9. 能够进行学习成果展示和汇报。

素养目标：

1. 教学过程对接生产过程，培养学生诚实守信、爱岗敬业，具有精益求精的工匠精神，遵守工位 5S 与安全规范；
2. 能够考虑成本因素，养成勤俭节约的良好品德；
3. 通过自查与互查环节，培养学生的质量意识、绿色环保意识、安全意识、信息素养、创新精神；
4. 通过课后查阅资料完成加强练习，培养学生的信息素养、创新精神。

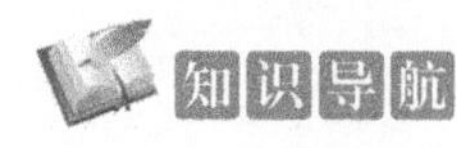

1　辅助继电器指令

辅助继电器又称为内部标志位存储器。在实际工程中，其作用相当于继电器控制电路中的中间继电器，用于存放中间操作状态或存储其他相关数据。内部标志位存储器在 PLC 中无相应的输入/输出端子对应,辅助继电器线圈的通断只能由内部指令驱动,且每个辅助继电器都有无数对常开/常闭触点供编程使用。辅助继电器不能直接驱动负载,它只能通过本身的触点与输出继电器线圈相连,由输出继电器实现最终的输出,从而达到驱动负载的目的。

辅助继电器可采用位、字节、字和双字来存取。S7-200M 型继电器地址范围为0.0～31.7。

2　特殊继电器指令

特殊继电器又称为特殊标志位存储器,其具有特殊功能或用来存储系统的状态变量和有关控制参数及信息。它用于 CPU 与用户之间的信息交换,其位地址有效范围为 SM0.0～SM179.7,共有 180 个字节,其中 SM0.0～SM29.7 这 30 个字节为只读型区域,用户只能使用其触点。常用的特殊继电器见表 3-1。

特殊继电器指令　　表 3-1

符号	名　称	应　用	备　注
SM0.0	恒通	PLC 运行时,SM0.0 处于恒 1 状态	用于运行监控
SM0.1	初始化脉冲	PLC 运行的第 1 个扫描周期其接通	
SM0.4	1min 脉冲	SM0.4 占空比 50% PLC 运行 1 个扫描周期其接通 0.5min,断开 0.5min	
SM0.5	1s 脉冲	SM0.5 占空比 50% PLC 运行 1 个扫描周期其接通 0.5s,断开 0.5s	
SM1.0	零标志位	在移位指令中应用	当运算结果 =0,该位置为 1
SM1.1	溢出标志位	在移位指令中应用	当运算结果 =1,该位置为 1

特殊继电器使用说明:

(1)在编程时,用户只能使用其触点,不能使用其线圈,其线圈由系统程序驱动。

(2)在梯形图语言中,左母线和线圈不能直接相连,因此经常采用 SM0.0 触点使左母线与线圈隔开。由于 PLC 上电后,SM0.0 恒为 1,因此这里的 SM0.0 触点就相当于直导线。

(3)采用 SM0.5 和 SM0.4 触点与输出线圈相连,可以制作简单的闪烁电路,需注意 SM0.5 产生 1s 的时钟脉冲,点空比为 50%,也就是说在一个周期中,SM0.5 接通和断开的时间各占 0.5s,SM0.4 与 SM0.5 用法类似。

3　计数器指令

计数器是一种用来累计输入脉冲个数的编程元件,在实际应用中用来对产品进行计数或完成复杂逻辑控制任务。其结构主要由一个 16 位当前值寄存器、一个 16 位预置值寄存器和 1 位状态位组成。在 S7-200 PLC 中,按工作方式的不同,可将计数器分为 3 大类:加计数器、减计数器和加减计数器。

3.1　计数器指令格式

计数器指令见表 3-2。

计数器指令表

表 3-2

加计数器指令格式 计数器类型	加计数器	减计数器	加减计数器
代号	CTU	CTD	CTUD
指令符号	Cn CU CTU R PV	Cn CD CTD LD PV	Cn CU CTUD CD R PV
语句表	CTU Cn,PV	CTD Cn,PV	CTUD Cn,PV
计数器编号	C0 ~ C255	C0 ~ C255	C0 ~ C255
预置值数据类型	16 位有符号整数	16 位有符号整数	16 位有符号整数
预置值操作数	VW/T/C/IW/QW MW/SMW/AC/AIW 常数	VW/T/C/IW/QW MW/SMW/AC/AIW 常数	VW/T/C/IW/QW MW/SMW/AC/AIW 常数
预置值允许最大值	32767	32767	32767
当前值范围	0 ~ 32767	0 ~ 32767	-32768 ~ 32767

3.2 计数器工作原理及应用实例

1) CTU 指令工作原理

复位端 R 状态为 0 时,脉冲输入有效,计数器可以计时,当脉冲输入端 CU 有上声沿脉冲输入时,计数器当前值加 1,在当前值大于或等于预置值 PV 时,计数器状态位被置为 1,其常开触点闭合,常闭触点断开;若当前值到达预置值 PV 后,脉冲输入依然上升沿脉冲输入,计数器当前值继续增加,直到最大值达 32767,在此期间计数器状态位仍然处于置 1 状态;当复位端 R 状态为 1 时,计数器复位,当前值被清 0,计数器状态位置为 0。

CTU 指令应用举例如图 3-1 所示。

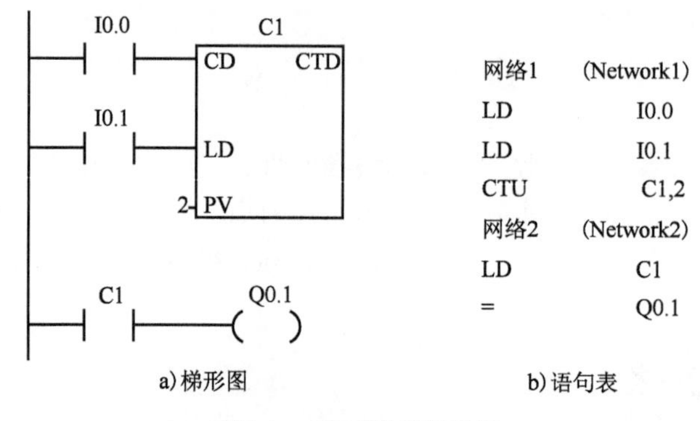

图 3-1 CTU 指令应用举例

2）CTD 指令工作原理

装载端状态为 1 时，计数器被复位，减计数器状态位为 0，预置值被装载到当前值寄存器中；当装载端 LD 状态为 0 时，脉冲输入端有效，计数器可以计数，当脉冲输入端 CD 有上升沿脉冲输入时，计数器当前值从预置值开始递减计数，当当前值减至为 0 时，计数器停止计数，其状态位为 1。

CTD 指令应用举例如图 3-2 所示。

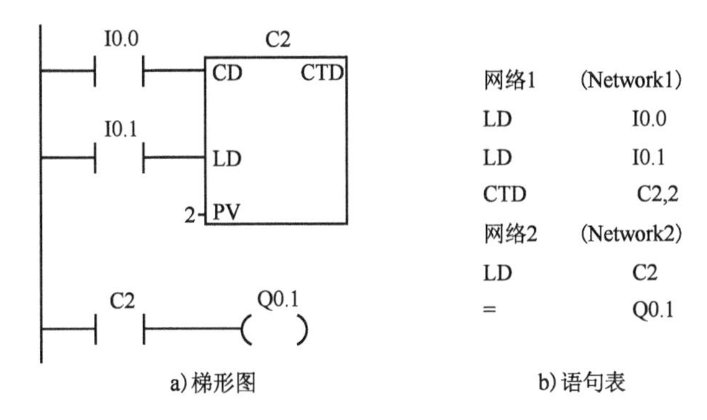

图 3-2　CTD 指令应用举例

3）CTUD 指令工作原理

复位端 R 状态为 0 时，计数脉冲输入有效，当加计数输入端 CU 有上升沿脉冲输入时，计数器当前值加 1，当减计数输入端 CD 有上升沿脉冲输入时，计数器当前值减 1，当计数器当前值大于或等于预置值 PV 时，计数器状态位被置为 1，其常开触点闭合，常闭触点断开；复位端 R 状态为 1 时，计数器被复位，当前值被清 0；加减计数器当前值范围为 -32678 ~ 32767，若加减计数器当前值为最大值 32767，则 CU 端再输入一个上升沿脉冲，其当前值立刻跳变为最小值 -32768；若加减计数器当前值为最小值为 -32768，则 CD 端再输入一个上升沿脉冲，其当前值立刻跳变为最大值 32767。

CTUD 指令应用举例如图 3-3 所示。

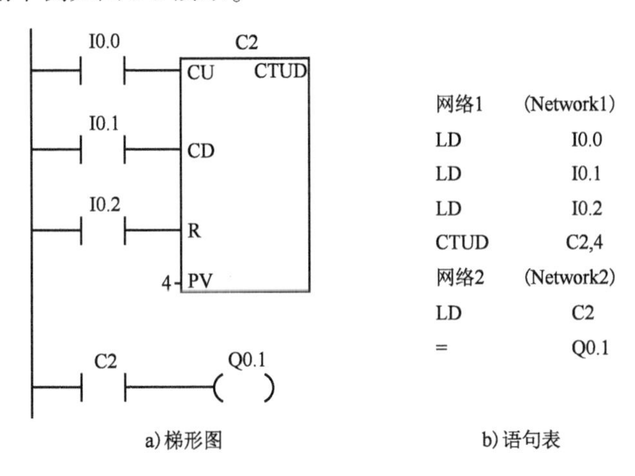

图 3-3　CTUD 指令应用举例

4　比较指令

比较指令是将两个操作数或字符串按指定条件进行比较,当比较条件成立时,其触点闭合,后面的电路接通;当比较条件不成立时,比较触点断开,后面的电路不接通。

4.1　比较指令格式

比较指令见表3-3。

比 较 指 令 表　　表3-3

指令格式		操作数类型		操作数范围	比较运算符	
IN1 ┤XX□├ IN2	IN1: 操作数1 IN2: 操作数2	□	字节(B) 双字(DW) 整数(I) 实数(R)	I/Q/M/SM/V/S L/AC/VD/LD	XX	等于(=) 小于(<) 大于(>) 小于或等于(<=) 大于或等于(>=) 不等于(<>)

4.2　比较指令用法

比较指令用法见表3-4。

比 较 指 令 用 法　　表3-4

指令用法	梯形图表达方式	语句表
比较触点装载	├┤XX□├──	LD　□XX　IN1,IN2
普通触点与比较触点串联	├┤ ├┤XX□├─	LD　BIT A　□XX　IN1,IN2
普通触点与比较触点并联	├─┤ ├─┬─ ├┤XX□├─┘	LD　BIT O　□XX　IN1,IN2

4.3　比较指令应用举例

控制要求：按下启动按钮，3 个小灯每隔 1s 循环闪亮；按下停止按钮，3 个小灯全部熄灭(图 3-4)。小灯循环控制程序如下。

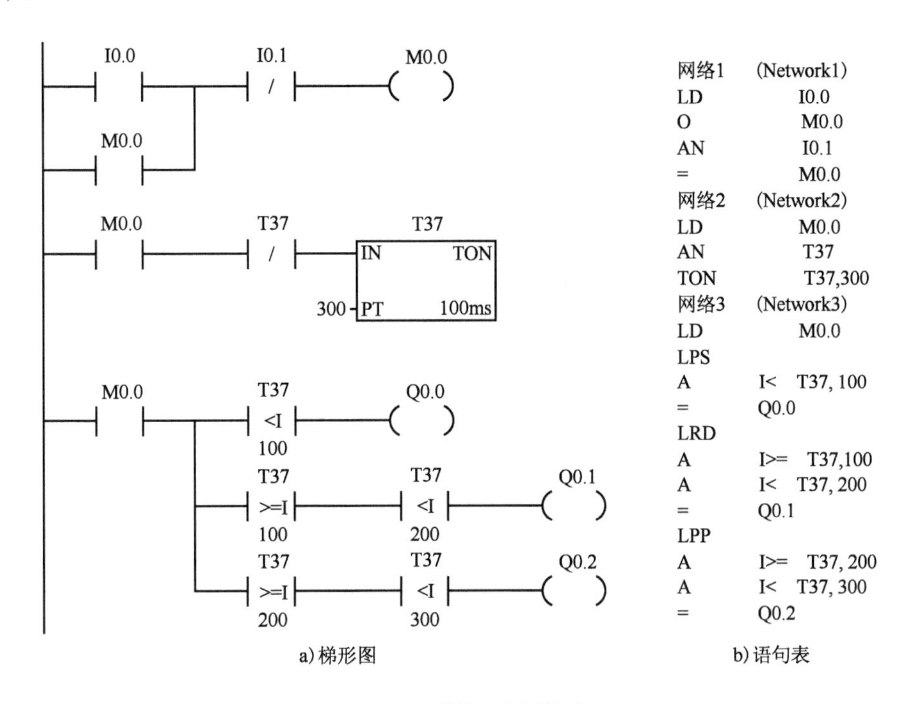

图 3-4　比较指令应用举例

5　移位指令

移位与循环指令主要有三大类，分别为移位指令、循环移位指令和移位寄存器指令。其中，前两类根据移位数据长度的不同，可分为字节型、字型和双字型三种。移位与循环指令在程序中可方便地实现某些运算，也可以用于取出数据中的有效位数字。移位寄存器指令多用于顺序控制程序的编制。

5.1　移位指令工作原理

移位指令分左移位指令和右移位指令。该指令指在满足使能条件的情况下，将 IN 中的数据向左或向右移 N 位后，把结果送到 OUT 的指定地址。移位指令对移出位自动补 0，如果移动位数 N 大于允许值(字节操作为 8，字操作为 16，双字操作为 32)时，实际移动的位数为最大允许值。移位数据存储单元的移位端与溢出位 SM1.1 相连，若移位次数大于 0 时，最后移出位的数值将保存在溢出位 SM1.1 中；若移位结果为 0，零标志位 SM1.0 将被置 1。

5.2　移位指令格式

移位指令见表 3-5。

移位指令表 表3-5

指令名称	梯形图表达方式		操作数类型及操作范围
	梯形图	语句表	
字节左移位指令	SHL_B EN ENO IN OUT N	SLB OUT ,N	IN: IB/QB/VB/MB/SB/SMB LB/AC/常数 OUT: IB/QB/VB/MB/SB/SMB LB/AC IN/OUT 数据类型:字节
字节右移位指令	SHR_B EN ENO IN OUT N	SRB OUT ,N	
字左移位指令	SHL_W EN ENO IN OUT N	SLW OUT ,N	IN: IW/QW/VW/MW/SW/SMW/ LW/AC/T/C/AIW/常数 OUT: IW/QW/VW/MW/SW/SMW/ LW/AC/T/C/AQW IN/OUT 数据类型:字
字右移位指令	SHR_W EN ENO IN OUT N	SRW OUT ,N	
双字左移位指令	SHL_DW EN ENO IN OUT N	SLD OUT ,N	IN: ID/QD/VD/MD/SD/SMD/ LD/ AC/HC/常数 OUT: ID/QD/VD/MD/SD/SMD LD/AC IN/OUT 数据类型:双字
双字右移位指令	SHR_DW EN ENO IN OUT N	SRD OUT ,N	
EN(使能端)	I/QM/T/C/SM/V/S/L		EN 数据类型:位
N(源数据数目)	IB/QB/VB/MB/SB/SMB/LB/AC/常数		N 数据类型:字节

6　递增与递减指令

递增与递减指令见表 3-6。

递增与递减指令表　　　　表 3-6

指令名称	梯形图表达方式		操作数类型及操作范围
	梯形图	语句表	
字节递增指令	INC_B EN　ENO IN　OUT	INCB　OUT	IN: IB/QB/VB/MB/SB/SMB LB/AC/常数 OUT: IB/QB/VB/MB/SB/SMB LB/AC IN/OUT 数据类型:字节
字节递减指令	DEC_B EN　ENO IN　OUT	DECB　OUT	
字递增指令	INC_W EN　ENO IN　OUT	INCW　OUT	IN: IW/QW/VW/MW/SW/SMW/ LW/AC/T/C/AIW/常数 OUT: IW/QW/VW/MW/SW/SMW/ LW/AC/T/C IN/OUT 数据类型:字
字递减指令	DEC_W EN　ENO IN　OUT	DECW　OUT	
双字递增指令	INC_DW EN　ENO IN　OUT	INCD　OUT	IN: ID/QD/VD/MD/SD/SMD/ LD/ AC/HC/常数 OUT: ID/QD/VD/MD/SD/SMD LD/AC IN/OUT 数据类型:双字
双字递减指令	DEC_DW EN　ENO IN　OUT	DECD　OUT	
EN	I/QM/T/C/SM/V/S/L		EN 数据类型:位

学习情境3-1 抢答器系统PLC控制

1 信息(创设情境,提供资讯)

此抢答器系统为权限相同的普通三组抢答器,具体控制要求如下:

(1)参赛者共分为三组,每组有一个抢答器按钮。当主持人按下开始抢答按钮后,开始抢答指示灯亮,若在10s内有人抢答,则先按下的抢答按钮信号有效,相应的抢答指示灯亮。

(2)当主持人按下抢答按钮后,如果在10s内无人抢答,则撤销抢答指示灯亮,表示抢答器自动撤销此次抢答信号。

(3)当主持人再次按下抢答按钮后,所有抢答指示灯熄灭。

小组讨论:简要概述抢答器系统PLC的输入/输出设备情况。

2 计划(分析任务,制订计划)

(1)小组讨论:讨论并填写PLC控制系统的I/O地址分配表,完成表3-7。

PLC控制系统I/O地址分配表 表3-7

设备元件名称	I/O地址	符号名	数据类型	功能描述

(2)个人/小组讨论:绘制PLC控制系统的接线图。

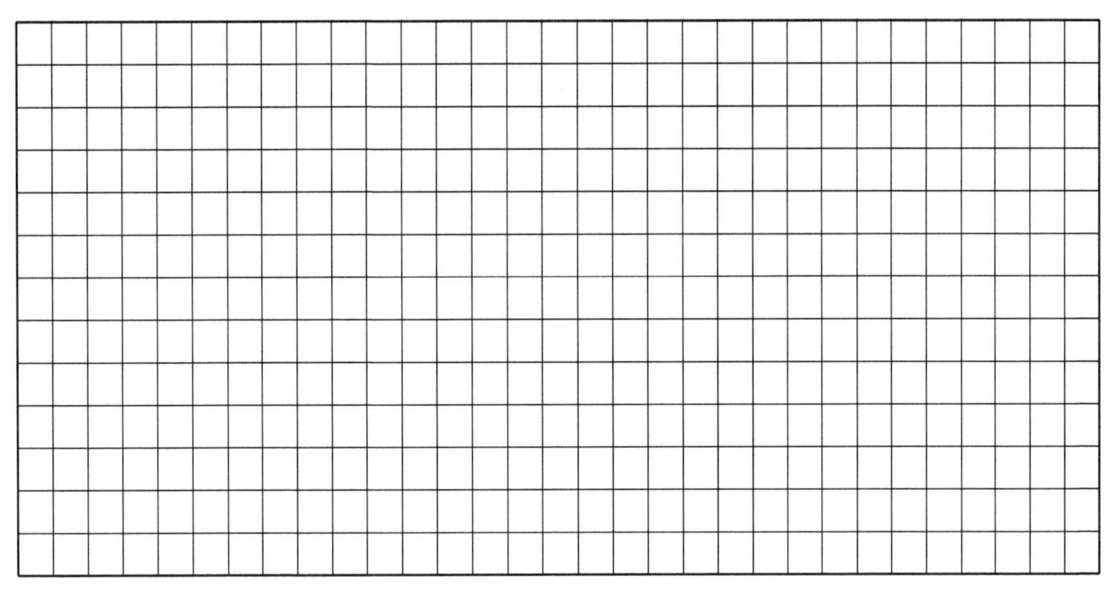

(3)个人/小组工作:列出 PLC 控制系统安装所需元器件、工具及材料清单并计算成本,完成表 3-8。

清　　单　　表 3-8

序　号	名　称	符　号	型　号	数　量	规　格
1					
2					
3					
4					
5					
6					
7					
8					
9					
成本核算					

(4)个人/小组工作:选择 PLC 控制程序设计的方法,并简要概述编程方法与思路,完成表 3-9。

编程方法与思路　　表 3-9

1	移植设计法	□
2	经验设计法	□
3	顺序控制法	□
4	逻辑设计法	□
5	如果上面选项均不符合要求,可自行拟订方法	□

注:选择(在选择的程序设计方法后面打√,没有用到打×)。

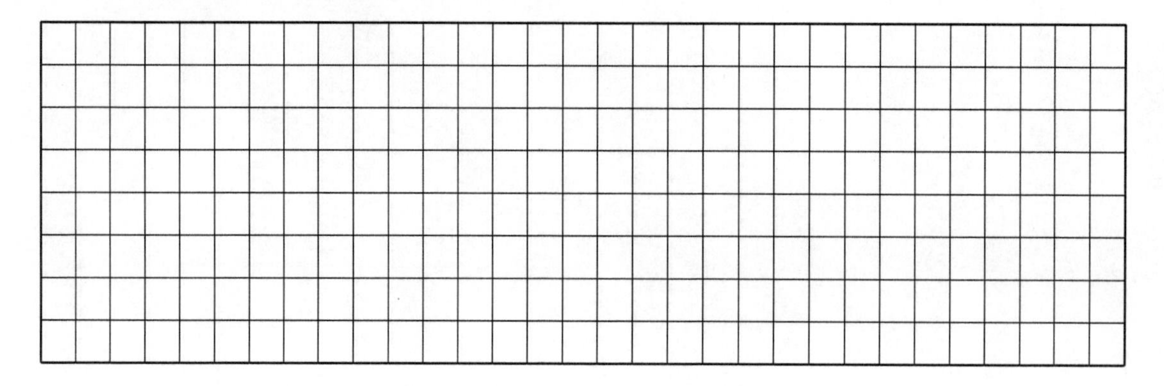

3　决策(集思广益,做出决定)

(1)个人/小组讨论:绘制 PLC 控制系统的梯形图。

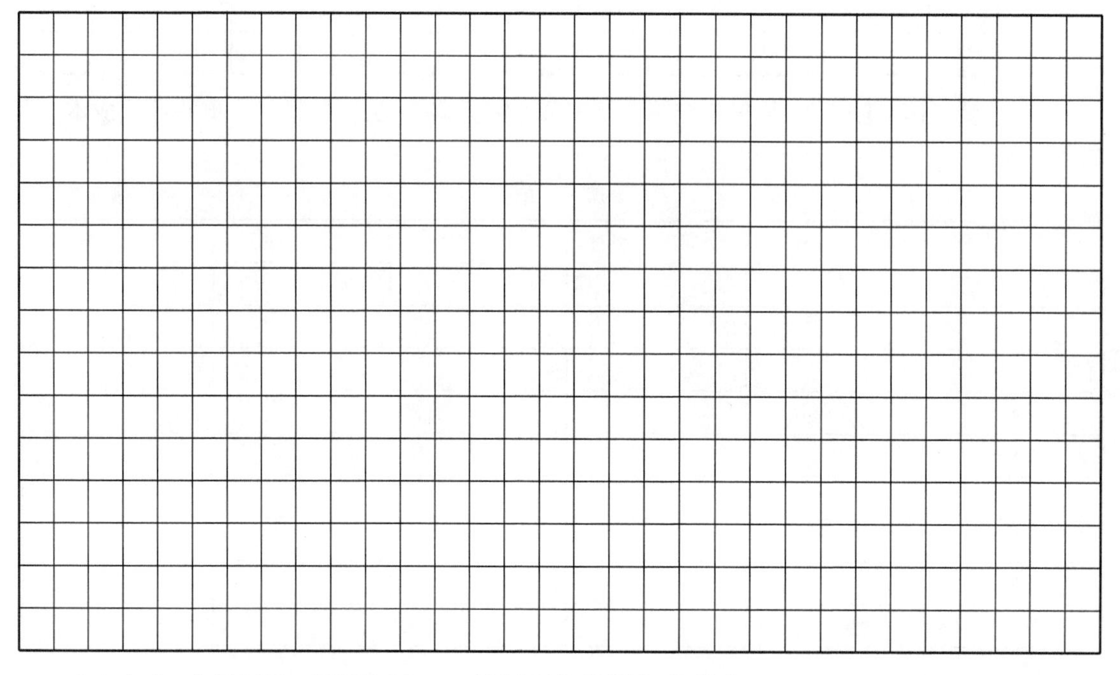

(2)个人/小组讨论:书写绘制 PLC 控制系统的语句表指令。

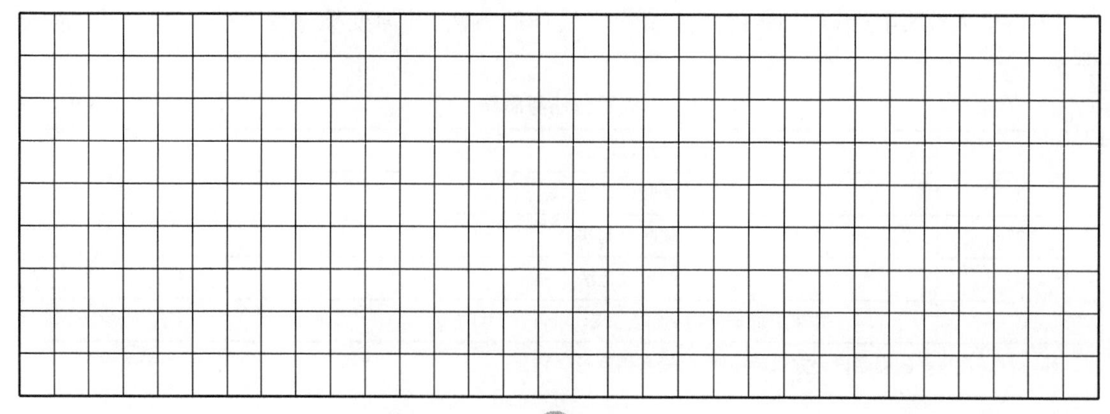

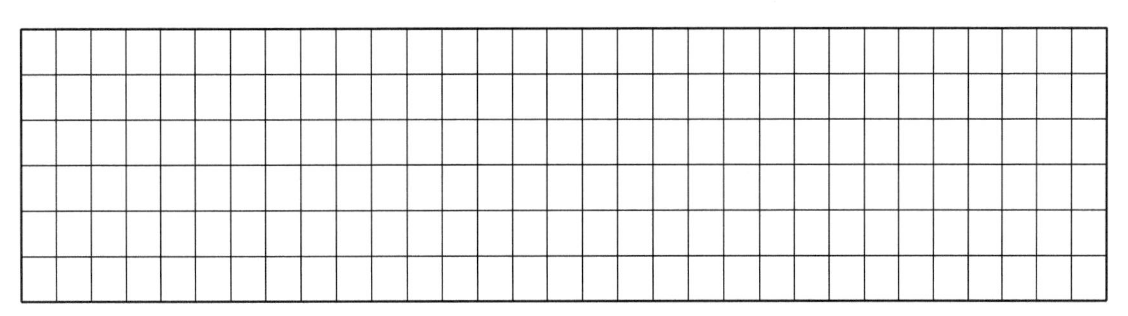

(3)个人/小组讨论:制定 PLC 控制系统安装项目小组工作计划表,确认成员分工及计划时间,完成表 3-10。

工作要点 表 3-10

序 号	工作计划	职 责	人 员	计划工时	备 注
1					
2					
3					
4					
5					

4 实施(分工合作,沟通交流)

小组工作:按工作计划对权限相同的普通三组抢答器 PLC 控制系统安装与调试,完成表 3-11。

安装与调试 表 3-11

序 号	行动步骤	实施人员	实际用时	计划工时
1				
2				
3				
4				
5				
6				
7				
8				

5 控制(查漏补缺,质量检测)

(1)小组自检:对照评测标准检查,完成表 3-12。

检　查　　表 3-12

1	请在断电情况下检查控制系统是否存在短路现象	□
2	请接通控制的电源	□
3	请将控制装置置为模式“STOP(停止)”	□
4	请评价,测量值是否正常	□

注:自检(要求按序号顺序完成,完成打√,没有完成打×)。

(2)小组自检:如果发现不正常现象,请说明原因,完成表 3-13。

不正常原因　　表 3-13

工作元件/控制电压	状态	端子的测量	电压额定值(V)	测量值正常 (是/否)
工作电压	接通	L 至 M	24	
开关/控制电压	接通	开关常开触点至 M	24	
按钮/控制电压	接通	按钮常开触点至 M	24	
结果	正常□		不正常□	
原因:				

6　评价(总结过程,任务评估)

(1)小组工作:将自己的总结向别的同学介绍,描述收获、问题和改进措施。对工作完成不完善的地方,征求意见。

①收获。

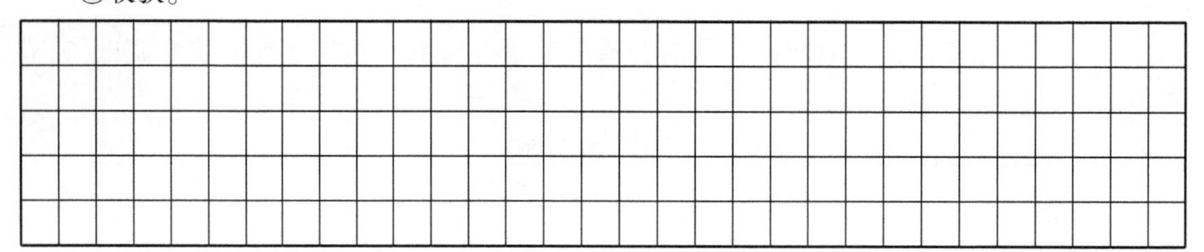

②问题。

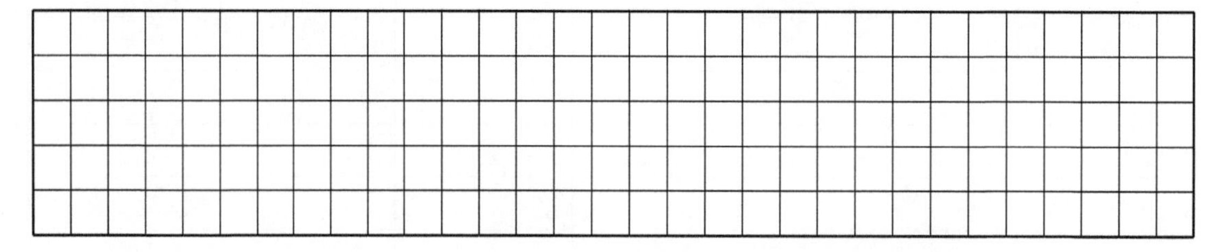

③别人给自己的意见。

④改进措施。

（2）小组之间按照评分标准进行工作过程自评和互评，完成表3-14。

自评和互评　　表3-14

班级		被评组名		日期		
评价指标	评价要素			分数	自评分数	互评分数
信息检索	该组能否有效利用网络资源、工作手册查找有效信息			5		
	该组能否用自己的语言有条理地去解释、表述所学知识			5		
	该组能否对查找到的信息有效转换到工作中			5		
感知工作	该组能否熟悉自己的工作岗位，认同工作价值			5		
	该组成员在工作中，是否获得满足感			5		
参与状态	该组与教师、同学之间是否相互尊重、理解、平等			5		
	该组与教师、同学之间是否能够保持多向、丰富、适宜的信息交流			5		
	该组能否处理好合作学习和独立思考的关系，做到有效学习			5		
	该组能否提出有意义的问题或能发表个人见解；能按要求正确操作；能够倾听、协作分享			5		
	该组能否积极参与，在产品加工过程中不断学习，综合运用信息技术的能力提高很大			5		
学习方法	该组的工作计划、操作技能是否符合规范要求			5		
	该组是否获得了进一步发展的能力			5		
工作过程	该组是否遵守管理规程，操作过程符合现场管理要求			5		
	该组平时上课的出勤情况和每天完成工作任务情况			5		
	该组成员是否能加工出合格工件，并善于多角度思考问题，能主动发现、提出有价值的问题			15		
思维状态	该组是否能发现问题、提出问题、分析问题、解决问题、创新问题			5		
自评反馈	该组能严肃认真地对待自评，并能独立完成自测试题			10		
总分数				100		
简要评述						

(3)教师按照评分标准对各小组进行任务工作过程总评,完成表3-15。

总　评

表3-15

班级		组名		姓名	
出勤情况					
信息	口述或书面梳理工作任务要点	1.表述仪态自然、吐字清晰	25	表述仪态不自然或吐字模糊扣5分	
		2.工作页表述思路清晰、层次分明、准确		表述思路模糊或层次不清扣5分,分工不明确扣5分	
计划	填写I/O分配表及绘制PLC接线图	1.I/O分配表准确无误 2.PLC接线图准确无误	15	表述思路或层次不清扣5分	
		3.制订计划及清单清晰合理		计划及清单不合理扣5分	
决策	制订工艺计划	1.制订合理工艺 2.制订合理程序	10	一处计划不合理扣3分,扣完为止	
实施	安装准备	1.工具、元器件、辅材准备	4	每漏一项扣1分	
	PLC控制系统安装与调试	1.元器件安装是否牢固 2.显示元器件符合专业连接 3.所有电气线路、芯线符合专业的敷设(包括电缆槽中) 4.导线的剥线和芯线端头的固定 5.软件使用(工程创建,指令输入) 6.通信设置并下载 7.功能是否与控制要求一致	25	错误1处扣1分,扣完为止	
		8.设备、工具、量具、刀具、工位恢复整理	6	每违反一项扣1分,扣完此项配分为止	
控制		正确读取和测量加工数据并正确分析测量结果	5	能自我正确检测要点并分析原因,错一项,扣1分,扣完为止	
评价	工作过程评价	1.依据自评分数	5		
		2.依据互评分数	5		
合计			100		

学习情境3-2　跑马灯系统PLC控制

1　信息(创设情境,提供资讯)

此跑马灯是指灯的亮、灭沿某一方向依次移动,具体控制要求如下:

(1)按下启动按钮,三个灯依次点亮,当下一个灯点亮时,上一个灯同时熄灭,并循环。

(2)按下停止按钮,灯熄灭,不再循环。

小组讨论:简要概述跑马灯PLC控制系统中主令电器和控制电器,并进行分类。

2　计划(分析任务,制订计划)

(1)小组讨论:讨论并填写PLC控制系统的I/O地址分配表,完成表3-16。

PLC控制系统I/O地址分配表　　表3-16

设备元件名称	I/O地址	符　号　名	数据类型	功能描述

(2)个人/小组讨论:绘制PLC控制系统的接线图。

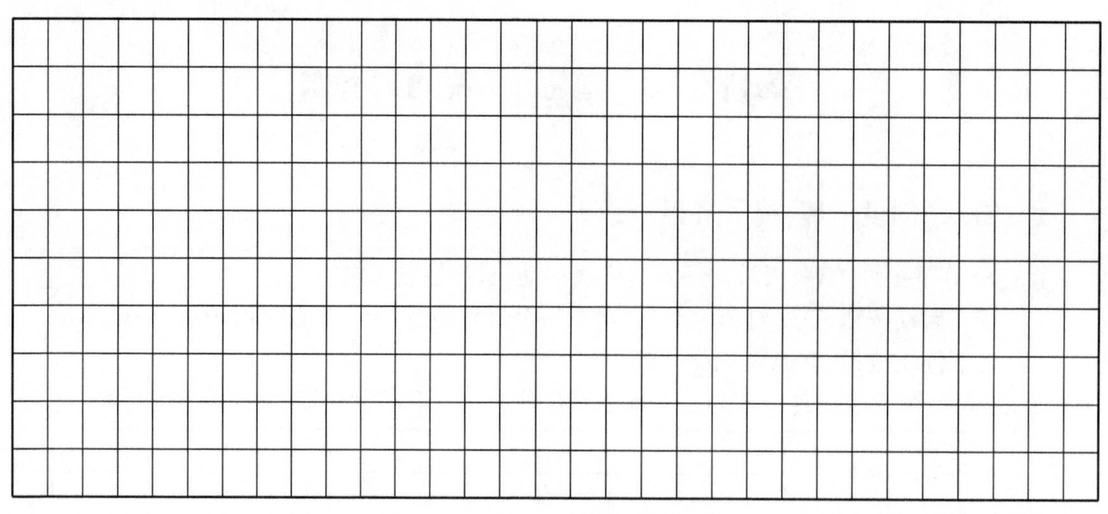

(3)个人/小组工作:列出PLC控制系统安装所需元器件、工具及材料清单并计算成本,完成表3-17。

清　单　　　　表3-17

序　号	名　称	符　号	型　号	数　量	规　格
1					
2					
3					
4					
5					
6					
7					
8					
9					
成本核算					

(4)个人/小组工作:选择PLC控制程序设计的方法,并简要概述编程方法与思路,完成表3-18。

编程方法与思路　　　　表3-18

1	移植设计法	□
2	经验设计法	□
3	顺序控制法	□
4	逻辑设计法	□
5	如果上面选项均不符合要求,可自行拟订方法	□

注:选择(在选择的程序设计方法后面打√,没有用到打×)。

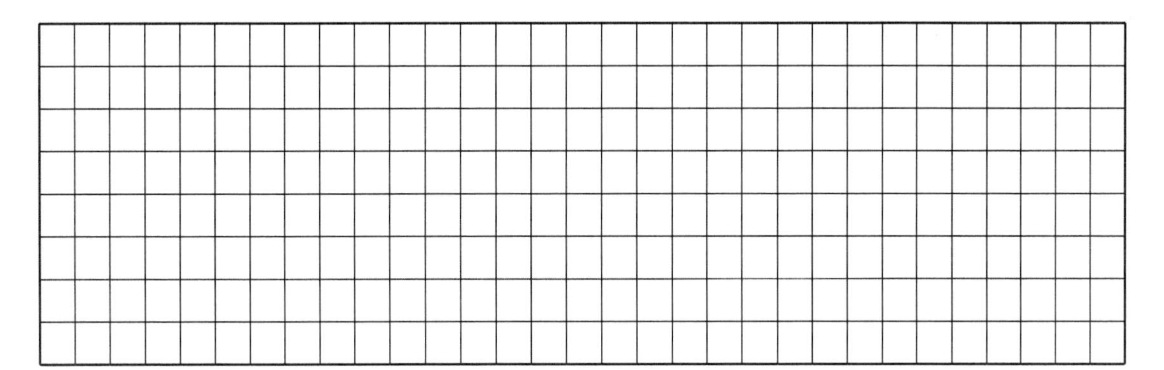

3　决策(集思广益,做出决定)

(1)个人/小组讨论:绘制 PLC 控制系统的梯形图。

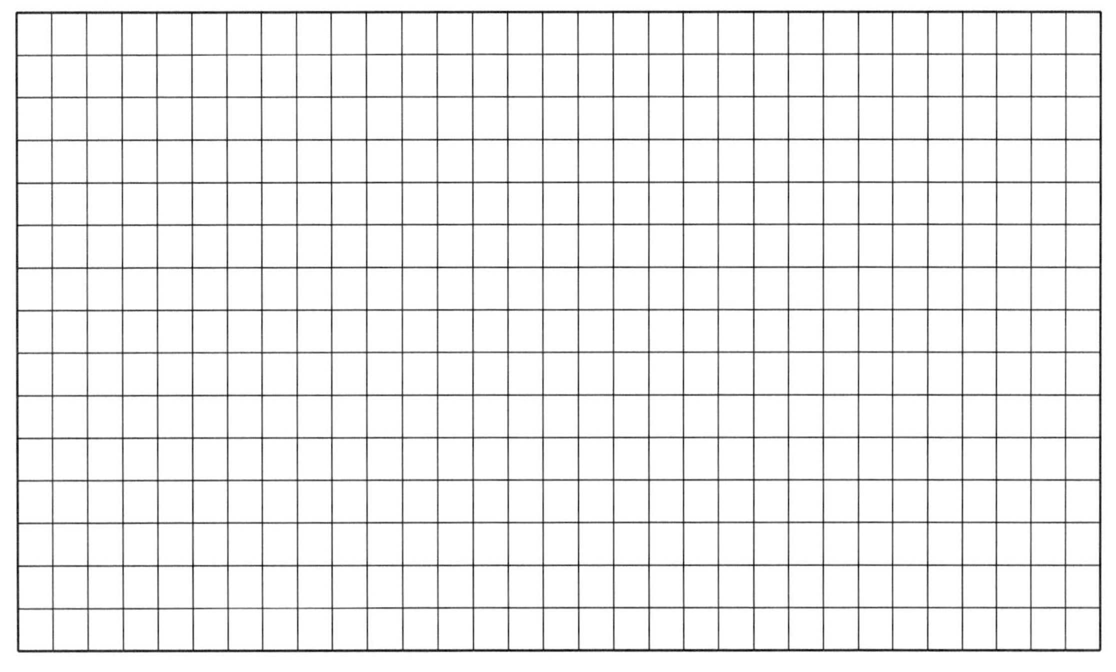

(2)个人/小组讨论:书写绘制 PLC 控制系统的语句表指令。

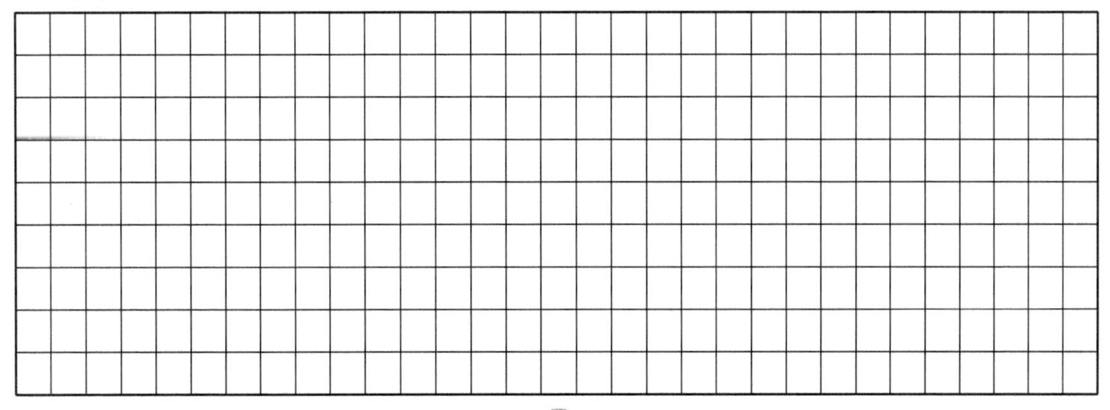

(3)个人/小组讨论:制订 PLC 控制系统安装项目小组工作计划表,确认成员分工及计划时间,完成表 3-19。

工 作 要 点　　表 3-19

序　号	工作计划	职　责	人　员	计划工时	备　注
1					
2					
3					
4					
5					

学习情境 3-3　十字路口交通信号灯系统 PLC 控制

1　信息(创设情境,提供资讯)

开关在十字路口实现红黄绿交通信号灯的自动控制(图 3-5),具体控制要求如下:

(1)南北方向红灯亮的时间为 50s,黄灯亮的时间为 3s,绿灯亮的时间为 42s,绿灯闪烁的时间为 5s。

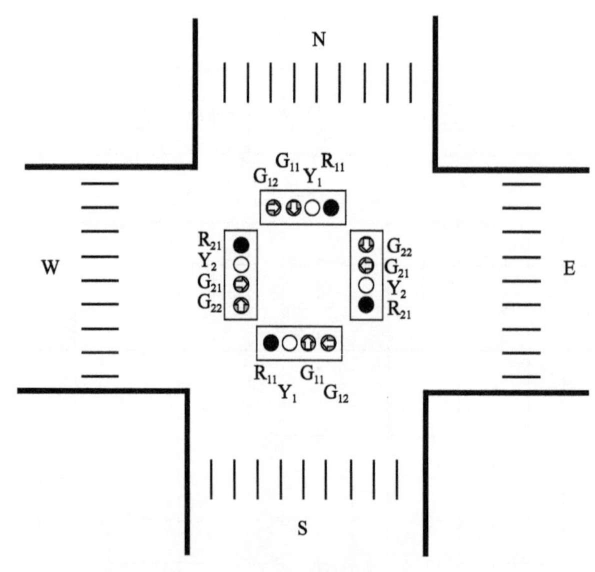

图 3-5　十字路口交通信号灯示意图

(2)东西方向红灯亮的时间为50s,黄灯亮的时间为3s,绿灯亮的时间为42s,绿灯闪烁的时间为5s。

小组讨论:简要概述十字路口交通信号灯系统 PLC 输入/输出设备情况。

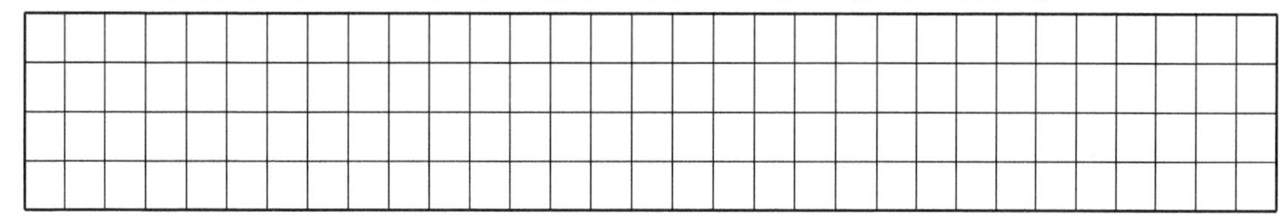

2　计划(分析任务,制订计划)

(1)小组讨论:讨论并填写 PLC 控制系统的 I/O 地址分配表,完成表3-20。

PLC 控制系统 I/O 地址分配表　　表3-20

设备元件名称	I/O 地址	符　号　名	数 据 类 型	功 能 描 述

(2)个人/小组讨论:绘制 PLC 控制系统的接线图。

(3)个人/小组工作:列出 PLC 控制系统安装所需元器件、工具及材料清单并计算成本,完成表 3-21。

清　单　　表 3-21

序　号	名　称	符　号	型　号	数　量	规　格
1					
2					
3					
4					
5					
6					
7					
8					
9					
成本核算					

(4)个人/小组工作:选择 PLC 控制程序设计的方法,并简要概述编程方法与思路,完成表 3-22。

编辑方法与思路　　表 3-22

1	移植设计法	□
2	经验设计法	□
3	顺序控制法	□
4	逻辑设计法	□
5	如果上面选项均不符合要求,可自行拟订方法	□

注:选择(在选择的程序设计方法后面打√,没有用到打×)。

3　决策(集思广益,做出决定)

(1)个人/小组讨论:绘制 PLC 控制系统的梯形图。

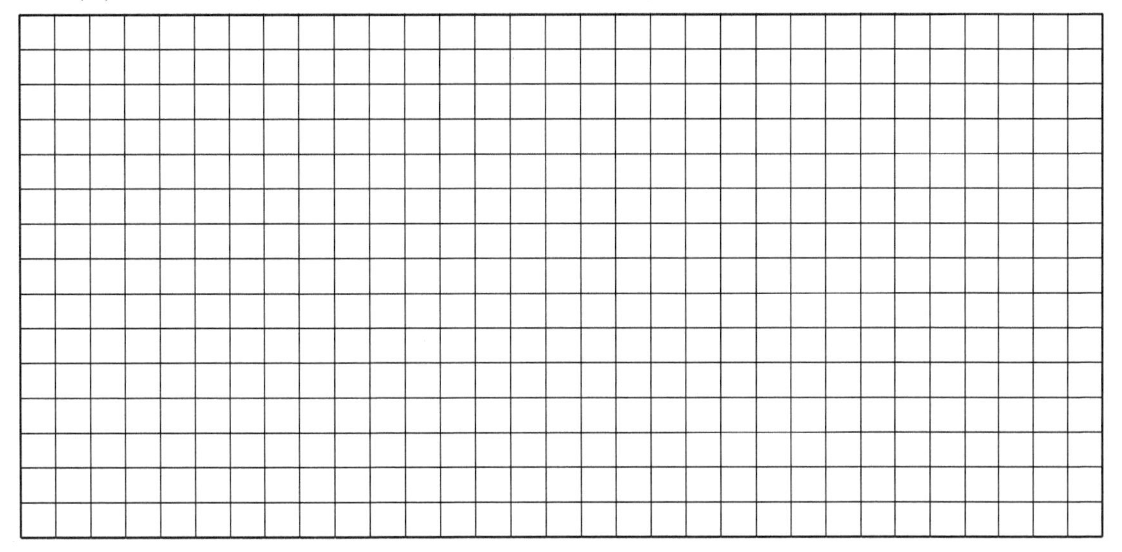

(2)个人/小组讨论:书写绘制 PLC 控制系统的语句表指令。

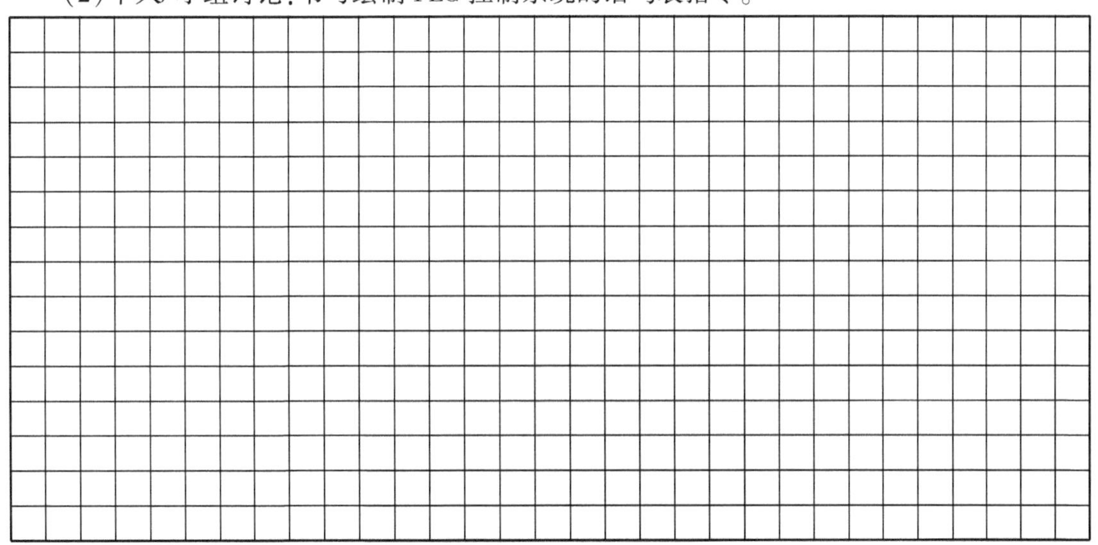

(3)个人/小组讨论:制订 PLC 控制系统安装项目小组工作计划表,确认成员分工及计划时间,完成表 3-23。

工 作 要 点　　表 3-23

序　号	工作计划	职　责	人　员	计划工时	备　注
1					
2					
3					
4					
5					

4 实施(分工合作,沟通交流)

小组工作:按工作计划实施十字路口交通信号灯系统 PLC 控制系统安装与调试,完成表 3-24。

安装与调试　　表 3-24

序　号	行动步骤	实施人员	实际用时	计划工时
1				
2				
3				
4				
5				
6				
7				
8				

5 控制(查漏补缺,质量检测)

(1)小组自检:对照评测标准检查,完成表 3-25。

检　查　　表 3-25

1	在断电情况下检查控制系统是否存在短路现象	□
2	接通控制的电源	□
3	将控制装置置为模式“STOP(停止)”	□
4	评价,测量值是否正常(下表)	□
5	如果打×,说出理由	□

注:自检(要求按序号顺序完成,完成打√,没有完成打×)。

(2)小组自检:如果发现不正常现象,请说明原因,完成表 3-26。

不正常现象　　表 3-26

工作元件/控制电压	状态	端子的测量	电压额定值(V)	测量值正常(是/否)
工作电压	接通	L 至 M	24	
开关/控制电压	接通	开关常开触点至 M	24	
按钮/控制电压	接通	按钮常开触点至 M	24	
结果	正常□		不正常□	
原因:				

6　评价(总结过程,任务评估)

(1)小组工作:将自己的总结向别的同学介绍,描述收获、问题和改进措施。对工作完成不完善的地方,征求意见。

①收获。

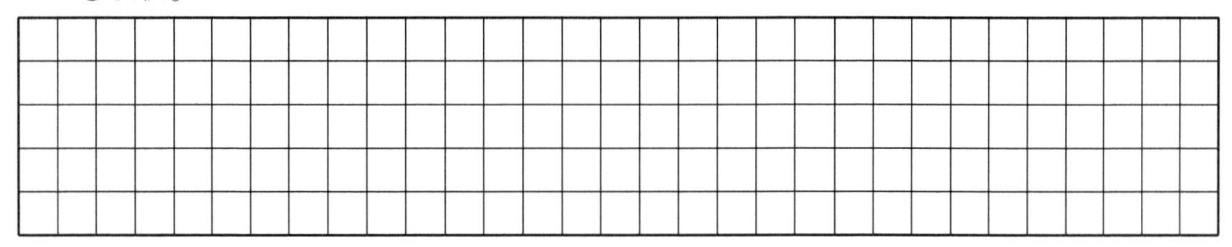

②问题。

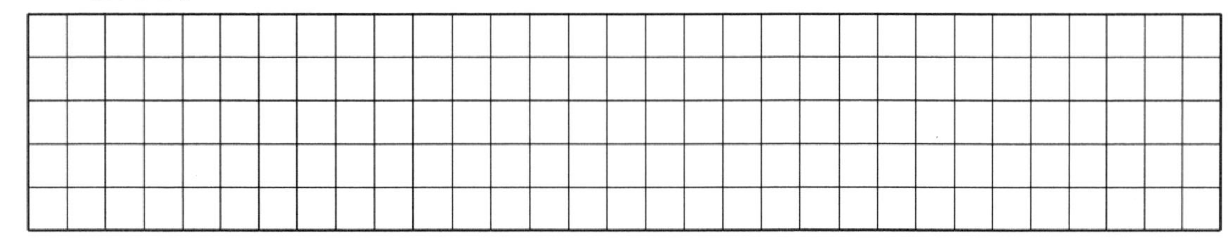

③别人给自己的意见。

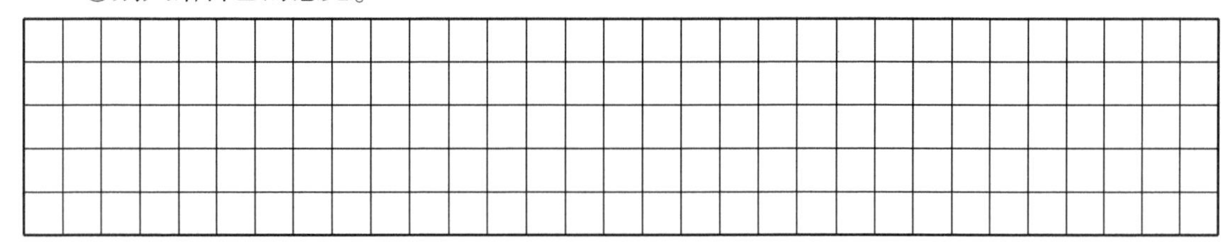

④改进措施。

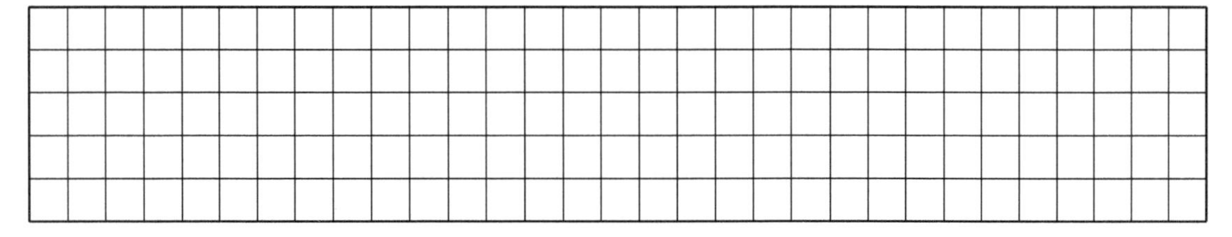

(2)小组之间按照评分标准进行工作过程自评和互评,完成表3-27。

自评和互评　　表3-27

班级		被评组名		日期		
评价指标	评价要素			分数	自评分数	互评分数
信息检索	该组能否有效利用网络资源、工作手册查找有效信息			5		
	该组能否用自己的语言有条理地去解释、表述所学知识			5		
	该组能否对查找到的信息有效转换到工作中			5		

续上表

评价指标	评价要素	分数	自评分数	互评分数
感知工作	该组能否熟悉自己的工作岗位,认同工作价值	5		
	该组成员在工作中,是否获得满足感	5		
参与状态	该组与教师、同学之间是否相互尊重、理解、平等	5		
	该组与教师、同学之间是否能够保持多向、丰富、适宜的信息交流	5		
	该组能否处理好合作学习和独立思考的关系,做到有效学习	5		
	该组能否提出有意义的问题或能发表个人见解;能按要求正确操作;能够倾听、协作分享	5		
	该组能否积极参与,在产品加工过程中不断学习,综合运用信息技术的能力提高很大	5		
学习方法	该组的工作计划、操作技能是否符合规范要求	5		
	该组是否获得了进一步发展的能力	5		
工作过程	该组是否遵守管理规程,操作过程符合现场管理要求	5		
	该组平时上课的出勤情况和每天完成工作任务情况	5		
	该组成员是否能加工出合格工件,并善于多角度思考问题,能主动发现、提出有价值的问题	15		
思维状态	该组是否能发现问题、提出问题、分析问题、解决问题、创新问题	5		
自评反馈	该组能严肃认真地对待自评,并能独立完成自测试题	10		
总分数				
简要评述				

(3)教师按照评分标准对各小组进行任务工作过程总评,完成表3-28。

总　评　　表3-28

班级		组名		姓名	
出勤情况					
信息	口述或书面梳理工作任务要点	1. 表述仪态自然、吐字清晰	25	表述仪态不自然或吐字模糊扣5分	
		2. 工作页表述思路清晰、层次分明、准确		表述思路模糊或层次不清扣5分,分工不明确扣5分	

续上表

计划	填写 I/O 分配表及绘制 PLC 接线图	1. I/O 分配表准确无误 2. PLC 接线图准确无误	5	表述思路或层次不清扣5分	
		3. 制订计划及清单清晰合理		计划及清单不合理扣5分	
决策	制订工艺计划	1. 制订合理工艺 2. 制订合理程序	10	一处计划不合理扣3分,扣完为止	
实施	安装准备	1. 工具、元器件、辅材准备	4	每漏一项扣1分	
	PLC 控制系统安装与调试	1. 元器件安装是否牢固 2. 显示元器件符合专业连接 3. 所有电气线路、芯线符合专业的敷设(包括电缆槽中) 4. 导线的剥线和芯线端头的固定 5. 软件使用(工程创建,指令输入) 6. 通信设置并下载 7. 功能是否与控制要求一致	25	错误1处扣1分,扣完为止	
		8. 设备、工具、量具、刀具、工位恢复整理	6	每违反一项扣1分,扣完此项配分为止	
控制		正确读取和测量加工数据并正确分析测量结果	5	能自我正确检测要点并分析原因,错一项,扣1分,扣完为止	
评价	工作过程评价	1. 依据自评分数	5		
		2. 依据互评分数	5		
合计			100		

学习情境3-4　广告灯系统 PLC 控制

1　信息(创设情境,提供资讯)

一组广告灯包括8个彩色 LED(从左到右依次排开),具体控制要求如下:

(1)启动时,要求8个彩色 LED 从右到左逐个点亮。

(2)全部点亮时,再从左到右逐个熄灭。

(3)全部熄灭后,再从左到右逐个点亮。

(4)全部点亮时,再从右到左逐个熄灭,并不断重复上述过程。

小组讨论:简要概述广告灯 PLC 控制系统中主令电器和控制电器,并进行分类。

2 计划(分析任务,制订计划)

(1)小组讨论:讨论并填写 PLC 控制系统的 I/O 地址分配表,完成表 3-29。

PLC 控制系统 I/O 地址分配表 表 3-29

设备元件名称	I/O 地址	符 号 名	数 据 类 型	功 能 描 述

(2)个人/小组讨论:绘制 PLC 控制系统的接线图。

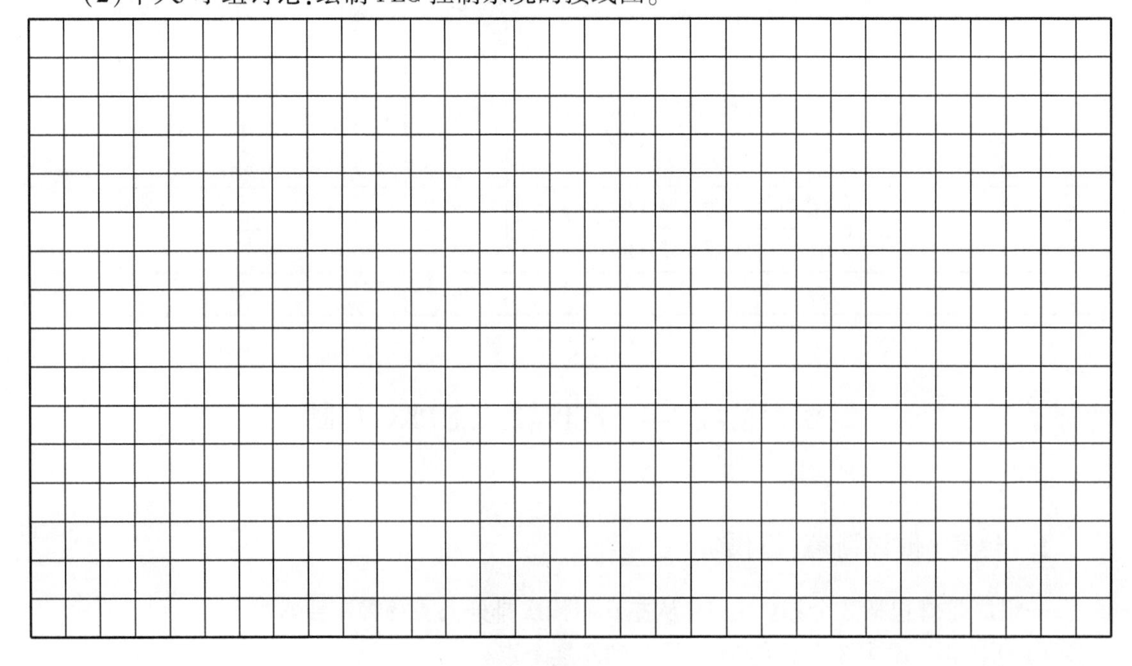

(3)个人/小组工作:列出 PLC 控制系统安装所需元器件、工具及材料清单并计算成本,完成表 3-30。

清　　单　　　　表 3-30

序　　号	名　　称	符　　号	型　　号	数　　量	规　　格
1					
2					
3					
4					
5					
6					
7					
8					
9					
成本核算					

(4)个人/小组工作:选择 PLC 控制程序设计的方法,并简要概述编程方法与思路,完成表 3-31。

编程方法与思路　　　　表 3-31

1	移植设计法	□
2	经验设计法	□
3	顺序控制法	□
4	逻辑设计法	□
5	如果上面选项均不符合要求,可自行拟订方法	□

注:选择(在选择的程序设计方法后面打√,没有用到打×)。

3 决策(集思广益,做出决定)

(1)个人/小组讨论:绘制 PLC 控制系统的梯形图。

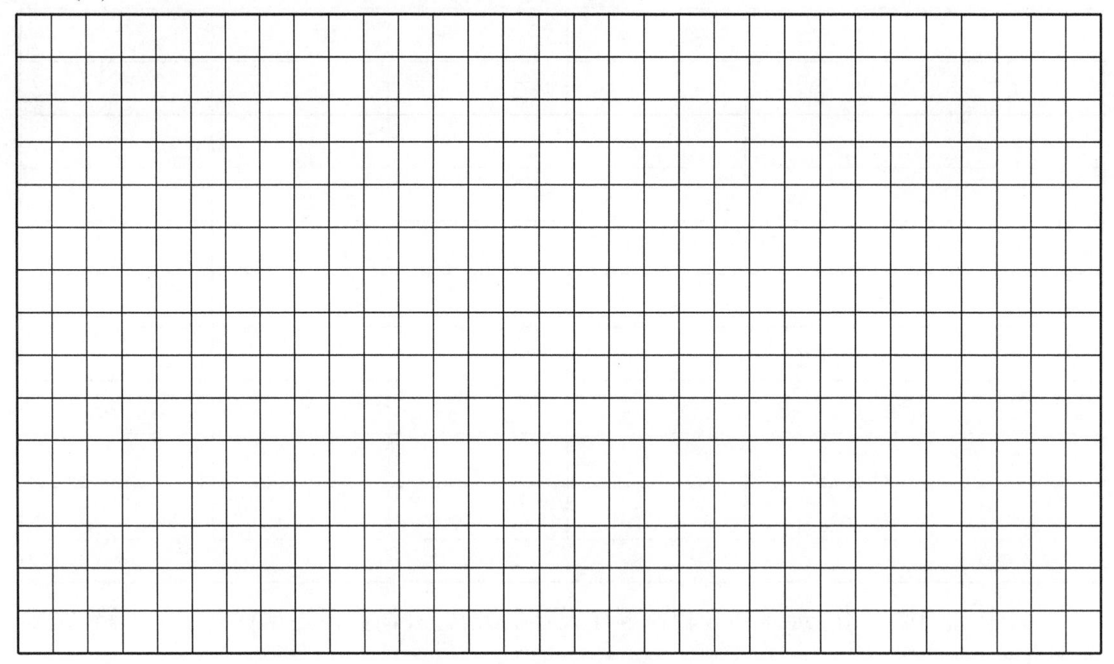

(2)个人/小组讨论:书写绘制 PLC 控制系统的语句表指令。

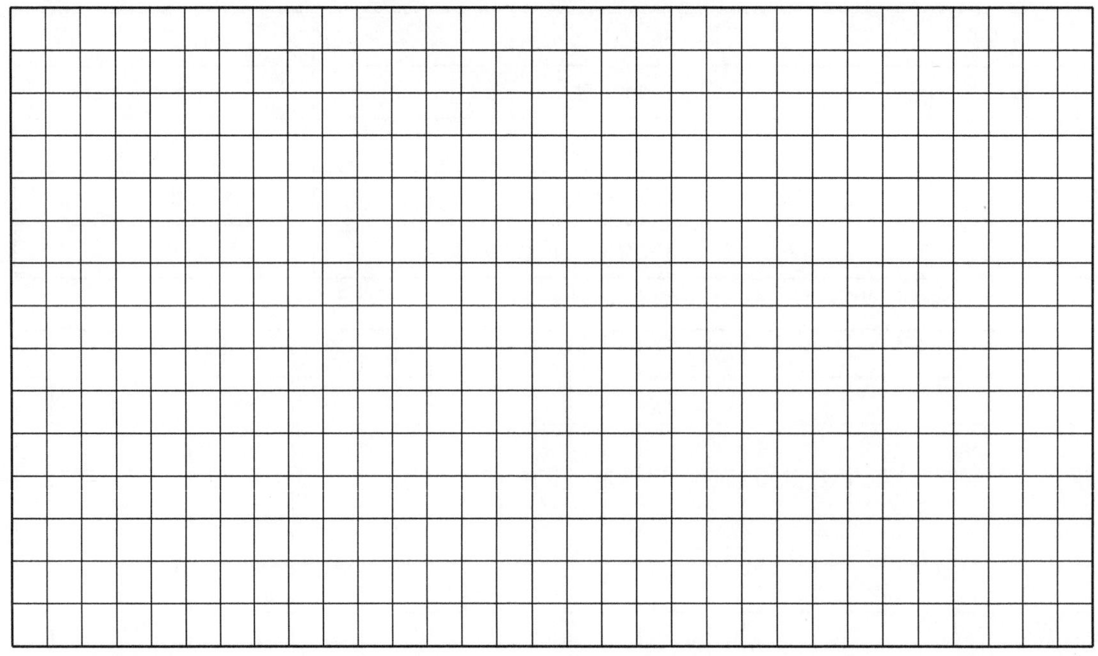

复习与提高

1. 下列关于比较指令说法错误的是(　　)。

A. 与普通触点一样可串联　　B. 与普通触点一样可并联

C. 与普通触点一样可装载　　D. 不可与普通触点串并联

2. 数据传送指令不包括以下哪些类型(　　)。

A. 单一传送指令　　B. 数据块传送指令

C. 字节比较指令　　D. 字节立即传送指令

3. 书写 3 种不同定时器编程元件格式,并做注解。

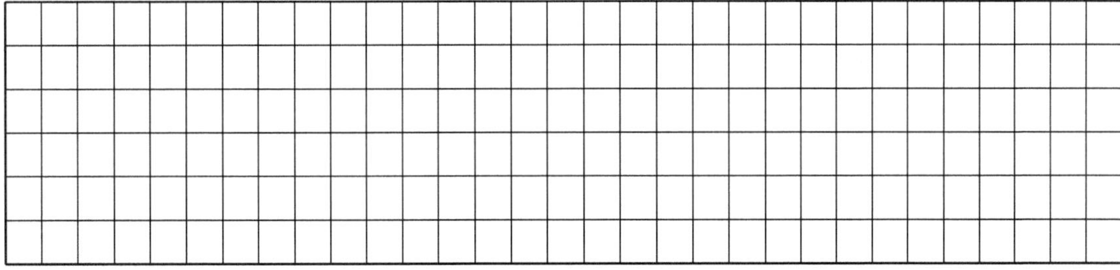

模块四　模拟量PLC控制系统的设计与安装

知识目标：

1. 了解模拟量的概念；
2. 掌握 PLC 模拟量输入/输出的方法；
3. 掌握 PLC 模拟量组态设置的方法；
4. 掌握 PLC 模拟量输入/输出的方法；
5. 掌握模拟量信号发生器与数显表的使用方法；
6. 掌握常见温度测量的方法；
7. 掌握非标准的模拟量输入 PLC 系统的方法；
8. 掌握电路检测和工作过程评价的方法。

能力目标：

1. 能够接受工作任务，合理收集专业知识信息；
2. 能够进行小组合作，制订小组工作计划；
3. 能够识读并绘制模拟量控制模块的接线图；
4. 能够在软件中完成模拟量组态相关参数的设置；
5. 能够进行模拟量读取与输出的 PLC 程序设计；
6. 能够根据实际任务要求拟订物料清单；
7. 能够根据电气接线图完成电路的连接；
8. 能够独立完成 PLC 程序的下载与调试；
9. 能够自主学习，与同伴进行技术交流，处理工作过程中的矛盾与冲突；
10. 能够进行学习成果展示和汇报。

素养目标：

1. 过程对标企业生产过程，培养学生诚实守信、爱岗敬业，具有精益求精的工匠精神，遵守工位 5S 与安全规范；
2. 能够考虑成本因素，养成勤俭节约的良好品德；
3. 通过自查与互查环节，培养学生的质量意识、绿色环保意识、安全意识、信息素养、创新精神；
4. 通过课后查阅资料完成加强练习，培养学生的信息素养、创新精神。

1　信号的分类

模拟量是指变量在一定范围连续变化的量，也就是在一定范围(定义域)内可以取任意值

(在值域内)。

数字量是分立量,而不是连续变化量,只能取几个分立值,如二进制数字变量只能取两个值。

开关量是指非连续性信号的采集和输出,包括遥控采集和遥控输出。它有1和0两种状态,这是数字电路中的开关性质,而电力上是指电路的开和关或者说是触点的接通和断开。"开"和"关"是电器最基本、最典型的功能。一般开关量装置通过内部继电器实现开关量的输出。

模拟量通常是指电子技术中经常运用的一种像脉搏似的短暂起伏的电冲击(电压或电流)。主要特性有波形、幅度、宽度和重复频率。脉冲是相对于连续信号在整个信号周期内短时间发生的信号,大部分信号周期内没有信号。就像人的脉搏一样。现在一般指数字信号,它已经是一个周期内有一半时间有信号。计算机内的信号就是脉冲信号,又叫数字信号。

2　模拟量扩展模块简介——EM AM03

EM AM03是西门子PLC常用模拟量拓展模块之一,拥有2路模拟量输入通道,1路模拟量输出通道,实物图如图4-1所示。

EM AM03模块接线图如图4-2所示。

图4-1　EM AM03模拟量拓展模块实物图

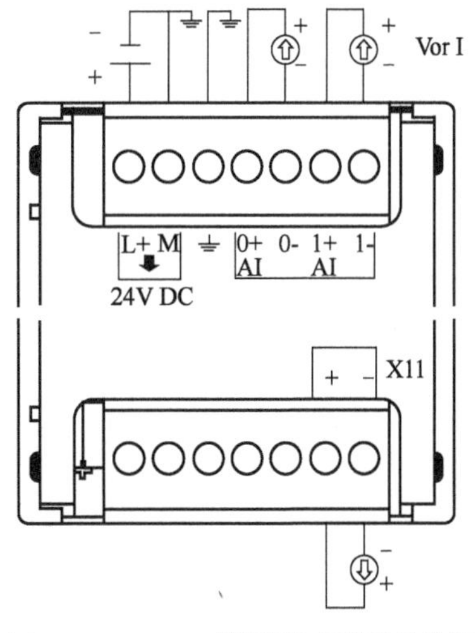

图4-2　EM AM03模拟量拓展模块接线图

2.1　组态模拟量输入设置

单击编程软件"系统块"添加对应的扩展模块后,点击对话框的"模拟量输入"节点为在顶部选择的模拟量输入模块组态选项,如图4-3所示。通道0测得结果存储在AIW16,通道1测得结果存储在AIW18,若有更多通道,则以此类推。

类型与范围:对于每条模拟量输入通道,可以选择输入类型组态为电压或电流。组态通道的电压范围或电流范围,可选择以下取值范围之一:±2.5V、±5V、±10V或0~20mA。

平滑:组态模块在组态的周期数内平滑模拟量输入信号,从而将一个平均值传送给程序逻辑。有四种平滑算法可供选择:无(无平滑)、弱、中或强。

报警组态:可为所选模块的所选通道选择是启用还是禁用以下报警:超出上限或超出下限。此外,还可以在系统块“模块参数”设置用户电源报警,如图 4-4 所示。

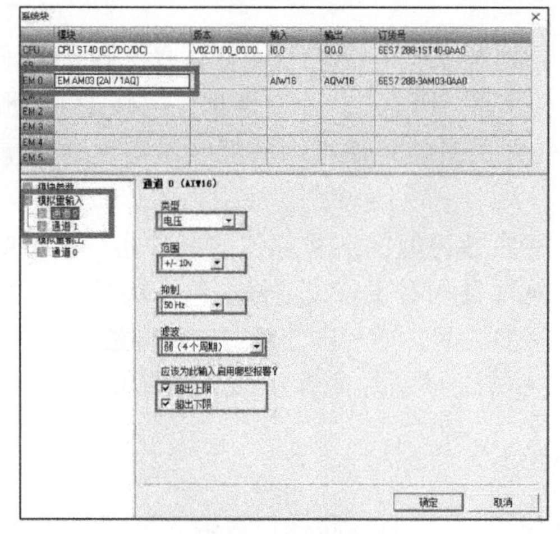

图 4-3　组态模拟量输入设置

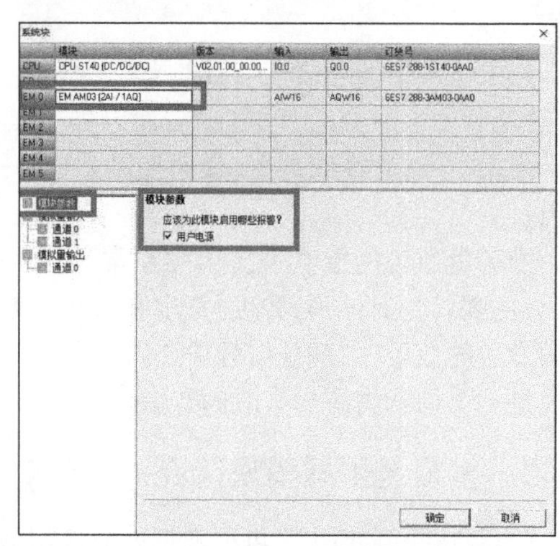

图 4-4　用户电源报警设置

2.2　组态模拟量输出设置

单击编程软件“系统块”添加对应的扩展模块后,单击对话框的“模拟量输出”节点为在顶部选择的模拟量输出模块组态选项,如图 4-5 所示,通道 0 输出设定有 AQW16 控制,其有效值为 $-32512 \sim 32511$。

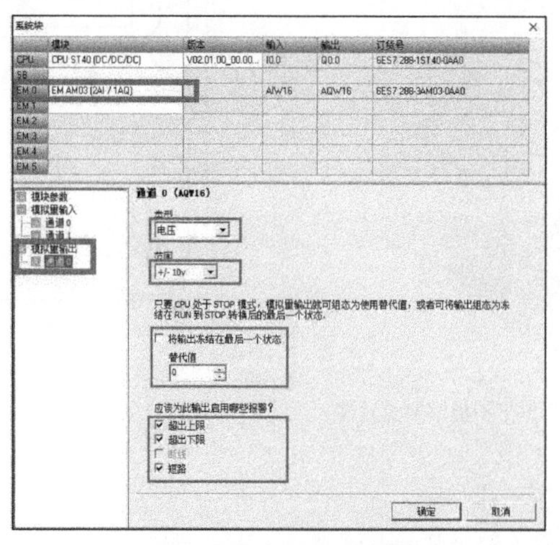

图 4-5　组态模拟量输入设置

类型与范围:对于每条模拟量输出通道,都将类型组态为电压或电流。组态通道的电压范围或电流范围,可选择以下取值范围之一:±10V 或 0 ~ 20mA。

STOP 模式下的输出行为:当 CPU 处于 STOP 模式时,可将模拟量输出点设置为特定值,或者保持在切换到 STOP 模式之前存在的输出状态:“将输出冻结在最后状态”——单击此复选框,就可在 PLC 进行 RUN 到 STOP 转换时将所有模拟量输出冻结在其最后值;“替换值”——如果“将输出冻结在最后状态”复选框未选中,只要 CPU 处于 STOP 模式,就可输入应用于输出的值（-32512~32511），默认替换值为0。

报警组态：可为所选模块的所选通道选择是启用还是禁用以下报警：超出上限，超出下限，“断路”（仅限电流通道）或者“短路”（仅限电压通道），此外还可以在系统块“模块参数”设置用户电源报警。

2.3　模拟量比例换算

因为A/D、D/A转换之间的对应关系，S7-200 SMART CPU内部用数值表示外部的模拟量信号，两者之间有一定的数学关系。这个关系就是模拟量/数值量的换算关系。

模拟量的输入/输出都可以用下列的通用换算公式换算：

$$O_v = [(O_{sh} - O_{sl}) \times (I_v - I_{sl})/(I_{sh} - I_{sl})] + O_{sl}$$

式中：O_v——换算结果；

I_v——换算对象；

O_{sh}——换算结果的高限；

O_{sl}——换算结果的低限；

I_{sh}——换算对象的高限；

I_{sl}——换算对象的低限。

它们之间的关系如图4-6所示。

量程转化指令库：为便于用户使用，编程软件提供了量程转化库，用户可以下载并拷贝scaling模拟量转换库文件拷贝到编程软件的<STANDARD LIBS>文件夹中，再重启编程软件即可以使用scaling模拟量转换库。

假设采用模拟量输入通道0测量0~10V的电压，最大值为10.0V，最小值0.0V；则理论上PLC测得模拟量转换数值应为0~27648，储存在AIW16当中。

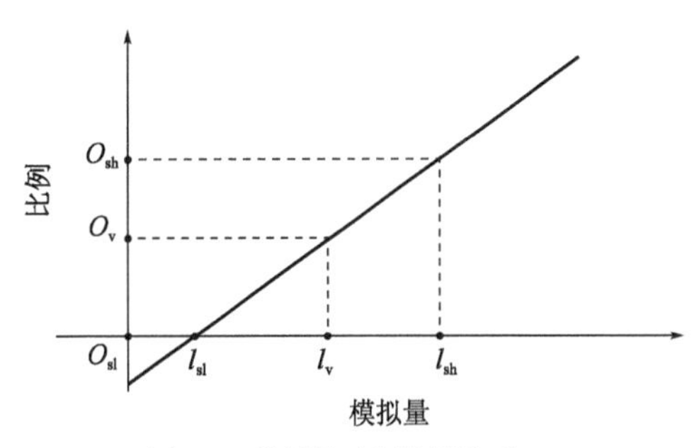

图4-6　模拟量比例换算关系

3　信号发生器

信号发生器是一种能提供各种频率、波形和输出电平电信号的设备。在测量各种电信系统或电信设备的振幅特性、频率特性、传输特性及其他电参数时，以及测量元器件的特性与参数时，用作测试的信号源或激励源。

信号发生器又称信号源或振荡器，在生产实践和科技领域中有着广泛的应用。各种波形曲线以用三角函数方程式来表示。能够产生多种波形，如三角波、锯齿波、矩形波（含方波）、正弦波的电路被称为函数信号发生器。HXHDBOXAO-V2.0手持式模拟量信号发生器如图4-7所示。

HXHDBOXAO-V2.0手持式模拟量信号发生器主要参数见表4-1。

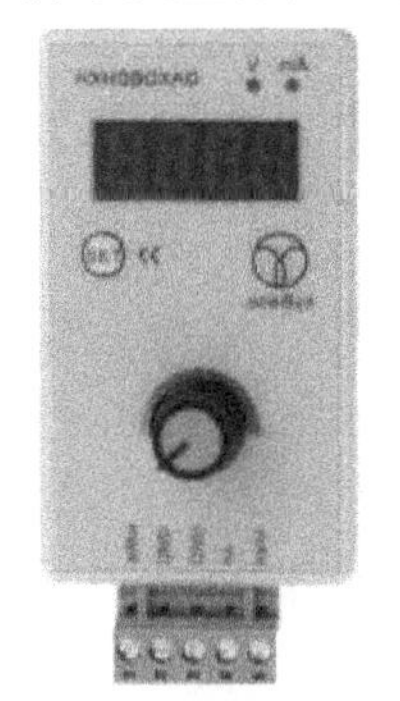

图4-7　电压信号发生器实物图

HXHDBOXAO-V2.0 手持式模拟量信号发生器主要参数 表 4-1

一、主要特性	
1	即可端子口供电,也可使用 MICRO USB 口供电
2	端子口电源电压范围:DC 5~25V,防反接防浪涌保护,最大功耗:24V/50mA
3	MICRO USB 口供电电压范围:DC 4~6V,最大功耗:5V/250mA;可使用手机充电器,电脑 USB、充电宝供电
4	共有 1 路模拟量输出,可选择使用电压型(输出范围:0/2~10V)或电流型(输出范围:0/4~20mA)
5	电压型输出负载阻抗要求≥2kΩ,电流型输出负载阻抗要求≤500Ω
6	电压型、电流型输出及显示通过 SET 按键一键切换;旋钮调节模拟量信号大小
7	壳体尺寸:85mm×50mm×22mm
二、指示灯说明	
V(红色)亮	输出 0~10V 电压信号
V(红色)闪烁	输出 2~10V 电压信号
mA(绿色)亮	输出 0~20mA 电流信号
mA(绿色)闪烁	输出 4~20mA 电流信号
三、端口信号说明	
MICRO USB 接口	供电电压范围:DC 4~6V,可使用手机充电器,电脑 USB、充电宝供电
PWR	接 DC 5~25V 电源正极
GND	电源及信号接地
Vo	电压型模拟量输出接口
mAo	电流型模拟量输出接口

HXHDBOXAO-V2.0 手持式模拟量信号发生器接线图如图 4-8 所示。

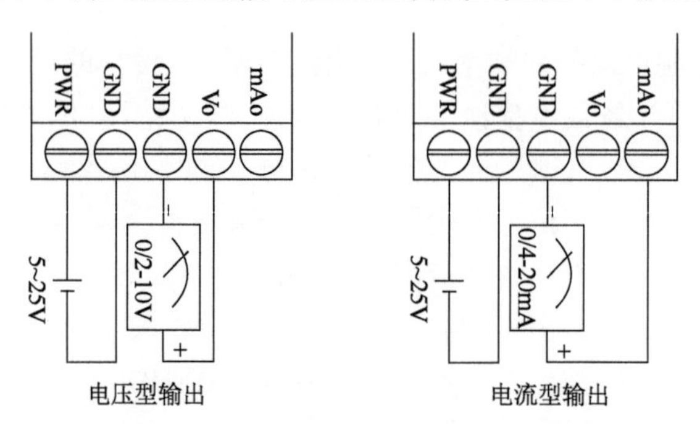

图 4-8 电压信号发生器接线图

4　模拟量数显表

为直观了解模拟量变化情况，在工业控制当中会经常将一些模拟量用数显表显示出来，以方便工业过程的监测与调整。常见的 HXDSBOXAI-NR 模拟量数显表如图 4-9 所示。

图 4-9　HXDSBOXAI-NR 模拟量数显表实物图

HXDSBOXAI-NR 模拟量数显表主要参数见表 4-2 所示。

HXDSBOXAI-NR 模拟量数显表主要参数　　表 4-2

<table>
<tr><td colspan="6">一、主要特性</td></tr>
<tr><td>1</td><td colspan="5">1 路模拟量输入，可选择使用电压型或电流型</td></tr>
<tr><td>2</td><td colspan="5">电压型输入阻抗：>30kΩ，电流型输入阻抗</td></tr>
<tr><td>3</td><td colspan="5">额定电源电压范围：DC 6～25V，功耗：24V/40mA</td></tr>
<tr><td>4</td><td colspan="5">机械尺寸：79mm×43mm×25mm；安装开孔：76.5mm×39.5mm</td></tr>
<tr><td colspan="6">二、端口信号说明</td></tr>
<tr><td>PWR</td><td colspan="5">接电源正极：DC 6～30V</td></tr>
<tr><td>GND</td><td colspan="5">电源及信号接地</td></tr>
<tr><td>Ai</td><td colspan="5">模拟量输入信号接口</td></tr>
<tr><td>mA</td><td colspan="5">电流型模拟量输入信号配置接口，与 Ai 短接，则配置为电流型输入</td></tr>
<tr><td colspan="6">三、数显表参数设置</td></tr>
<tr><td rowspan="6">F0 参数组——显示参数</td><td>参数</td><td>参数名</td><td>范围及说明</td><td>默认值</td><td>读写</td></tr>
<tr><td>F0-0</td><td>采集值监视</td><td>监视当前模拟量输入值的百分比。范围：0%～100.0%</td><td></td><td>只读</td></tr>
<tr><td>F0-1</td><td>显示值监视</td><td>在“监视菜单”的显示值，由 F0-0，F0-2～F0-4 计算所得</td><td></td><td>只读</td></tr>
<tr><td>F0-2</td><td>显示精度</td><td>在“监视菜单”时显示值的小数点位数，范围：0～3</td><td>1</td><td>读写</td></tr>
<tr><td>F0-3</td><td>显示最小值</td><td>在“监视菜单”时显示对应“采集值”为 0% 的值，范围：-1999～9999</td><td>0</td><td>读写</td></tr>
<tr><td>F0-4</td><td>显示最大值</td><td>在“监视菜单”时显示对应“采集值”为 100.0% 的值，范围：-1999～9999</td><td>1000</td><td>读写</td></tr>
</table>

续上表

三、数显表参数设置					
	参数	参数名	范围及说明	默认值	读写
F1 参数组——模拟量配置参数	F1-0	输入类型选择	0:0～10V 或 0～20mA 对应 0%～100.0%; 1:2～10V 或 4～20mA 对应 0%～100.0%,低于 2V 或 4mA 时为 0	0	读写
	F1-1	输入滤波时间	模拟量输入滤波时间,范围:0%～10.000s。滤波时间越大,滤波越强	0.200	读写
	F1-2	输入增益	范围:0%～1000.0%	100.0	读写
	F1-3	输入偏置	-99.9%～99.9%,以 10V 或 20mA 为 100.0%	0.0	读写
	F1-4	保留	未使用	0	读写
	F1-5	进入参数设置选择	0:长按 SET 键 3s 进入参数设置模式;1:保持按 SET 键 3s 以上,并按 OK 键进入参数设置模式	0	读写

HXDSBOXAI-NR 模拟量数显表在进行参数设置时,按键及数码管显示状态转换图如图 4-10 所示,其接线图如图 4-11 所示。

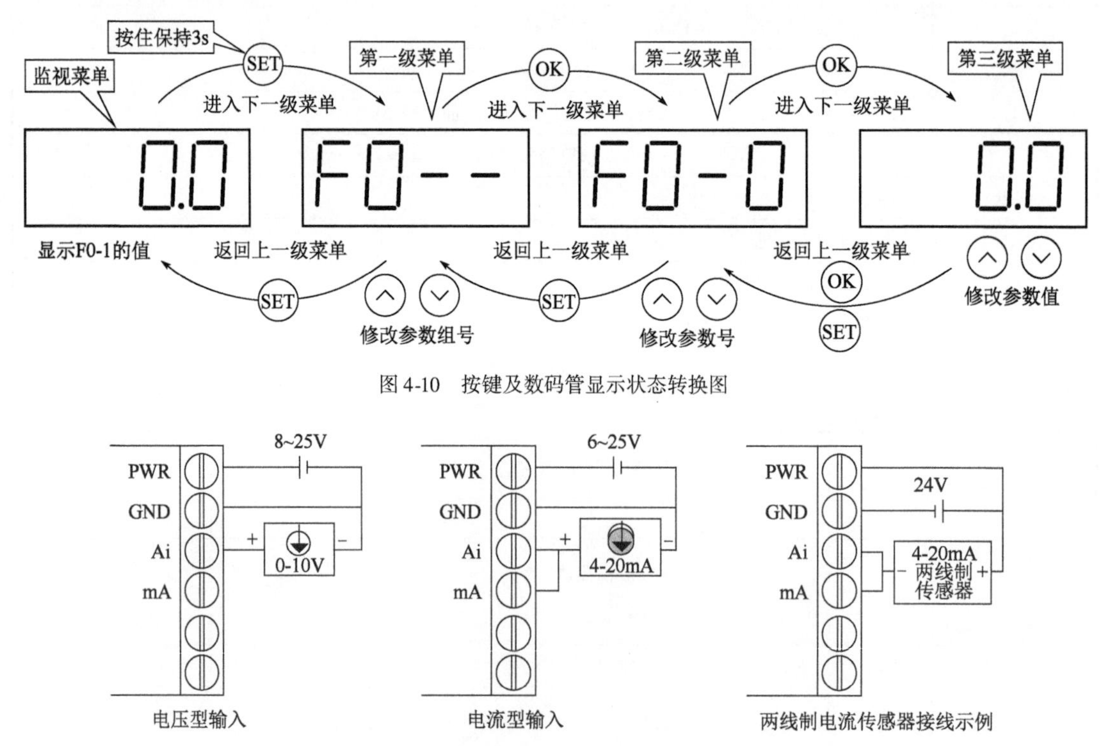

图 4-10　按键及数码管显示状态转换图

图 4-11　HXDSBOXAI-NR 模拟量数显表接线图

特别说明:在第三级菜单时,单击 OK 键保存修改的参数值,并返回上一级菜单,参数号自动加一;而单击 SET 键则直接返回上一级菜单,不保存修改的参数值。长按向下键或向上键,可使调整值快速变化。

5　热电偶与热敏电阻

在工程应用当中，温度测量是必不可少的环节之一，例如锅炉的控制当中，温度是锅炉生产蒸汽质量的重要指标之一，也是保证锅炉设备安全的重要参数。同时，温度是影响锅炉传热过程和设备效率的主要因素。因此温度检测对于保证锅炉的安全、经济运行，提高蒸汽产量和质量，减轻工人的劳动强度，改善劳动条件具有极其重要意义。常见的温度测量元件有热电偶与热敏电阻等。

热电偶（图4-12）：热电偶是温度测量仪表中常用的测温元件，它直接测量温度，并把温度信号转换成热电动势信号，通过电气仪表（二次仪表）转换成被测介质的温度。各种热电偶的外形常因需要而极不相同，但是它们的基本结构却大致相同，通常由热电极、绝缘套保护管和接线盒等主要部分组成，通常和显示仪表、记录仪表及电子调节器配套使用。

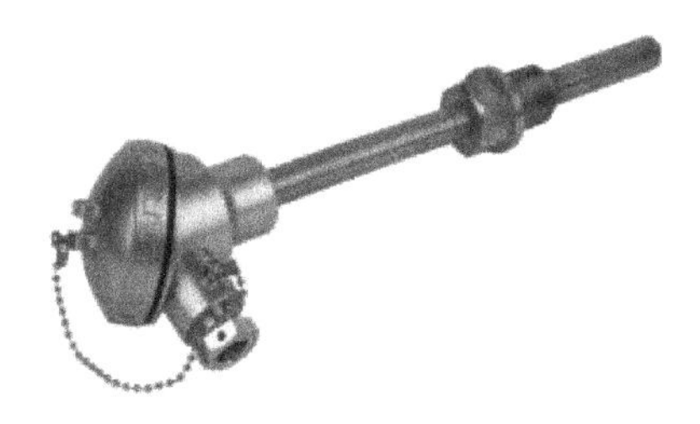

图4-12　热电偶实物图

常用热电偶可分为标准热电偶和非标准热电偶两大类。所谓标准热电偶是指国家标准规定了其热电势与温度的关系、允许误差，并有统一的标准分度表的热电偶，它有与其配套的显示仪表可供选用。非标准化热电偶在使用范围或数量级上均不及标准化热电偶，一般也没有统一的分度表，主要用于某些特殊场合的测量。中国从1988年1月1日起，热电偶和热电阻全部按IEC标准生产，并指定S、B、E、K、R、J、T七种标准化热电偶为中国统一设计型热电偶，见表4-3。

标准化热电偶参数表　　表4-3

热电偶分度号	热电极材料（正极）	热电极材料（负极）	测量范围（℃）
S	铂铑10	纯铂	0～1300
R	铂铑13	纯铂	0～1300
B	铂铑30	铂铑6	0～1600
K	镍铬	镍硅	0～1200
T	纯铜	铜镍	-200～350
J	铁	铜镍	-40～600
N	镍铬硅	镍硅	-200～1200
E	镍铬	铜镍	-200～760

从理论上讲，任何两种不同导体（或半导体）都可以配制成热电偶，但是作为实用的测温元件，对它的要求是多方面的。为了保证工程技术中的可靠性，以及足够的测量精度，并不是所有材料都能组成热电偶，一般对热电偶的电极材料，基本要求是：

（1）在测温范围内，热电性质稳定，不随时间而变化，有足够的物理化学稳定性，不易氧化或腐蚀。

（2）电阻温度系数小，导电率高，比热小。

（3）测温中产生热电势要大，并且热电势与温度之间呈线性或接近线性的单值函数关系。

(4)材料复制性好,机械强度高,制造工艺简单,价格便宜。

热敏电阻:热敏电阻器是敏感元件的一类,按照温度系数不同分为正温度系数热敏电阻器(PTC)和负温度系数热敏电阻器(NTC)。热敏电阻器的典型特点是对温度敏感,不同的温度下表现出不同的电阻值。正温度系数热敏电阻器(PTC)在温度越高时电阻值越大,负温度系数热敏电阻器(NTC)在温度越高时电阻值越低,它们同属于半导体器件。

6 温度变送器

采用热电偶、热电阻作为测温元件,从测温元件输出信号送到变送器模块,经过稳压滤波、运算放大、非线性校正、V/I 转换、恒流及反向保护等电路处理后,转换成与温度呈线性关系的电压或电流信号输出。

以 PT100 热电阻、热电偶转 4 ~ 20mA 温度变送器模块为例,其实物图如图 4-13 所示,接线图如图 4-14 所示。

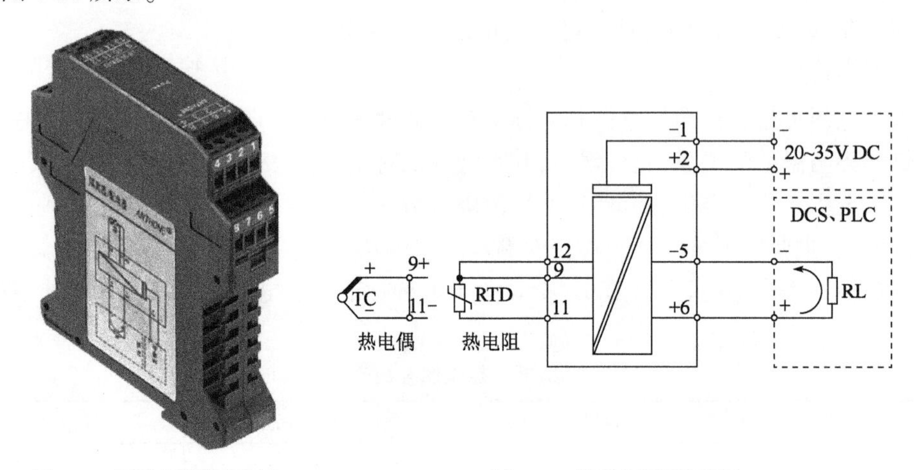

图 4-13 温度变送器实物图　　　图 4-14 温度变送器接线图

三线制热电阻接 9、11、12 号端子,两根颜色一样的导通线接 9 和 12,另一根颜色不同的接 11。二线制热电阻接 9 和 11,并将 11 和 12 短接。输出为 +6、-5,无论电流信号还是电压信号,输出均为这两个端子。

学习情境 4-1 普通模拟信号的简单处理

1 信息(创设情境,提供资讯)

某个 PLC 控制系统需要对信号发生器发出的电压信号进行非线性处理,采用 HXHDBOXAO-V2.0 手持式模拟量信号发生器产生 0 ~ 10V 信号 U_1,需要对其进行非线性处理得到 U_2,其函数关系为 $U_2 = (U_1 - 5)^2/3 + 1$,并将处理结果用 HXDSBOXAI-NR 模拟量数显表实时显示;当 U_1 与 U_2 差值在 2V 以内时,指示灯 L 亮,当 U_1 与 U_2 差值在 2 ~ 5V 时,指示灯 L 闪烁。

独立学习：根据题意，说明模拟量数显表各个参数应该如何设置。

2　计划（分析任务，制订计划）

（1）小组讨论：讨论并填写出 PLC 控制系统的 I/O 地址分配表，完成表 4-4。

PLC 控制系统 I/O 地址分配表　　表 4-4

设备元件名称	I/O 地址	符　号　名	数 据 类 型	功 能 描 述

（2）个人/小组讨论：绘制 PLC 控制系统的接线图。

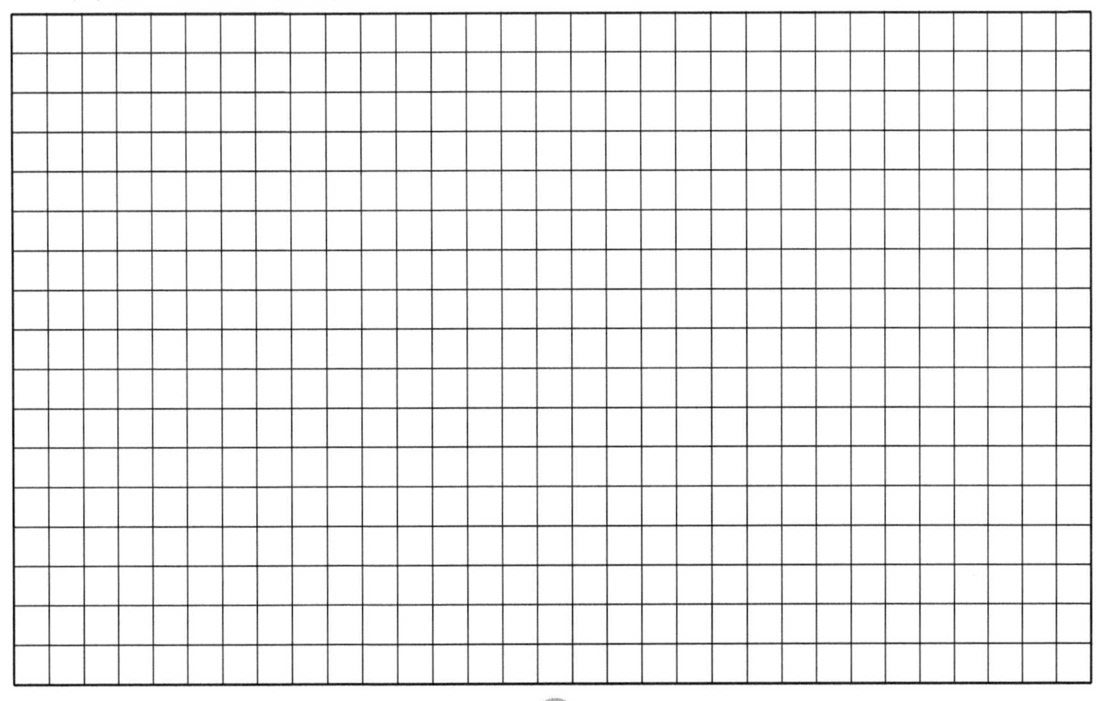

(3)个人/小组工作:列出 PLC 控制系统安装所需元器件、工具及材料清单并计算成本,完成表 4-5。

清　单　　表 4-5

序　号	名　称	符　号	型　号	数　量	规　格
1					
2					
3					
4					
5					
6					
7					
8					
9					
成本核算					

(4)个人/小组工作:选择 PLC 控制程序设计的方法,并简要概述编程方法与思路,完成表 4-6。

编程方法与思路　　表 4-6

1	移植设计法	□
2	经验设计法	□
3	顺序控制法	□
4	逻辑设计法	□
5	如果上面选项均不符合要求,可自行拟订方法	□

注:选择(在选择的程序设计方法后面打√,没有用到打×)。

3　决策(集思广益,做出决定)

(1)个人/小组讨论:绘制 PLC 控制系统的梯形图。

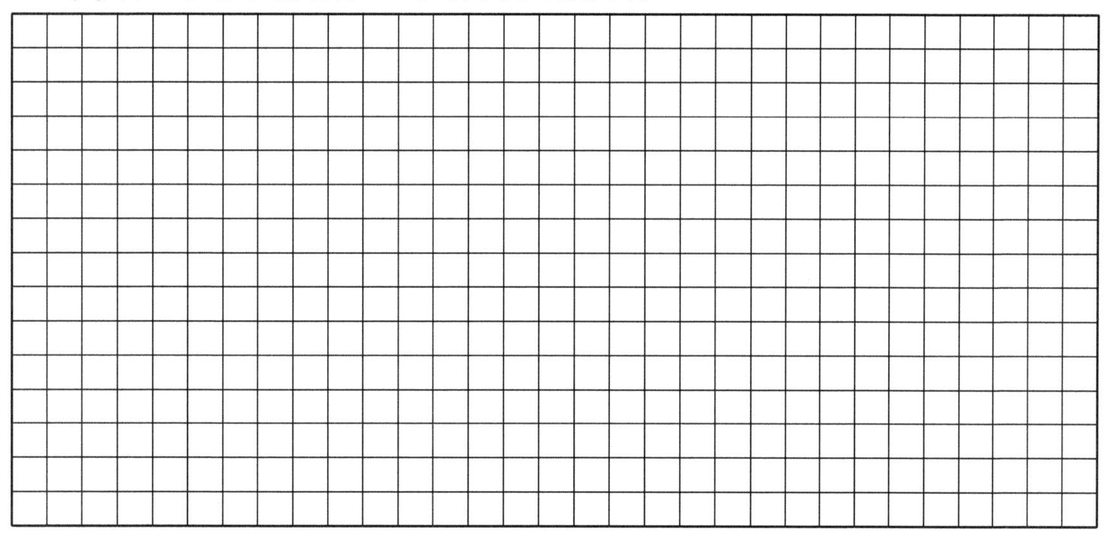

(2)个人/小组讨论:书写绘制 PLC 控制系统的语句表指令。

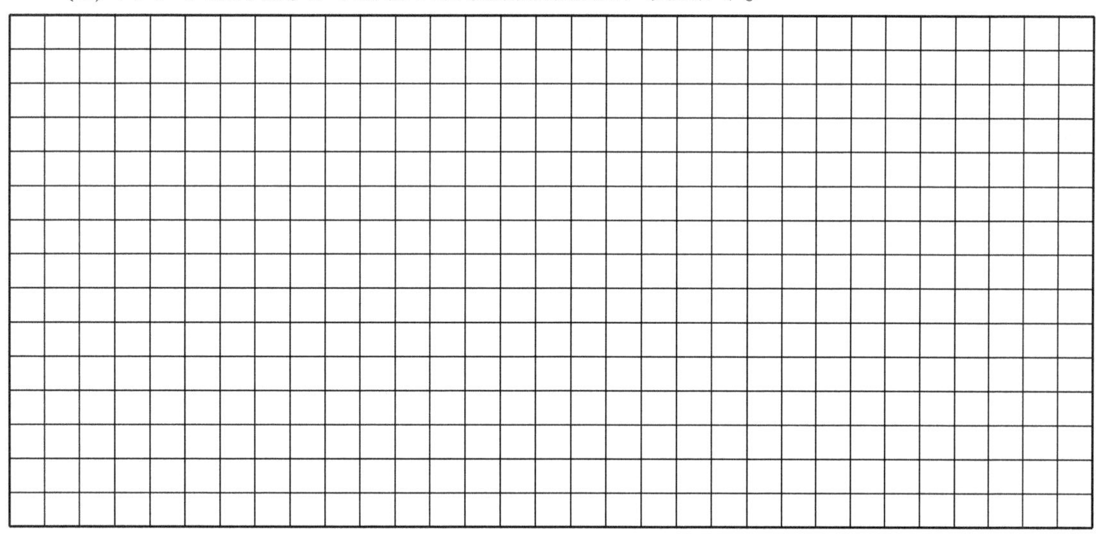

(3)个人/小组讨论:制定 PLC 控制系统安装项目小组工作计划表,确认成员分工及计划时间,完成表 4-7。

工作要点　　表 4-7

序　号	工作计划	职　责	人　员	计划工时	备　注
1					
2					
3					
4					
5					

4 实施(分工合作,沟通交流)

小组工作:按工作计划实施 PLC 控制系统安装与调试,完成表 4-8。

安装与调试　　表 4-8

序　号	行动步骤	实施人员	计划用时	实际工时	符合计划
1					
2					
3					
4					
5					
6					
7					
8					

5 控制(查漏补缺,质量检测)

(1)小组自检:对照评测标准检查,完成表 4-9。

检　查　　表 4-9

1	在断电情况下检查控制系统是否存在短路现象	☐
2	接通控制的电源	☐
3	将控制装置置为模式“STOP(停止)”	☐
4	测量值是否正常	☐

注:自检(要求按序号顺序完成,完成打√,没有完成打×)。

(2)小组自检:如果发现不正常现象,说明原因。

6 评价(总结过程,任务评估)

(1)小组工作:将自己的总结向别的同学介绍,描述收获、问题和改进措施。在一些工作完成不尽意的地方,征求意见。

①收获。

②问题。

③别人给自己的意见。

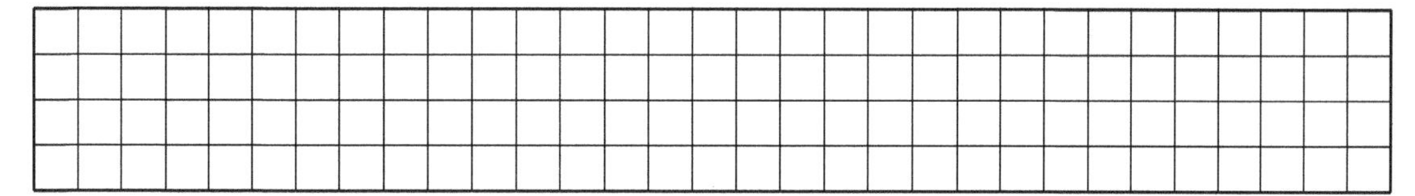

④改进措施。

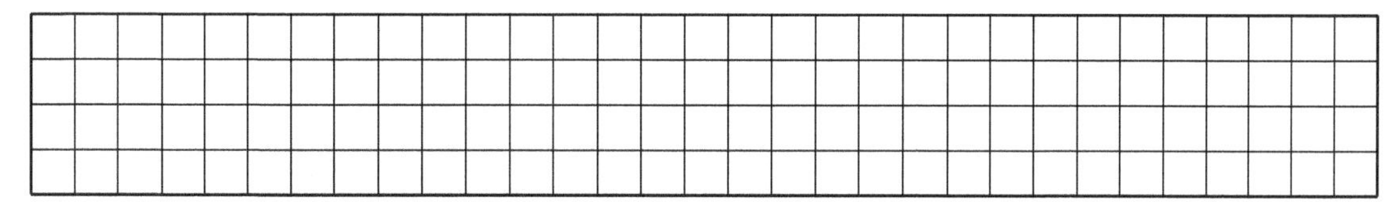

(2)小组之间按照评分标准进行工作过程自评和互评,完成表4-10。

自评和互评　　　　表4-10

班级		被评组名		日期		
评价指标	评价要素			分数	自评分数	互评分数
信息检索	该组能否有效利用网络资源、工作手册查找有效信息			5		
	该组能否用自己的语言有条理地去解释、表述所学知识			5		
	该组能否对查找到的信息有效转换到工作中			5		
感知工作	该组能否熟悉自己的工作岗位,认同工作价值			5		
	该组成员在工作中,是否获得满足感			5		
参与状态	该组与教师、同学之间是否相互尊重、理解、平等			5		
	该组与教师、同学之间是否能够保持多向、丰富、适宜的信息交流			5		
	该组能否处理好合作学习和独立思考的关系,做到有效学习			5		
	该组能否提出有意义的问题或能发表个人见解;能按要求正确操作;能够倾听、协作分享			5		
	该组能否积极参与,在产品加工过程中不断学习,综合运用信息技术的能力提高很大			5		
学习方法	该组的工作计划、操作技能是否符合规范要求			5		
	该组是否获得了进一步发展的能力			5		
工作过程	该组是否遵守管理规程,操作过程符合现场管理要求			5		
	该组平时上课的出勤情况和每天完成工作任务情况			5		
	该组成员是否能加工出合格工件,并善于多角度思考问题,能主动发现、提出有价值的问题			15		

续上表

评价指标	评价要素	分数	自评分数	互评分数
思维状态	该组是否能发现问题、提出问题、分析问题、解决问题、创新问题	5		
自评反馈	该组能严肃认真地对待自评，并能独立完成自测试题	10		
总分数		100		
简要评述				

(3)教师按照评分标准对各小组进行任务工作过程总评，完成表4-11。

总　评

表4-11

班级		组名		姓名	
出勤情况					
信息	口述或书面梳理工作任务要点	1. 表述仪态自然、吐字清晰	25	表述仪态不自然或吐字模糊扣5分	
		2. 工作页表述思路清晰、层次分明、准确		表述思路模糊或层次不清扣5分，分工不明确扣5分	
计划	填写I/O分配表及绘制PLC接线图	1. I/O分配表准确无误 2. PLC接线图准确无误	15	表述思路或层次不清扣5分	
		3. 制订计划及清单清晰合理		计划及清单不合理扣5分	
决策	制订工艺计划	1. 制订合理工艺 2. 制订合理程序	10	一处计划不合理扣3分，扣完为止	
实施	安装准备	工具、元器件、辅材准备	4	每漏一项扣1分	
	PLC控制系统安装与调试	1. 元器件安装是否牢固 2. 显示元器件符合专业连接 3. 所有电气线路、芯线符合专业的敷设(包括电缆槽中) 4. 导线的剥线和芯线端头的固定 5. 软件使用(工程创建，指令输入) 6. 通信设置并下载 7. 功能是否与控制要求一致	25	错误1处扣1分，扣完为止	
		8. 设备、工具、量具、刀具、工位恢复整理	6	每违反一项扣1分，扣完此项配分为止	
控制		正确读取和测量加工数据并正确分析测量结果	5	能自我正确检测要点并分析原因，错一项，扣1分，扣完为止	
评价	工作过程评价	1. 依据自评分数	5		
		2. 依据互评分数	5		
合计			100		

学习情境4-2　温度的实时监测

1　信息(创设情境,提供资讯)

某个PLC控制系统需要对反应炉内的温度进行测量并显示到数显表上,温度测量范围为20~150℃,当温度低于50℃,指示灯常亮;当温度高于50℃且低于100℃,指示灯常以0.5Hz频率闪烁;当温度高于100℃,指示灯常以2Hz频率闪烁。根据系统要求,选择合适的元器件搭建测量系统,并完成系统的安装与调试。

独立学习:根据题意,说明测量元件的选择与理由。

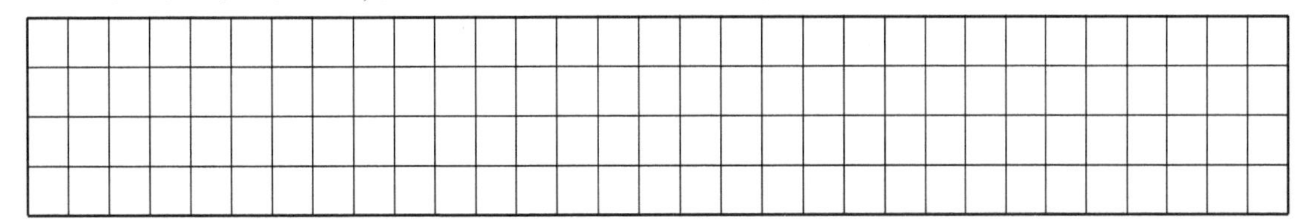

2　计划(分析任务,制订计划)

(1)小组讨论:讨论并填写PLC控制系统的I/O地址分配表,完成表4-12。

PLC控制系统I/O地址分配表　　表4-12

设备元件名称	I/O地址	符　号　名	数据类型	功能描述

(2)个人/小组讨论:绘制PLC控制系统的接线图。

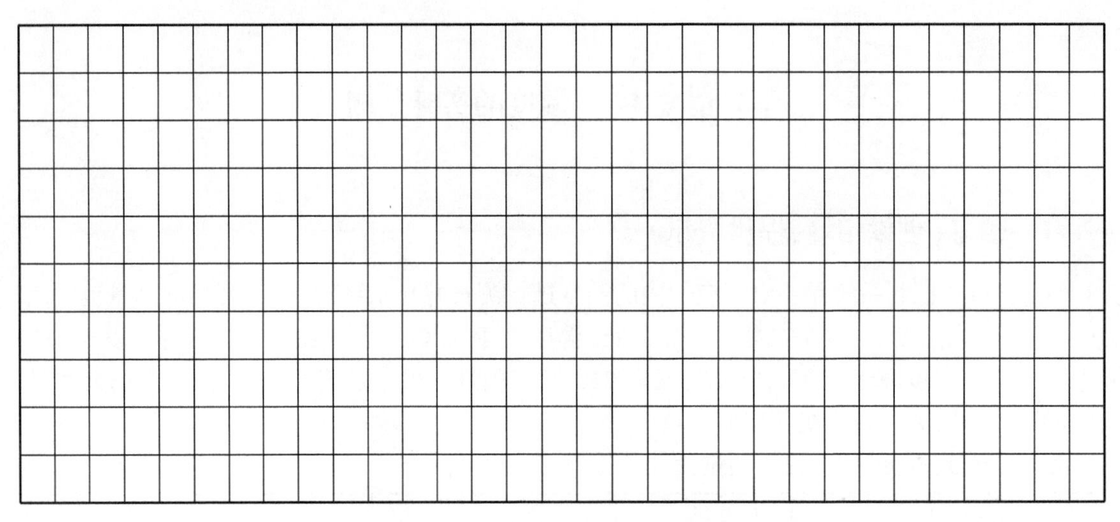

(3)个人/小组工作:列出PLC控制系统安装所需元器件、工具及材料清单并计算成本,完成表4-13。

清　单　　表4-13

序　号	名　称	符　号	型　号	数　量	规　格
1					
2					
3					
4					
5					
6					
7					
8					
9					
成本核算					

(4)个人/小组工作:选择PLC控制程序设计的方法,并简要概述编程方法与思路,完成表4-14。

编程方法与思路　　表4-14

1	移植设计法	□
2	经验设计法	□
3	顺序控制法	□
4	逻辑设计法	□
5	如果上面选项均不符合要求,可自行拟订方法	□

注:选择(在选择的程序设计方法后面打√,没有用到打×)。

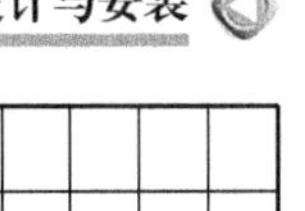

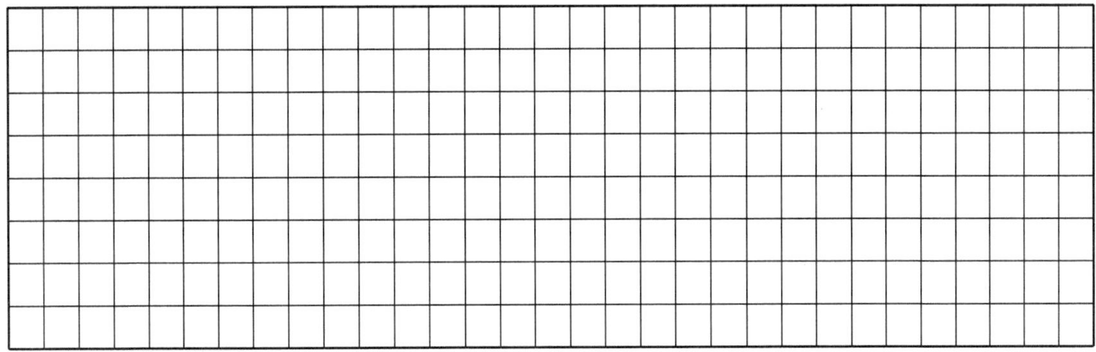

3　决策(集思广益,做出决定)

(1)个人/小组讨论:绘制 PLC 控制系统的梯形图。

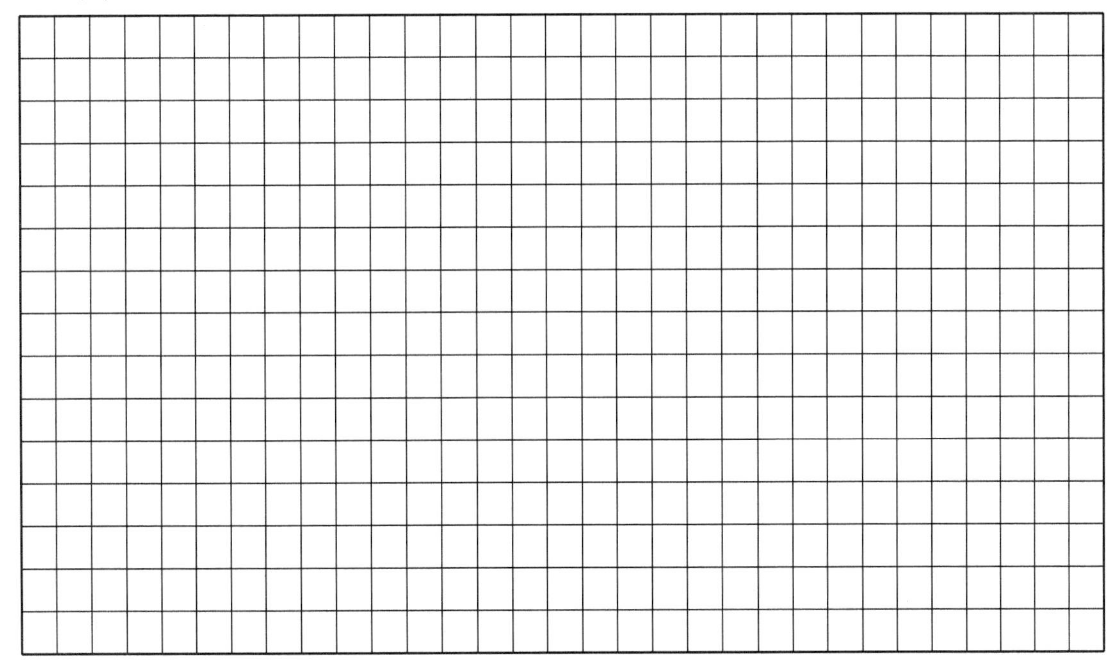

(2)个人/小组讨论:书写绘制 PLC 控制系统的语句表指令。

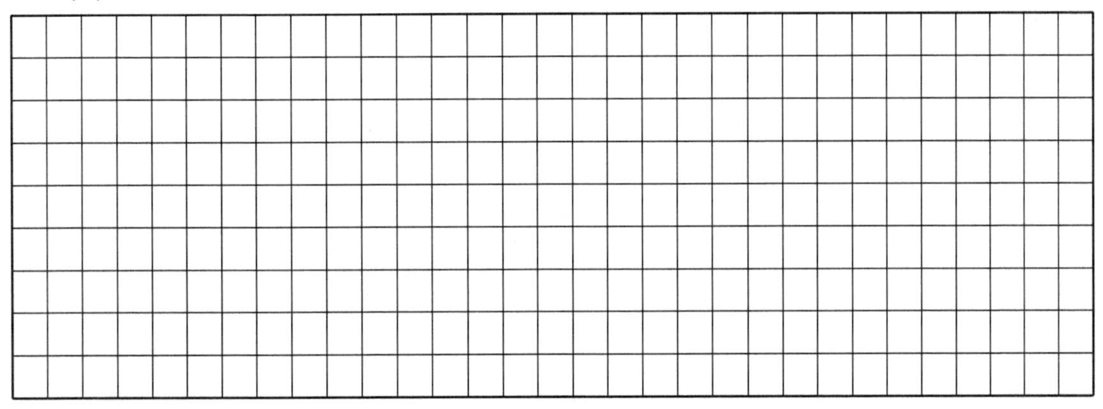

复习与提高

1.模拟量的特点是(　　)。

A.只能取0、1两个值　　B.分立量,不是连续变化量

C.在一定范围连续变化　　D.以上都不对

2.西门子EM AM06.4 AI/2 AO模拟量扩展模块有(　　)。

A.4路模拟量输出,2路模拟量输入　　B.4路数字量输入,2路数字量输出

C.4路开关量输入,2路开关量输出　　D.4路模拟量输入,2路模拟量输出

3.若在组态模拟量输出设置勾选"将输出冻结在最后状态",当CPU处于STOP模式时(　　)。

A.模拟量输出为0　　B.模拟量输出冻结在其最后值

C.没有输出　　D.模拟量输出为设定值

4.若组态模拟量输入设置为电压±10V接入通道1时,输入信号为5V,AIW16读数为(　　)。

A.27648　　B.0

C.13824　　D.不能确定

5.简述Scaling模拟量转换库安装过程。

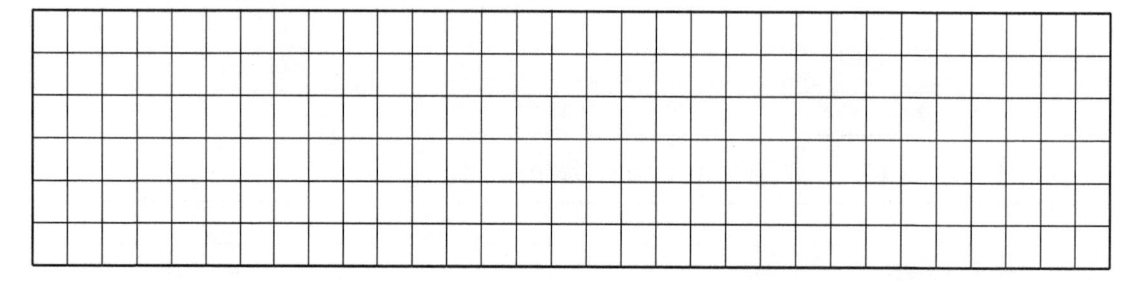

6.简述热电偶工作原理。

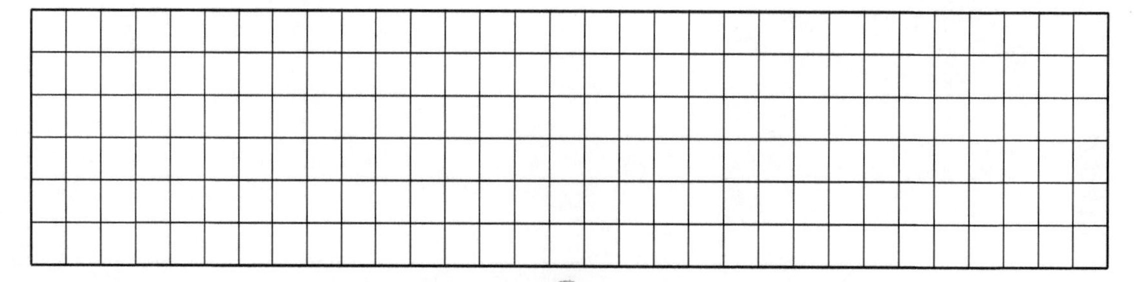

7. 简述温度变送器在系统中的作用。

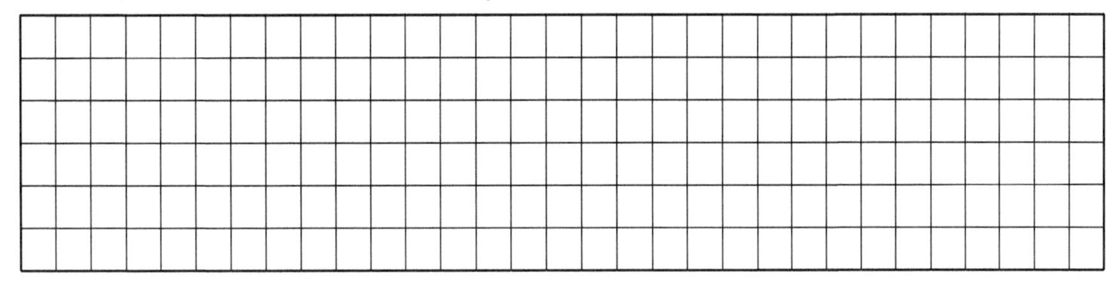

8. 若调试时发现热电偶测量温度不准确，但手边又没有可以更换的元件，可怎么处理？

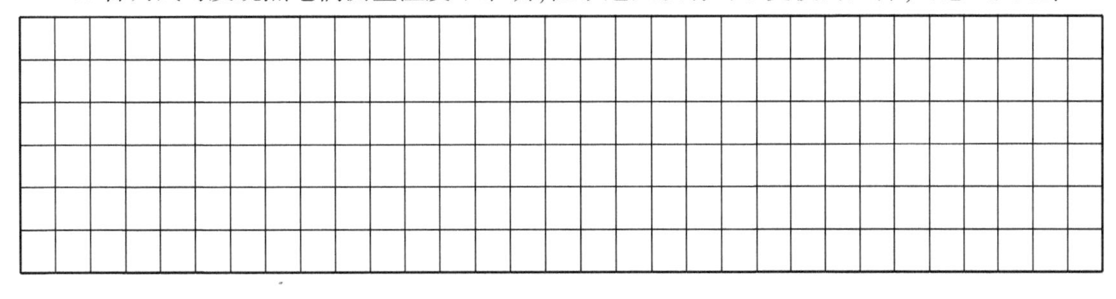

模块五　常见工业设备的 PLC 控制系统设计与安装

知识目标：

1. 了解步进电机的概念；
2. 掌握步进电机的工作原理；
3. 掌握步进电机驱动器设置的方法；
4. 了解编码器的概念；
5. 掌握 PLC 中 PWM 输出的方法；
6. 掌握高速计数器的使用方法；
7. 掌握变频器常见的频率给定方式；
8. 掌握 PLC 控制变频器输出频率的使用方法；
9. 掌握电路检测和工作过程评价的方法。

能力目标：

1. 能够接受工作任务，合理收集专业知识信息；
2. 能够进行小组合作，制订小组工作计划；
3. 能够识读并绘制步进电机驱动器与步进电机的接线图；
4. 能够在软件中完成 PWM 输出组态相关参数的设置；
5. 能够进行高速计数器读取的 PLC 程序设计；
6. 能够根据实际任务要求拟订物料清单；
7. 能够根据电气接线图完成电路的连接；
8. 能够独立完成 PLC 程序的下载与调试；
9. 能够自主学习，与同伴进行技术交流，处理工作过程中的矛盾与冲突；
10. 能够进行学习成果展示和汇报。

素养目标：

1. 过程对标企业生产过程，培养学生诚实守信、爱岗敬业，具有精益求精的工匠精神，遵守工位 5S 与安全规范；

2. 能够考虑成本因素，养成勤俭节约的良好品德；

3. 通过实训中自查与互查环节，培养学生的质量意识、绿色环保意识、安全意识、信息素养、创新精神；

4. 通过课后查阅资料完成加强练习，培养学生的信息素养、创新精神。

1　步进电机

步进电机是一种将电脉冲信号转换成相应角位移或线位移的电动机。每输入一个脉冲信号,转子就转动一个角度或前进一步,其输出的角位移或线位移与输入的脉冲数成正比,转速与脉冲频率成正比。因此,步进电动机又称脉冲电动机。

下面以42BYGH1.8°两相步进电机(图5-1)为例,简要介绍步进电机的基本结构与工作原理。

结构与工作原理:两相步进电机最简单的构成为$N_r=1$的情况,电机结构如图5-2所示,一般两相电机定子磁极数为4的倍数,至少是4。转子为N极与S极各一个的两极转子。定子一般用硅钢片叠压制作,定子磁极数为4极,相当于一相绕组占两个极,A相两个极在空间相差180°,B相两个极在空间也相差180°。电流在一相绕组内正负流动(此种驱动方式称为双极性驱动),A相与B相电流的相位相差90°,两相绕组中矩形波电流交替流过。

图5-1　42BYGH1.8°两相步进电机实物图

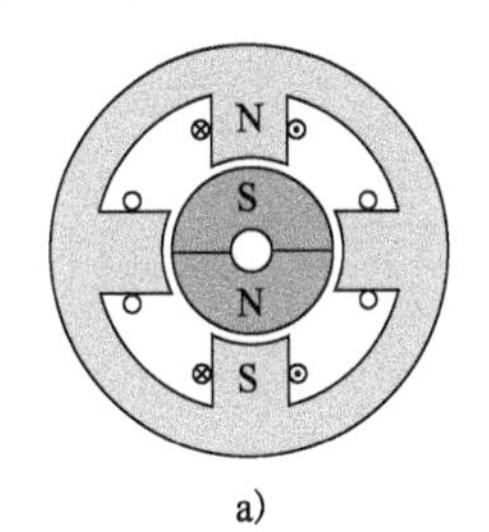

a)

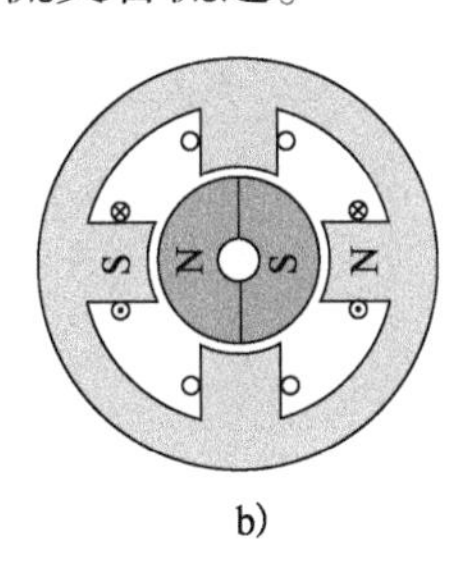

b)

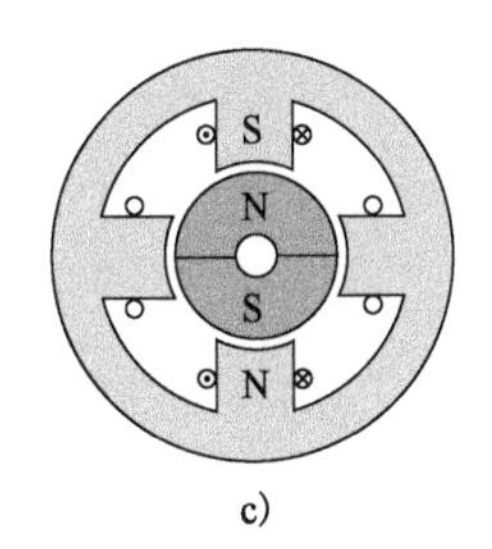

c)

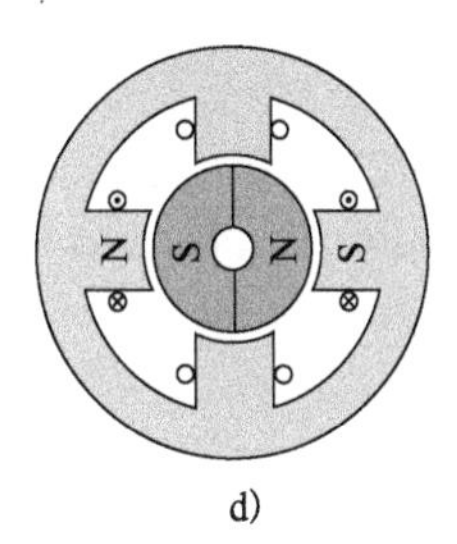

d)

图5-2　两相步进电机结构与工作原理

两相电机的定子,在$N_r=1$时,空间相差90°,时间上电流相差90°相位差,电流与普通的同步电机相似,在定子上产生旋转磁场,转子被旋转磁场吸引,随旋转磁场同步旋转。

假如A相有两个线圈,单向电流交替流过两个线圈,也可产生相反的磁通方向,此方式称为单极型线圈。另一种,线圈内流过正、反方向电流的线圈称为双极型线圈,如图5-3所示。单极型线圈可以取代双极型线圈,运行时具有相同的步距角。

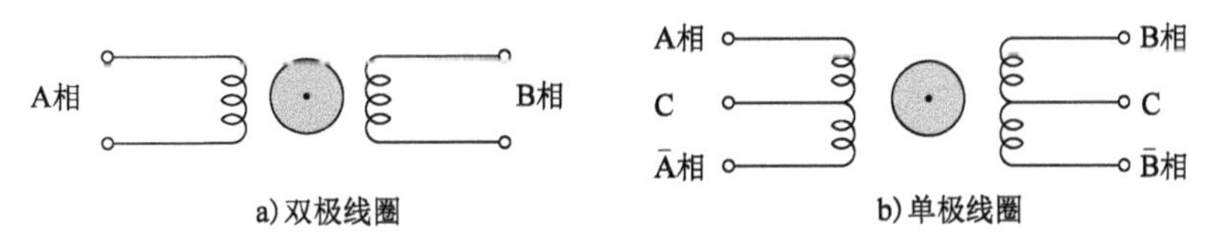

图5-3　两相步进电机的线圈结构

两相单极型线圈在有些文献中也被称为四相步进电机,此时其转子极对数、齿数N_r,以及步距角θ均与双极型线圈相同。两相电机的定义符合式$\theta=180°/PN_r$,即将转子齿数和步距

角 θ 代入式 $\theta = 180°/PN_r$，如 $P=2$，则为两相电机，如 N_r 相同，$P=4$，步距角 θ 只有 1/2，则电机为四相电机。

42BYGH1.8°两相步进电机技术规格见表 5-1。

42BYGH1.8°两相步进电机技术规格　　表 5-1

型号		电压	电流	电阻	电感	最大静力矩		引线	转子转动惯量	质量	机身长
单出轴	双出轴	V	A	Ω	mH	oz · in	kg · cm		g · cm^2	kg	mm
42BYGH33-0956A	42BYGH33-0956B	4	0.95	4.2	4	22	1.58	6	35	0.22	33
42BYGH33-0406A	42BYGH33-0406B	6	0.6	10	9.5	22	1.58	6	35	0.22	33
42BYGH33-0316A	42BYGH33-0316B	12	0.31	38.5	33	22	1.58	6	35	0.22	33
42BYGH33-1334A	42BYGH33-1334B	2.8	1.33	2.1	4.2	30	2.2	4	35	0.22	33
42BYGH39-1206A	42BYGH39-1206B	4	1.2	3.3	4	36	2.59	6	54	0.28	39
42BYGH39-0806A	42BYGH39-0806B	6	0.8	7.5	7.5	36	2.59	6	54	0.28	39
42BYGH39-0406A	42BYGH39-0406B	12	0.4	30	30	36	2.59	6	54	0.28	39
42BYGH39-1684A	42BYGH39-1684B	2.8	1.68	1.65	4	50	3.6	4	54	0.28	39
42BYGH47-1206A	42BYGH47-1206B	4	1.2	3.3	4	44	3.17	6	68	0.35	47
42BYGH47-0806A	42BYGH47-0806B	6	0.8	7.5	10	44	3.17	6	68	0.35	47
42BYGH47-0406A	42BYGH47-0406B	12	0.4	30	38	44	3.17	6	68	0.35	47
42BYGH47-1684A	42BYGH47-1684B	2.8	1.68	1.65	4.1	62	4.4	4	68	0.35	47
42BYGH60-1704A	42BYGH60-1684B	3.6	1.7	1.8	6.0	85	6.0	4	80	0.48	60

42BYGH1.8°两相步进电机技术参数见表5-2。

42BYGH1.8°两相步进电机技术参数　　表5-2

项　目	规　格
步距角精度	±5%
电阻精度	±10%
电感精度	±20%
温升	最大80℃
环境温度	-10～+50℃
绝缘电阻	最小100MΩ,500V DC
介电强度	500VAC
转轴径向跳动	最大0.06(450g · load)
转轴轴向跳动	最大0.08(450g · load)
绝缘等级	Class B 130°

42BYGH1.8°两相步进电机接线图如图5-4所示。

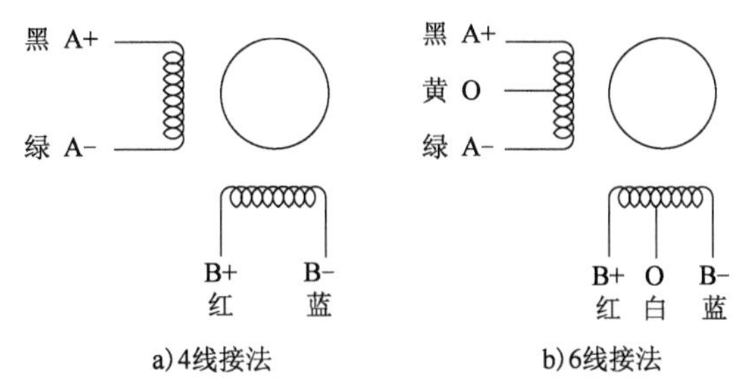

图5-4　42BYGH1.8°两相步进电机接线图

2　步进电机驱动器

步进电机驱动器是一种将电脉冲转化为角位移的执行机构。当步进驱动器接收到一个脉冲信号,它就驱动步进电机按设定的方向转动一个固定的角度(称为"步距角"),它的旋转是以固定的角度一步一步运行的。可以通过控制脉冲个数来控制角位移量,从而达到准确定位的目的;同时可以通过控制脉冲频率来控制电机转动的速度和加速度,从而达到调速和定位的目的。

图5-5　普菲德步进电机驱动器TB6600升级版

下面以普菲德步进电机驱动器TB6600升级版(图5-5)简要介绍步进电机驱动器的使用。它是一款专业的两相步进电机驱动。可实现正反转控制,通过3位拨码开关选择7挡细分控制(1、2/A、2/B、4、8、16、32),通过3位拨码开关选择8挡电流控制(0.5A、1A、1.5A、2A、2.5A、2.8A、3.0A、3.5A)。适合驱动

57 型、42 型两相、四相混合式步进电机。能达到低振动、小噪声、高速度的效果驱动电机。

普菲德步进电机驱动器 TB6600 升级版电气参数见表 5-3。

普菲德步进电机驱动器 TB6600 升级版电气参数 表 5-3

输入电流	推荐使用开关电源功率 5A
输出电流	0.5～4.0A
最大功耗	160W
细分	1、2/A、2/B、4、8、16、32
温度	工作温度 -10～45℃;存放温度 -40～70℃
湿度	不能结露,不能有水珠
气体	禁止有可燃气体和导电灰尘
重量	0.2kg

普菲德步进电机驱动器 TB6600 升级版输入输出端说明见表 5-4。

普菲德步进电机驱动器 TB6600 升级版输入输出端说明表 表 5-4

项目	符号	说　明	备　注
信号输入端	ENA -	电机脱机控制(负)	输入信号接口有两种接法,用户可根据需要采用共阳极接法或共阴极接法。 EN 端可不接,EN 有效时电机转子处于自由状态(脱机状态),这时可以手动转动电机转轴。手动调节完成后,再将 EN 设为无效状态,以继续自动控制
	ENA +	电机脱机控制(正)	
	DIR -	电机正反转控制(负)	
	DIR +	电机正反转控制(正)	
	PUL -	脉冲信号输入(负)	
	PUL +	脉冲信号输入(正)	
电机绕组连接	B -	连接电机绕组 B - 相	—
	B +	连接电机绕组 B + 相	
	A -	连接电机绕组 A - 相	
	A +	连接电机绕组 A + 相	
电源电压连接	GND	电源负端"-"	VCC 端接 DC,不可以超过 9～40V,否则会无法正常工作甚至损坏驱动器
	VCC	电源正端"+"	

共阳极接法:分别将 PUL +、DIR +、ENA + 连接到控制系统的电源上,如果此电源是 +5V 则可直接接入,如果此电源大于 +5V,则须外部另加限流电阻 R,保证给驱动器内部光耦提供 8～15mA 的驱动电流。脉冲输入信号通过 PUL-接入,方向信号通过 DIR-接入,使能信号通过 ENA-接入,如图 5-6 所示。

共阴极接法:分别将 PUL -、DIR -、ENA - 连接到控制系统的地端;脉冲输入信号通过 PUL + 接入,方向信号通过 DIR + 接入,使能信号通过 ENA + 接入。若需限流电阻,限流电阻 R 的接法取值与共阳极接法相同,如图 5-7 所示。

细分数与电流大小设定:细分数是以驱动板上的拨码开关选择设定的,用户可根据驱动器外盒上的细分选择表的数据设定(最好在断电情况下设定)。细分后步进电机步距角按下列方法计算:步距角 = 电机固有步距角/细分数。如:一台固有步距角为 1.8°的步进电机在 4 细分下步距角为 1.8°/4 =0.45°,驱动板上拨码开关 1、2、3 分别对应 S1、S2、S3 用来设定细分数,细分数设定参照表见表5-5。

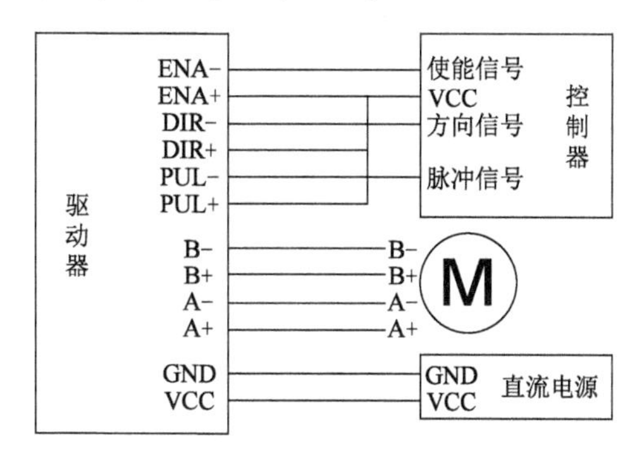

图5-6　共阳极接法(低电平有效)

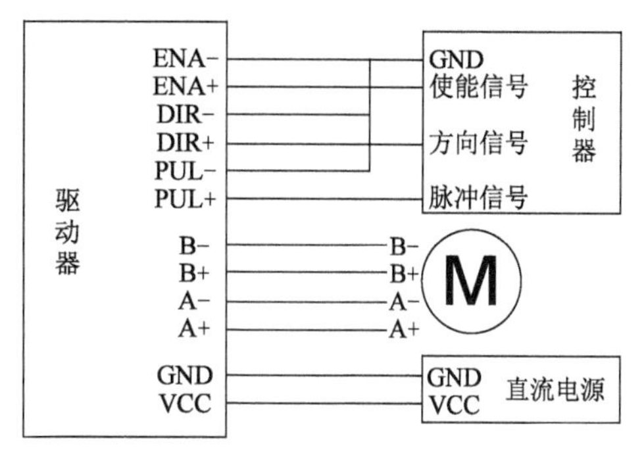

图5-7　共阴极接法(高电平有效)

细分数设定参照表　　表5-5

细　　分	脉冲(转)	S1状态	S2状态	S3状态
NC	NC	ON	ON	ON
1	200	ON	ON	OFF
2/A	400	ON	OFF	ON
2/B	400	OFF	ON	ON
4	800	ON	OFF	OFF
8	1600	OFF	ON	OFF
16	3200	OFF	OFF	ON
32	6400	OFF	OFF	OFF

拨码开关4、5、6分别对应S4、S5、S6用来设定输出电流大小。电流大小设定参照表如表5-6所示。

电流大小设定参照表　　表5-6

电流(A)	S4状态	S5状态	S6状态
0.5	ON	ON	ON
1.0	ON	OFF	ON
1.5	ON	ON	OFF
2.0	ON	OFF	OFF
2.5	OFF	ON	ON
2.8	OFF	OFF	ON
3.0	OFF	ON	OFF
3.5	OFF	OFF	OFF

3　编码器

编码器是将信号(如比特流)或数据进行编制、转换为可用以通信、传输和存储的信号形式的设备。编码器把角位移或直线位移转换成电信号,前者称为码盘,后者称为码尺。按照读出方式编码器可以分为接触式和非接触式两种;按照工作原理编码器可分为增量式和绝对式两类。增量式编码器是将位移转换成周期性的电信号,再把这个电信号转变成计数脉冲,用脉冲的个数表示位移的大小。绝对式编码器的每一个位置对应一个确定的数字码,因此它的示值只与测量的起始和终止位置有关,而与测量的中间过程无关。

以欧姆龙 E6B2-CWZ6C 增量型编码器为例(图 5-8)简要介绍编码器的使用方法。

图 5-8 欧姆龙 E6B2-CWZ6C 增量型编码器实物图

E6B2-CWZ6C 增量型编码器电气参数见表 5-7。

欧姆龙 E6B2-CWZ6C 增量型编码器电气参数表 表 5-7

项 目	E6B2-CWZ6C
电源电压	DC 5V-5% ~24V +15% 脉冲(p-p)5%以下
消费电流	70mA 以下
分辨率(脉冲/旋转)	10、20、30、40、50、60、100、200、300、360、400、500、600、720、800、1000、1024、1200、1500、1800、2000
输出相	A 相、B 相、Z 相
输出位相差	A 相、B 相的位相差 90℃ ±45℃
输出方式	NPN 集电极开路输出
输出容量(同步电流 35mA 时)	外加电压:DC 30V 以下;同步电流:35mA 以下;残留电压:0.4V 以下
最高响应频率	100kHz
输出上升、下降时间	1s 以下(控制输出电压 5V ;负载电阻 1kΩ、导线长 2m)
起动转矩	0.98mN · m 以下
允许最高旋转数	6000r/min
保护回路	负载短路保护、电源逆接线保护
环境温度范围	动作时:-10 ~ +70℃、保存时:-25 ~ +85℃(不结冰)
环境湿度范围	动作时、保存时:各 35 ~85% RH(不结露)
绝缘电阻	20MΩ 以上 (DC 500V 兆欧表) 充电部整体与外壳间
耐电压	AC 500V,50/60Hz,1min 充电部整体与外壳间
振动(耐久)	10 ~500Hz 复振幅 2mm 或 150m/s^2
冲击(耐久)	1000m/s^2,X、Y、Z 各方向 3 次
保护结构	IEC 规格 IP50
连接方式	导线引出式(标准导线长 500mm)

欧姆龙 E6B2-CWZ6C 增量型编码器接线图如图 5-9 所示。

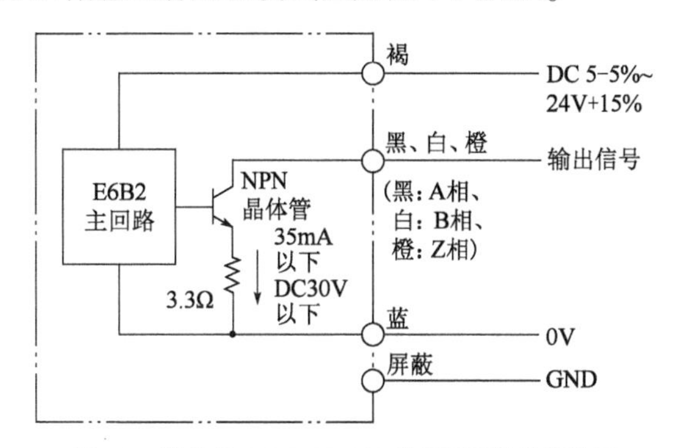

图 5-9　欧姆龙 E6B2-CWZ6C 增量型编码器接线图

4　PWM 输出

西门子 S7-200 SMART 的 CPU 分为标准型和经济型,所有经济型的 CPU(CR20s、CR30s、CR40s、R60s)都不支持高速脉冲输出(无论是 PTO 信号还是 PWM 信号)。

标准型 CPU 根据其输出方式的不同,又分为晶体管输出型和继电器输出型。如果要输出 PWM 信号,建议使用晶体管输出型(比如 ST20)。如果选择继电器输出型,虽然理论上仍可输出 PWM 脉冲,但是由于继电器的机械特性,输出脉冲的频率不能太高,而且继电器的频繁通断很可能会损坏 CPU,所以不推荐使用继电器输出型输出 PWM 脉冲信号。

西门子 S7-200 SMART 标准晶体管输出型 CPU 输出 PWM 脉冲信号的最高频率是 100kHz,其中:ST20 支持 2 路 PWM 脉冲输出,编号为 PWM0 和 PWM1;其他三种(ST30、ST40、ST60)支持 3 路 PWM 脉冲信号,编号为 PWM0、PWM1 和 PWM2。

PWM0 对应的物理地址为 Q0.0,PWM1 对应的物理地址为 Q0.1,PWM2 对应的物理地址为 Q0.3,不能更改。除了 CPU 模块本身可输出 PWM 脉冲信号,目前 S7-200 SMART 没有可输出高速脉冲的扩展模块。

PWM 向导:S7-200 SMART 提供 PWM 编程向导,用于快速组态 PWM 编程。

第一步,单击 Step7-Micro/WIN SMART 左侧项目树中的【向导】节点,在其子节点中双击【PWM】就可以启动 PWM 向导或者从工具菜单选择 PWM,如图 5-10 所示。

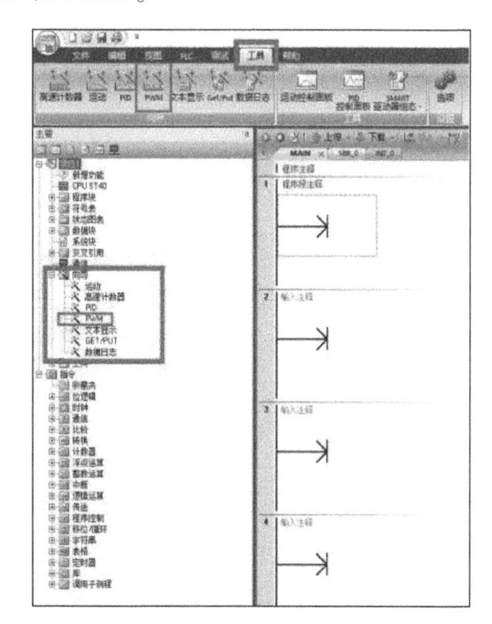

图 5-10　PWM 编程向导

第二步,PWM 向导列出了 3 路 PWM 信号(PWM0/PWM1/PWM2),根据实际需求勾选相应的信号即可组态该路 PWM 编程。这里勾选 PWM0,如图 5-11 所示。

第三步,单击左侧【PWM0】节点可以给该脉冲信号命名,此处采用默认名称,如图 5-12 所示。

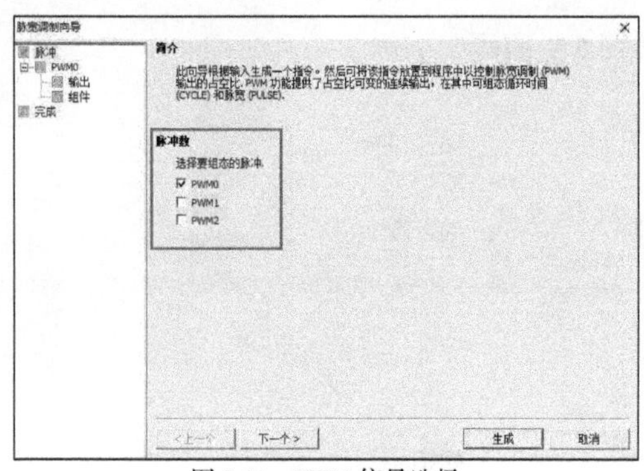

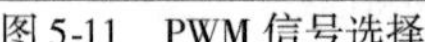
图 5-11　PWM 信号选择

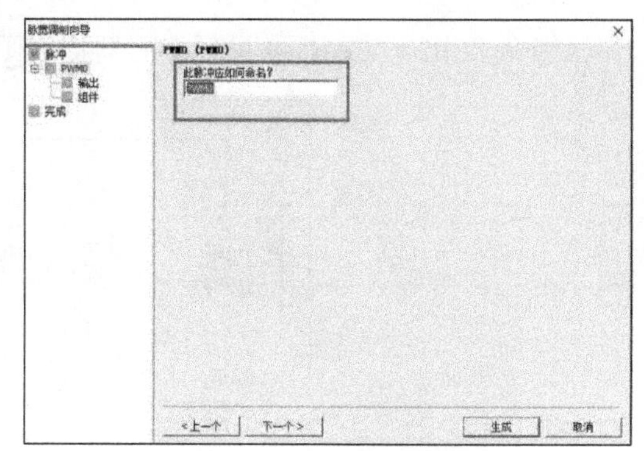

图 5-12　PWM 信号命名

第四步,单击【下一步】,设置脉冲输出的时基。时基是 PWM 脉冲周期和脉冲宽度的时间单位,有【毫秒】和【微秒】两种选择,要根据实际情况进行设置。同时这里还能看到输出的通道是 Q0.0,并且这个是不能更改的,如图 5-13 所示。

第五步,单击【下一步】,刚才组态的设置会生成一个子程序 PWM0_RUN,单击生成即可。在程序中调用该子程序就可以完成 PWM 脉冲输出控制,如图 5-14 所示。

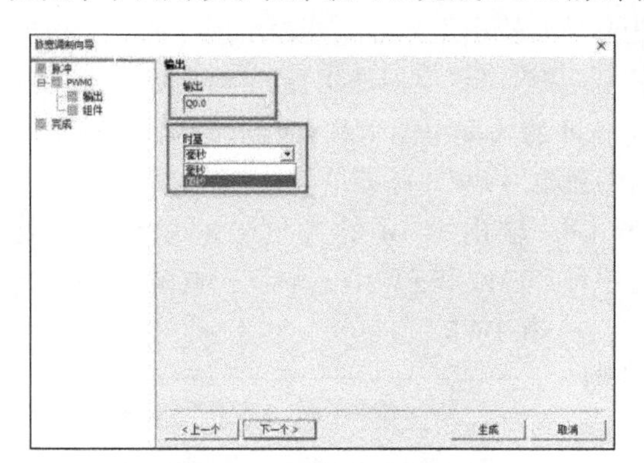

图 5-13　脉冲输出时基选择

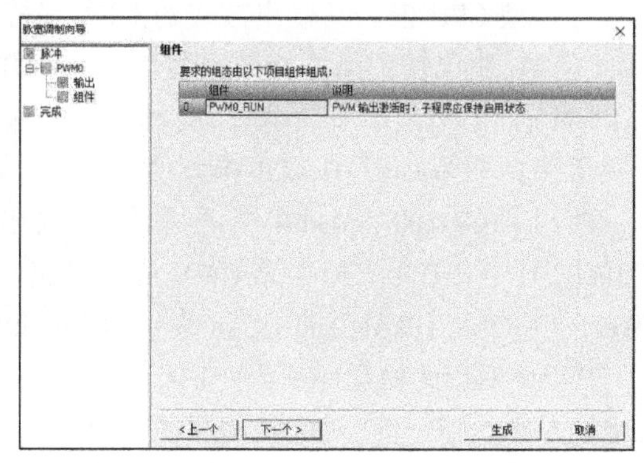

图 5-14　PWM 子程序

在项目树—【程序】—【向导】或者在项目树—【调用子例】程中即可调用 PWM 脉冲输出模块,如图 5-15 所示。

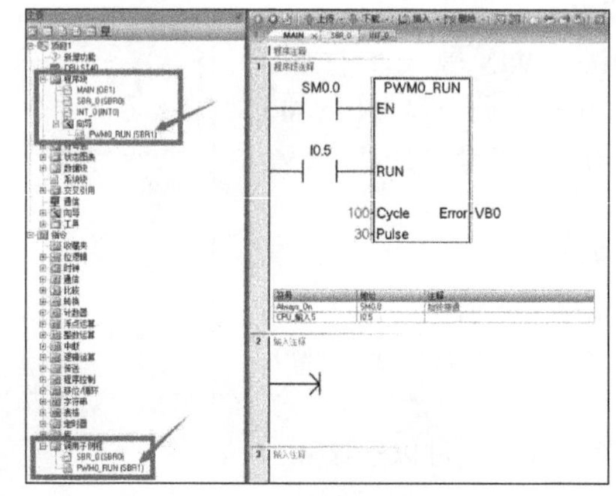

图 5-15　PWM 脉冲输出模块的调用

PWM0_RUN 的参数含义如下。

EN:布尔型变量,输入,调用该子程序的使能,可以赋值 SM0.0。

RUN:布尔型变量,输入,1 = 启动 PWM 脉冲输出;0 = 不输出。

Cycle:字型变量,输入,PWM 脉冲的周期,单位为向导中设置的时基。

Pulse:字型变量,输入,PWM 脉冲的宽度,单位为向导中设置的时基。

Error:字节型变量,输出,表示子程序的运行状态,0 = 没有错误。

5　高速计数器

Smart PLC 集成有 4 个高速计数器,分别是 HSC0、HSC1、HSC2、HSC3。它们对应的输入端口以及接线方式如图 5-16 所示。

模式	说明	输入分配		
	HSC0	I0.0	I0.1	I0.4
	HSC1	I0.1		
	HSC2	I0.2	I0.3	I0.5
	HSC3	I0.3		
	HSC4	I0.6	I0.7	I1.2
	HSC5	I1.0	I1.1	I1.3
0	具有内部方向控制的单相计数器	时钟		
1		时钟		复位
3	具有外部方向控制的单相计数器	时钟	方向	
4		时钟	方向	复位
6	具有2个时钟输入的双相计数器	加时钟	减时钟	
7		加时钟	减时钟	复位
9	AB正交相计数器	时钟A	时钟B	
10		时钟A	时钟B	复位

图 5-16　高速计数器与输入端口的对应关系

下面以单相无复位输入的方式(接 PLC 的 I0.0 端口)简要介绍高速计数器的使用。

第一步,把定义的 I0.0 口的输入降噪滤波时间调整一下,满足实际高速输入的需求,具体如图 5-17 所示。

第二步,在项目树中的【系统块】中设置输入端口滤波时间,编码器输出最大频率 100kHz,滤波时间取 3.2μs 即可,如图 5-18 所示。

第三步,通过项目树中的【向导】节点,在其子节点中双击【高速计数器】或者从工具菜单选择【高速计数器】,如图 5-19 所示。

第四步,选择高速计数器的个数与编号,此次只需要1个即可,选择HSC0,如图5-20所示。

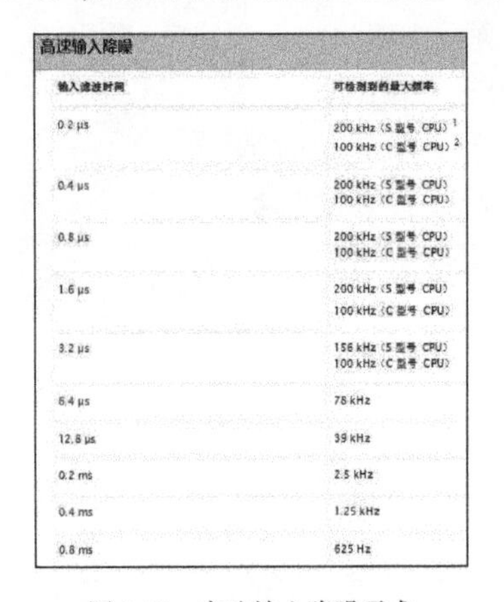

图5-17　高速输入降噪需求

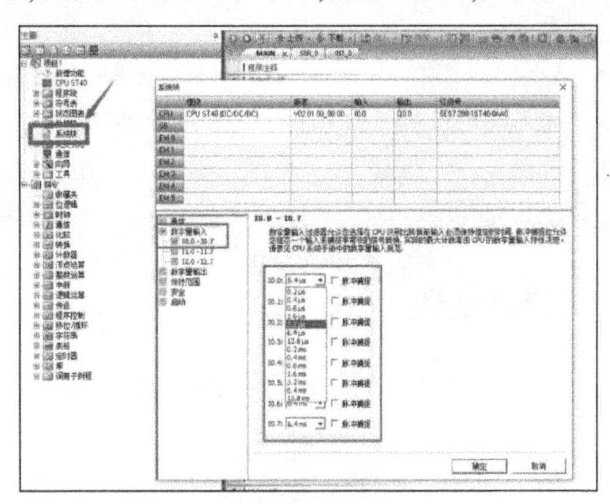

图5-18　输入端口滤波时间设置

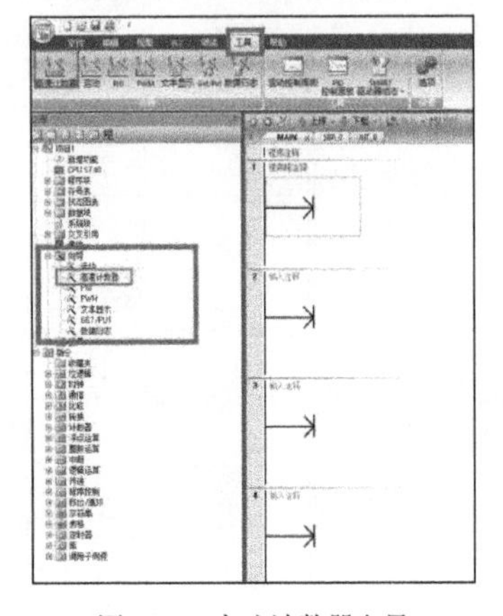

图5-19　高速计数器向导

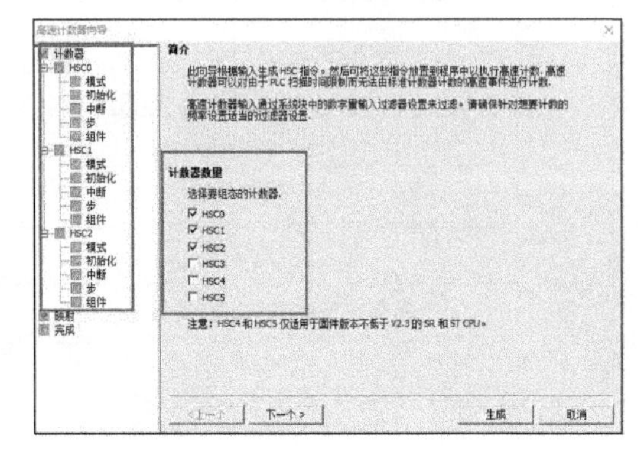

图5-20　选择高速计数器的个数与编号

第五步,高速计数器命名,此处采用默认名称,如图5-21所示。

第六步,定义高速计数器的计数模式,由题意分析并参考图5-16可得此处选择无复位输入的具有内部方向控制的单相计数器即模式0,如图5-22所示。

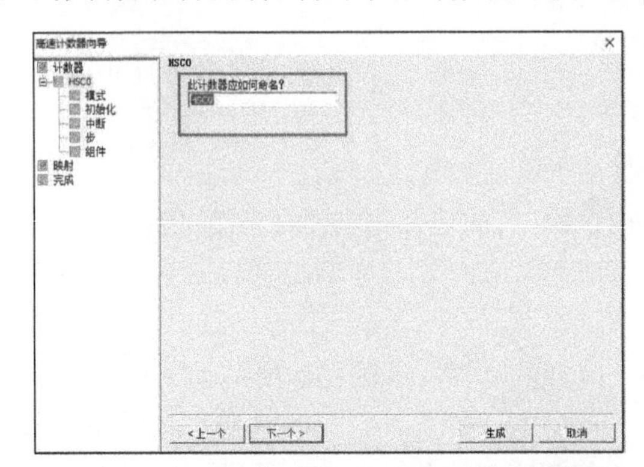

图5-21　高速计数器命名

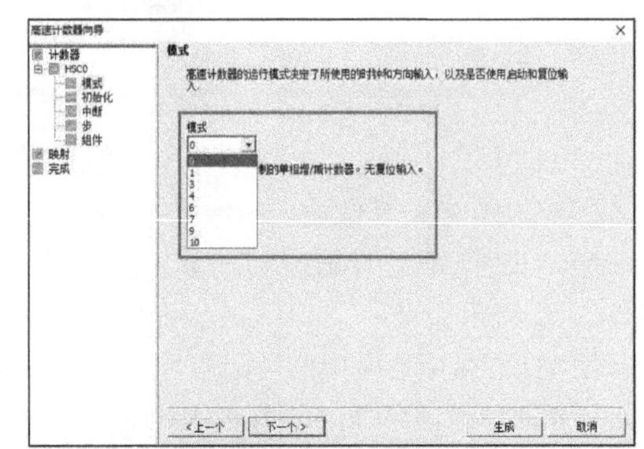

图5-22　高速计数器的计数模式选择

第七步,定义预设值、计数方向和倍频,此处选择最大计数5000,且计数方向为向上即加计数,倍频为1,如图5-23所示。

第八步,定义当预设值和当前值一样时,触发中断程序,如图5-24所示。

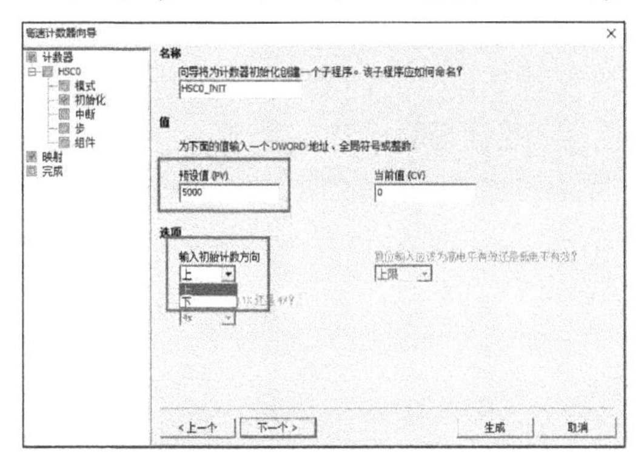

图5-23　预设值、计数方向和倍频的设置

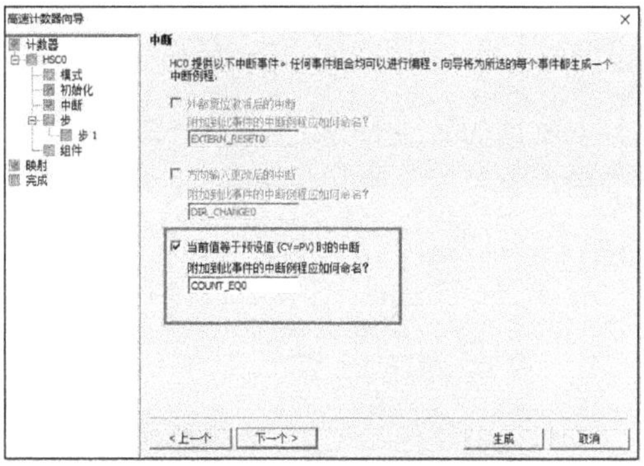

图5-24　计数器触发中断程序

第九步,中断程序里面,定义到达5000脉冲后把当前计数清零,如图5-25所示。

第十步,单击生成即可,在映射当中可以看到对高速计数器的相关参数设置,如图5-26所示。

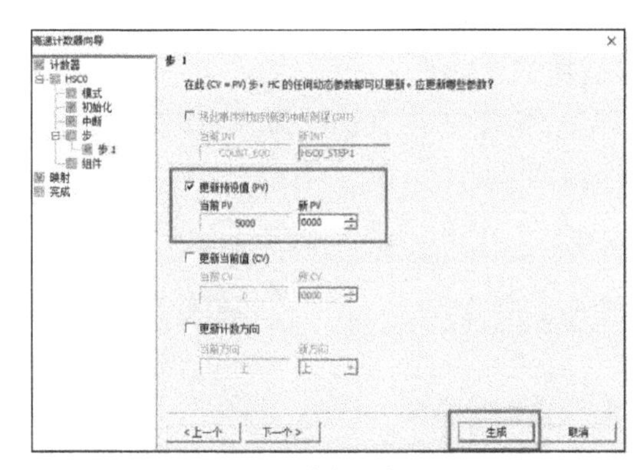

图5-25　中断程序设置

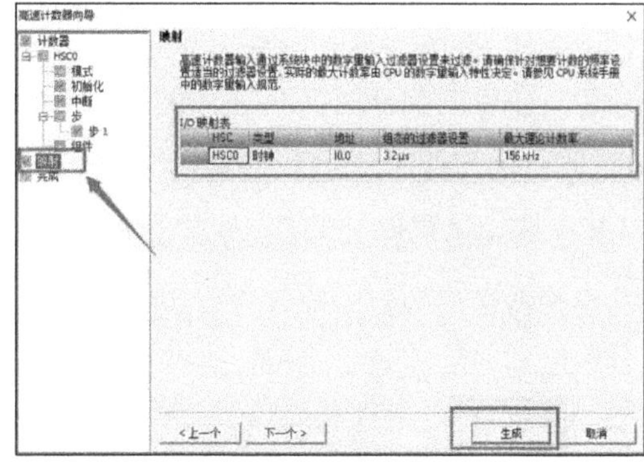

图5-26　在映射中查看高速计数器设置

第十一步,向导生成后程序显示在项目树的【程序块】中,使用前应先初始化计数器函数;最后在程序中监视HCO计数值即可得到输入脉冲个数,如图5-27所示。

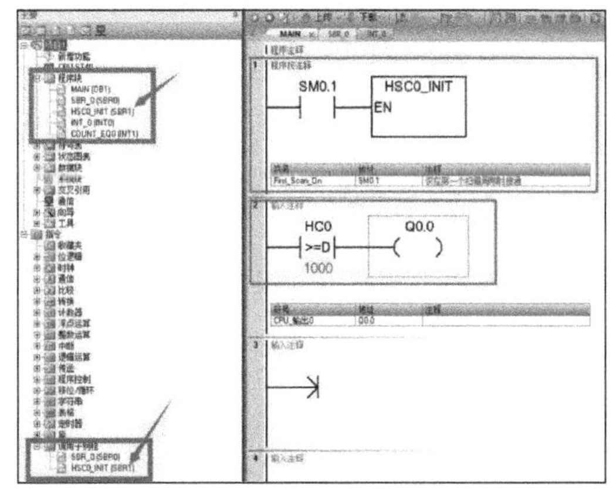

图5-27　高速计数器的使用

6　变频器的概念

变频器是应用变频技术与微电子技术,通过改变电机工作电源频率方式来控制交流电动机的电力控制设备。变频器主要由整流(交流变直流)、滤波、逆变(直流变交流)、制动单元、驱动单元、检测单元微处理单元等组成。变频器靠内部绝缘栅双极型晶体管(IGBT)的开断来调整输出电源的电压和频率,根据电机的实际需要来提供其所需要的电源电压,进而达到节能、调速的目的,另外,变频器还有很多的保护功能,如过流、过压、过载保护等等。随着工业自动化程度的不断提高,变频器也得到了非常广泛的应用。

7　变频器的分类

按输入电压等级分类:变频器按输入电压等级可分低压变频器和高压变频器,低压变频器国内常见的有单相220V变频器、三相220V变频器。高压变频器常见有6kV、10kV变压器,控制方式一般是按高—低—高变频器或高—高变频器方式进行变换的。

按变换频率的方法分类:变频器按频率变换的方法分为交-交型变频器和交-直交型变频器。交-交型变频器可将工频交流电直接转换成频率、电压均可以控制的交流,故称直接式变频器。交-直-交型变频器则是先把工频交流电通过整流装置转变成直流电,然后再把直流电变换成频率、电压均可以调节的交流电,故又称为间接型变频器。

按直流电源的性质分类:在交-直-交型变频器中,按主电路电源变换成直流电源的过程中,直流电源的性质分为电压型变频器和电流型变频器。

8　变频器输出频率给定方式

变频器常见的频率给定方式主要有:操作器键盘给定、接点信号给定、模拟信号给定、脉冲信号给定和通信方式给定等。这些频率给定方式各有优缺点,必须按照实际的需要进行选择设置,同时也可以根据功能需要选择不同频率给定方式进行叠加和切换。

下面以国产锐普变频器(图5-28)为例简要介绍变频器的使用方法。

图5-28　锐普变频器实物图

其各端口接线图如图 5-29 所示。

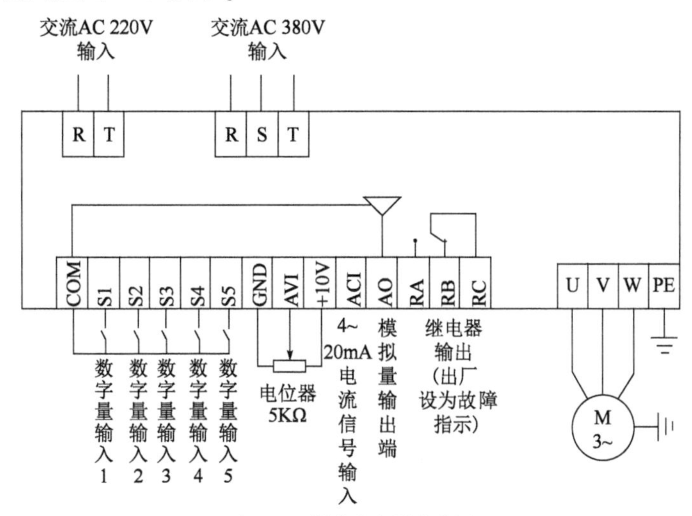

图 5-29 锐普变频器接线图

锐普变频器主要参数设置见表 5-8 所示。

锐普变频器主要参数表 表 5-8

参数		名称	出厂值	设定范围	说明
基本运行参数	F0.00	变频器功率		0.1~99kW	变频器当前功率
	F0.02	运行命令选择	0	0~2	0:面板运行命令; 1:端子运行命令; 2:通信运行命令
	F0.03	频率给定方式	0	0~6	0:面板电位器输入; 1:数字给定,面板上下键调节; 2:数字给定,端子 UP/DOWN 调节; 3:AVI 模拟量给定(0~10V); 4:组合给定; 5:ACI 模拟量给定(4~20mA); 6:通信给定
	F0.04	最大输出频率	50Hz	50.0~999Hz	变频器允许输出的最高频率,是加减速设定的基准
	F0.05	上限频率	50Hz	50.0~999Hz	运行不能超过上限频率
	F0.06	下限频率	0Hz	0~上限频率	运行不能超过下限频率
辅助运行参数	F1.17	多段速频率 1	5.0Hz	下限频率~上限频率	设置段速 1 频率
	F1.18	多段速频率 2	10.0Hz	下限频率~上限频率	设置段速 2 频率
	F1.19	多段速频率 3	15.0Hz	下限频率~上限频率	设置段速 3 频率
	F1.20	多段速频率 4	20.0Hz	下限频率~上限频率	设置段速 4 频率
	F1.21	多段速频率 5	25.0Hz	下限频率~上限频率	设置段速 5 频率
	F1.22	多段速频率 6	30.0Hz	下限频率~上限频率	设置段速 6 频率
	F1.23	多段速频率 7	35.0Hz	下限频率~上限频率	设置段速 7 频率

续上表

参数		名称	出厂值	设定范围	说明
模拟及数字量输入/输出参数	F2.00	AVI 输入下限电压	0.00V	0.00 ~ [F2.01]	设置 AVI 输入上下限电压
	F2.01	AVI 输入上限电压	10.00V	[F2.00] ~ 10.00V	
	F2.02	AVI 下限对应设定	0.00%	-100.0% ~ 100.0%	设置 AVI 输入上下限电压对应频率设定,该设定对应上限频率[F0.05]的百分比
	F2.03	AVI 上限对应设定	100.0%		
	F2.04	ACI 输入下限电流	0.00mA	0.00 ~ [F2.05]	设置 ACI 输入上下限电流
	F2.05	ACI 输入上限电流	20.00mA	[F2.04] ~ 20mA	
	F2.06	ACI 下限对应设定	0.00%	-100.0% ~ 100.0%	设置 ACI 输入上下限电压对应频率设定,该设定对应上限频率[F0.05]的百分比
	F2.07	ACI 上限对应设定	100.00%		
	F2.13	输入端子 S1 功能	3	0 ~ 29	1:正转点动控制; 2:反转点动控制; 3:正转控制(FWD); 4:反转控制(REV); 13:多段速选择 S1; 14:多段速选择 S2; 15:多段速选择 S3
	F2.14	输入端子 S2 功能	4	0 ~ 29	
	F2.15	输入端子 S3 功能	13	0 ~ 29	
	F2.16	输入端子 S4 功能	14	0 ~ 29	
	F2.17	输入端子 S5 功能	8	0 ~ 29	

学习情境 5-1　步进电机的 PLC 控制

1　信息(创设情境,提供资讯)

现有一丝杠滑台机构,如图 5-30 所示。

图 5-30　丝杠滑台机构

丝杠滑台机构采用步进电机驱动,编码器测量滑台位置,PLC 进行控制。控制要求如下:

(1)滑台初始位置在丝杠正中间,按下启动按钮后,滑台先快速向右移动 5cm,然后以中等速度向左移动 10cm,最后慢速向右移动 5cm 回到初始位置;依次循环。

(2)按下停止按钮后,不论滑台处于何种状态,系统只能在滑台完成此次循环回到初始位置后才能停止。

独立学习:根据题意,说明高速计数器模块应该如何设置。

2　计划(分析任务,制订计划)

(1)小组讨论:讨论并填写 PLC 控制系统的 I/O 地址分配表,完成表 5-9。

PLC 控制系统 I/O 地址分配表　　表 5-9

设备元件名称	I/O 地址	符 号 名	数 据 类 型	功 能 描 述

(2)个人/小组讨论:绘制 PLC 控制系统的接线图。

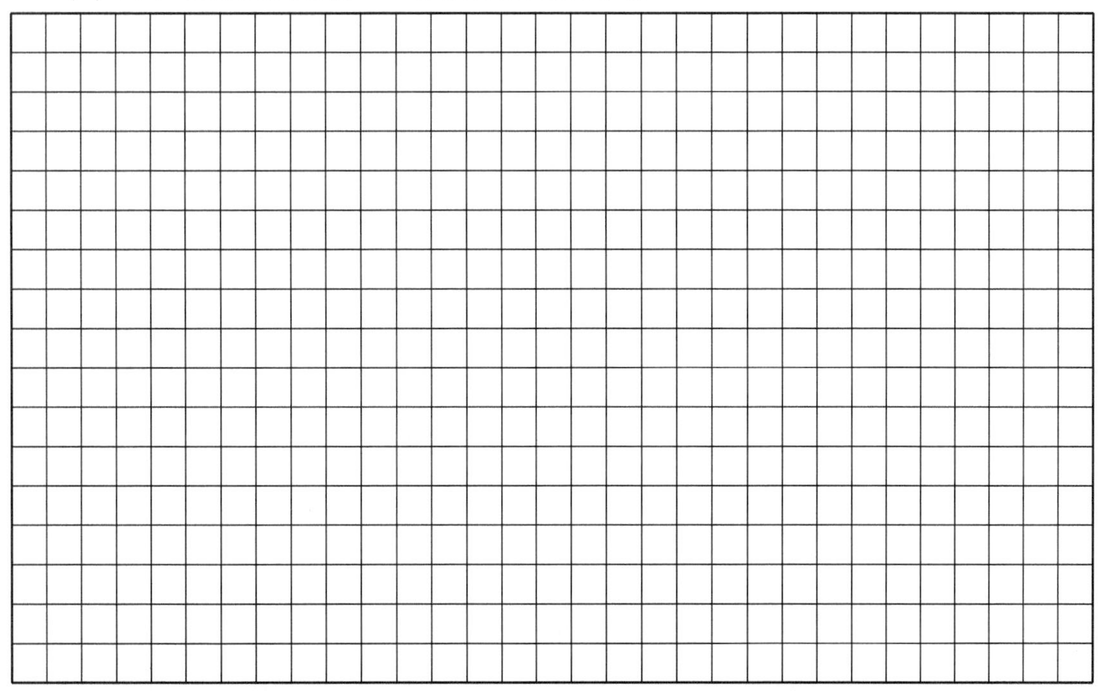

(3)个人/小组工作:列出 PLC 控制系统安装所需元器件、工具及材料清单并计算成本,完

成表5-10。

清　单　　表5-10

序　号	名　称	符　号	型　号	数　量	规　格
1					
2					
3					
4					
5					
6					
7					
8					
9					
成本核算					

(4)个人/小组工作:选择PLC控制程序设计的方法,并简要概述编程方法与思路,完成表5-11。

编程方法与思路　　表5-11

1	移植设计法	□
2	经验设计法	□
3	顺序控制法	□
4	逻辑设计法	□
5	如果上面选项均不符合要求,可自行拟订方法	□

注:选择(在选择的程序设计方法后面打√,没有用到打×)。

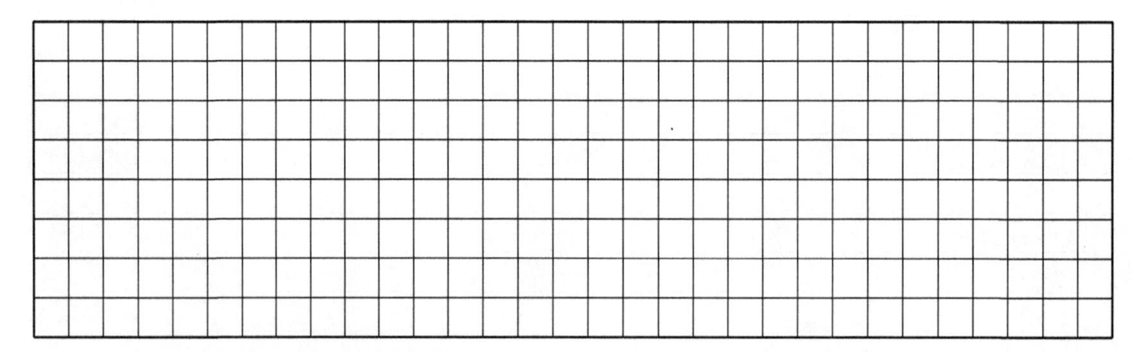

3　决策(集思广益,做出决定)

(1)个人/小组讨论:绘制PLC控制系统的梯形图。

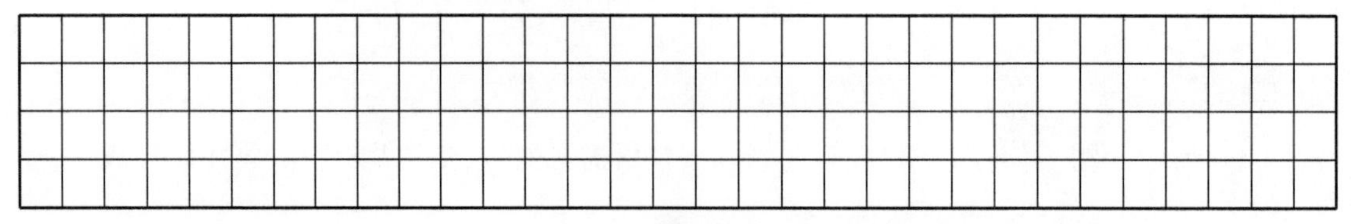

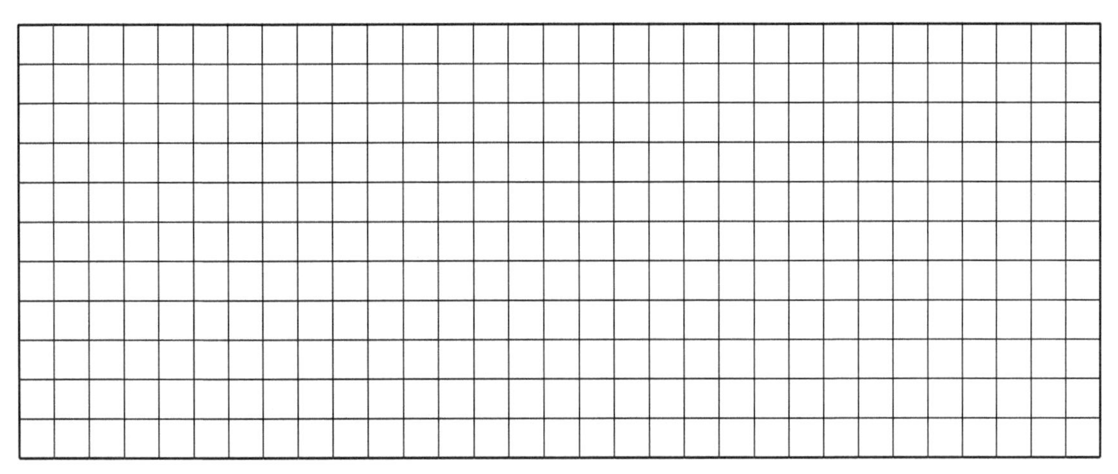

（2）个人/小组讨论：书写绘制 PLC 控制系统的语句表指令。

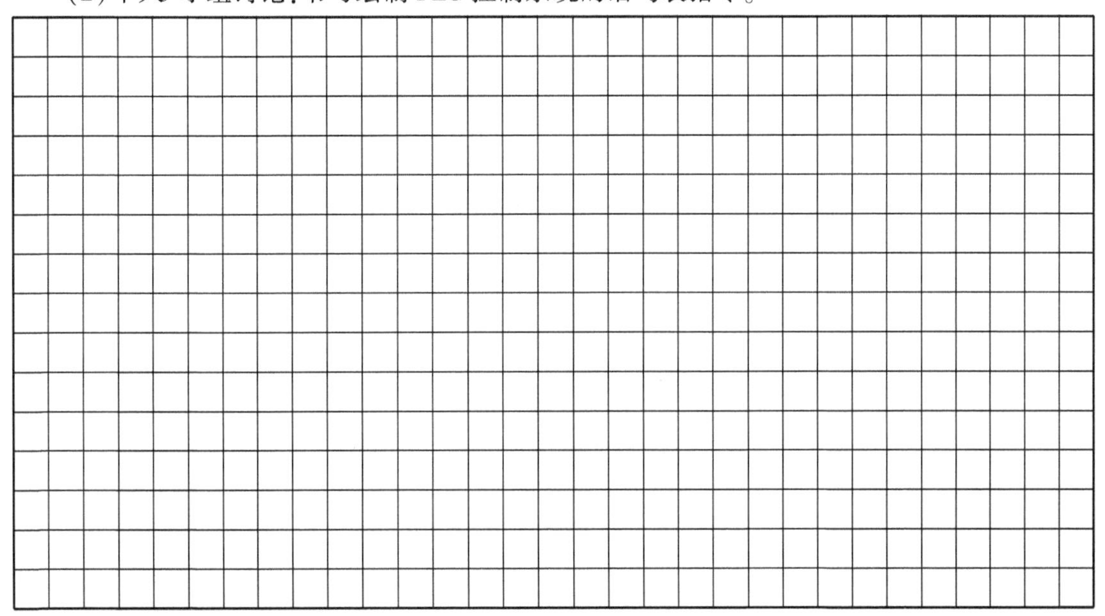

（3）个人/小组讨论：制订 PLC 控制系统安装项目小组工作计划表，确认成员分工及计划时间，完成表 5-12。

工作要点　　表 5-12

序号	工作计划	职责	人员	计划工时	备注
1					
2					
3					
4					
5					

4 实施(分工合作,沟通交流)

小组工作:按工作计划实施 PLC 控制系统安装与调试,完成表 5-13。

安装与调试　　表 5-13

序　号	行动步骤	实施人员	计划用时	实际工时	符合计划
1					
2					
3					
4					
5					
6					
7					
8					

5 控制(查漏补缺,质量检测)

(1)小组自检:对照评测标准检查,完成表 5-14。

检　查　　表 5-14

1	在断电情况下检查控制系统是否存在短路现象	□
2	接通控制的电源	□
3	将控制装置置为模式“STOP(停止)”	□
4	测量值是否正常	□

注:自检(要求按序号顺序完成,完成打√,没有完成打×)。

(2)小组自检:如果发现不正常现象,请说明原因。

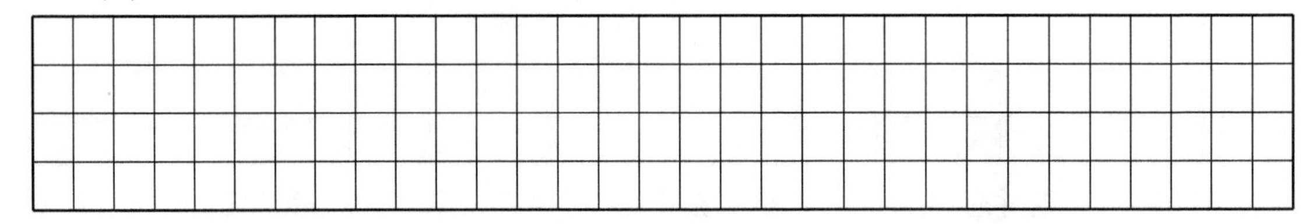

6 评价(总结过程,任务评估)

(1)小组工作:将自己的总结向别的同学介绍,描述收获、问题和改进措施。在一些工作完成不尽意的地方,征求意见。

①收获。

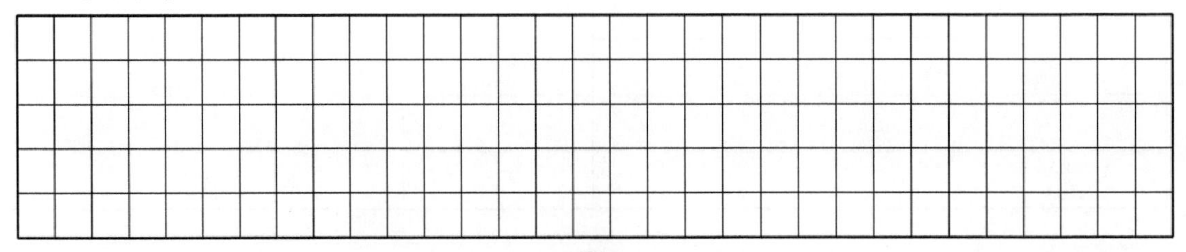

②问题。

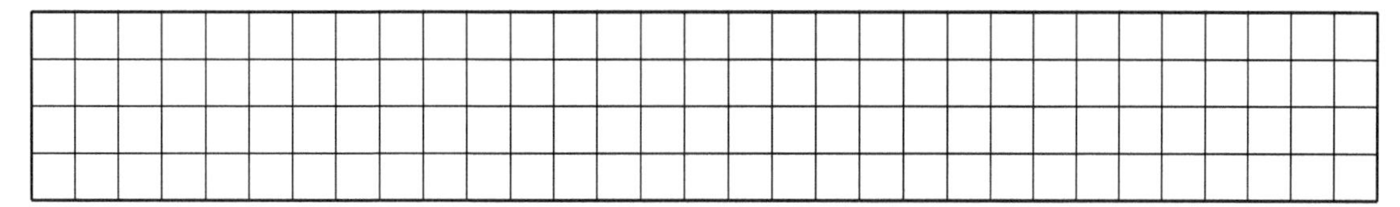

③别人给自己的意见。

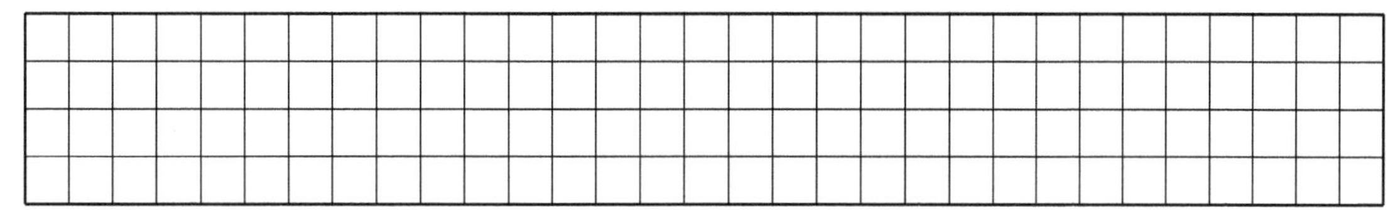

④改进措施。

(2)小组之间按照评分标准进行工作过程自评和互评,完成表5-15。

自评和互评　　表5-15

班级		被评组名		日期		
评价指标	评价要素			分数	自评分数	互评分数
信息检索	该组能否有效利用网络资源、工作手册查找有效信息			5		
	该组能否用自己的语言有条理地去解释、表述所学知识			5		
	该组能否对查找到的信息有效转换到工作中			5		
感知工作	该组能否熟悉自己的工作岗位,认同工作价值			5		
	该组成员在工作中,是否获得满足感			5		
参与状态	该组与教师、同学之间是否相互尊重、理解、平等			5		
	该组与教师、同学之间是否能够保持多向、丰富、适宜的信息交流			5		
	该组能否处理好合作学习和独立思考的关系,做到有效学习			5		
	该组能否提出有意义的问题或能发表个人见解;能按要求正确操作;能够倾听、协作分享			5		
	该组能否积极参与,在产品加工过程中不断学习,综合运用信息技术的能力提高很大			5		
学习方法	该组的工作计划、操作技能是否符合规范要求			5		
	该组是否获得了进一步发展的能力			5		
工作过程	该组是否遵守管理规程,操作过程符合现场管理要求			5		
	该组平时上课的出勤情况和每天完成工作任务情况			5		
	该组成员是否能加工出合格工件,并善于多角度思考问题,能主动发现、提出有价值的问题			15		

续上表

评价指标	评价要素	分数	自评分数	互评分数
思维状态	该组是否能发现问题、提出问题、分析问题、解决问题、创新问题	5		
自评反馈	该组能严肃认真地对待自评,并能独立完成自测试题	10		
总分数		100		
简要评述				

(3)教师按照评分标准对各小组进行任务工作过程总评,完成表5-16。

总　评

表5-16

班级		组名		姓名	
出勤情况					
信息	口述或书面梳理工作任务要点	1. 表述仪态自然、吐字清晰	25	表述仪态不自然或吐字模糊扣5分	
		2. 工作页表述思路清晰、层次分明、准确		表述思路模糊或层次不清扣5分,分工不明确扣5分	
计划	填写I/O分配表及绘制PLC接线图	1. I/O分配表准确无误 2. PLC接线图准确无误	10	表述思路或层次不清扣5分	
		3. 制订计划及清单清晰合理		计划及清单不合理扣5分	
决策	制订工艺计划	1. 制订合理工艺 2. 制订合理程序	10	一处计划不合理扣3分,扣完为止	
实施	安装准备	工具、元器件、辅材准备	4	每漏一项扣1分	
	PLC控制系统安装与调试	1. 元器件安装是否牢固 2. 显示元器件符合专业连接 3. 所有电气线路、芯线符合专业的敷设(包括电缆槽中) 4. 导线的剥线和芯线端头的固定 5. 软件使用(工程创建,指令输入) 6. 通信设置并下载 7. 功能是否与控制要求一致	25	错误1处扣1分,扣完为止	
		8. 设备、工具、量具、刀具、工位恢复整理	6	每违反一项扣1分,扣完此项配分为止	
控制		正确读取和测量加工数据并正确分析测量结果	5	能自我正确检测要点并分析原因,错一项,扣1分,扣完为止	
评价	工作过程评价	1. 依据自评分数	5		
		2. 依据互评分数	5		
合计			100		

学习情境 5-2　变频器的 PLC 控制

1　信息(创设情境,提供资讯)

现有一丝杠滑台机构,如图 5-31 所示,已知螺距 4mm。

图 5-31　丝杠滑台机构

丝杠滑台机构采用三相异步电机经减速比为 50 的减速器驱动,编码器测量滑台位置,PLC 进行控制。控制要求如下:

(1)滑台初始位置在丝杠正中间,按下启动按钮后,滑台先以 2cm/s 的速度向右移动 5cm,然后以 1cm/s 的速度等速度向左移动 10cm,最后以 0.5cm/s 的速度向右移动 5cm 回到初始位置,依次循环。

(2)按下停止按钮后,不论滑台处于何种状态,系统只能在滑台完成此次循环回到初始位置后才能停止。

独立学习:根据题意,说明变频器参数应该如何设置。

2　计划(分析任务,制订计划)

(1)小组讨论:讨论并填写 PLC 控制系统的 I/O 地址分配表,完成表 5-17。

PLC 控制系统 I/O 地址分配表　　表 5-17

设备元件名称	I/O 地址	符　号　名	数 据 类 型	功 能 描 述

(2)个人/小组讨论:绘制 PLC 控制系统的接线图。

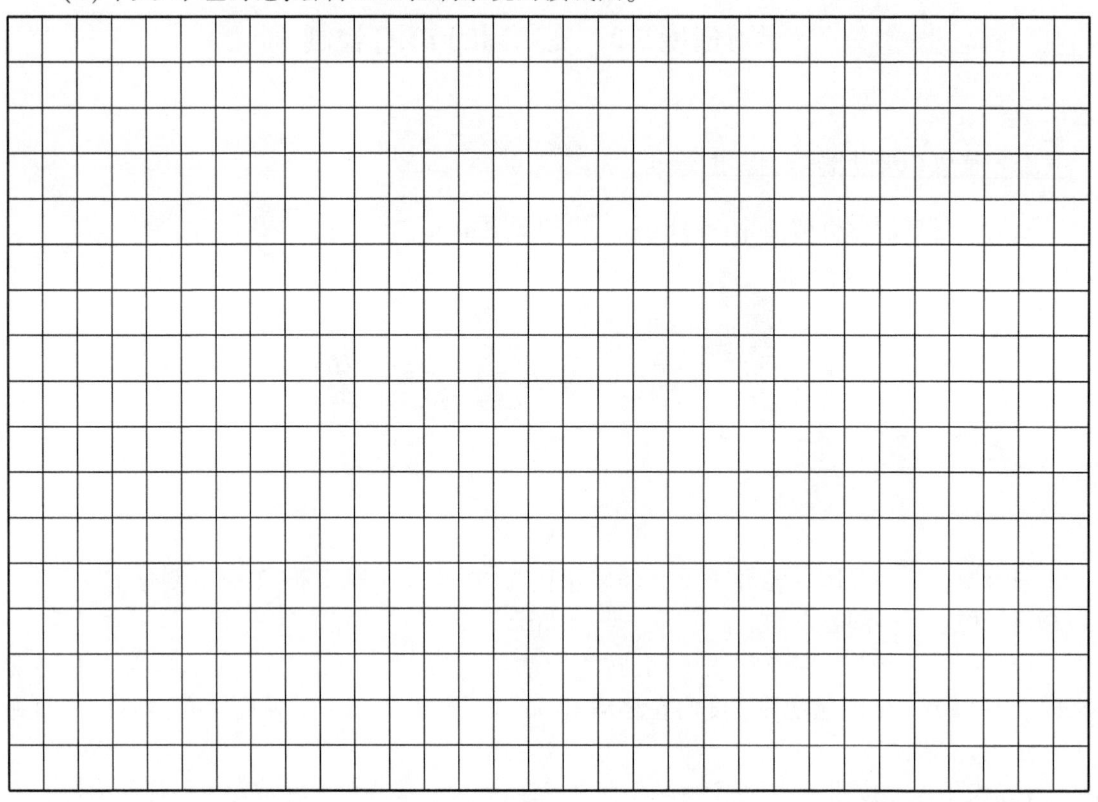

(3)个人/小组工作:列出 PLC 控制系统安装所需元器件、工具及材料清单并计算成本,完成表 5-18。

清　单　　表 5-18

序　号	名　称	符　号	型　号	数　量	规　格
1					
2					
3					
4					
5					
6					
7					
8					
9					
成本核算					

(4)个人/小组工作:选择 PLC 控制程序设计的方法,并简要概述编程方法与思路,完成表 5-19。

编程方法与思路　　表 5-19

1	移植设计法	□
2	经验设计法	□
3	顺序控制法	□
4	逻辑设计法	□
5	如果上面选项均不符合要求,可自行拟订方法	□

注:选择(在选择的程序设计方法后面打√,没有用到打×)。

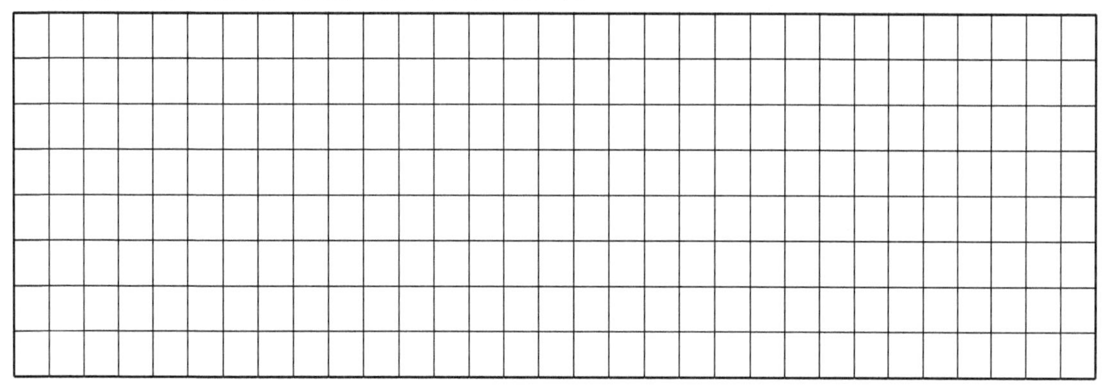

3　决策(集思广益,做出决定)

(1)个人/小组讨论:绘制 PLC 控制系统的梯形图。

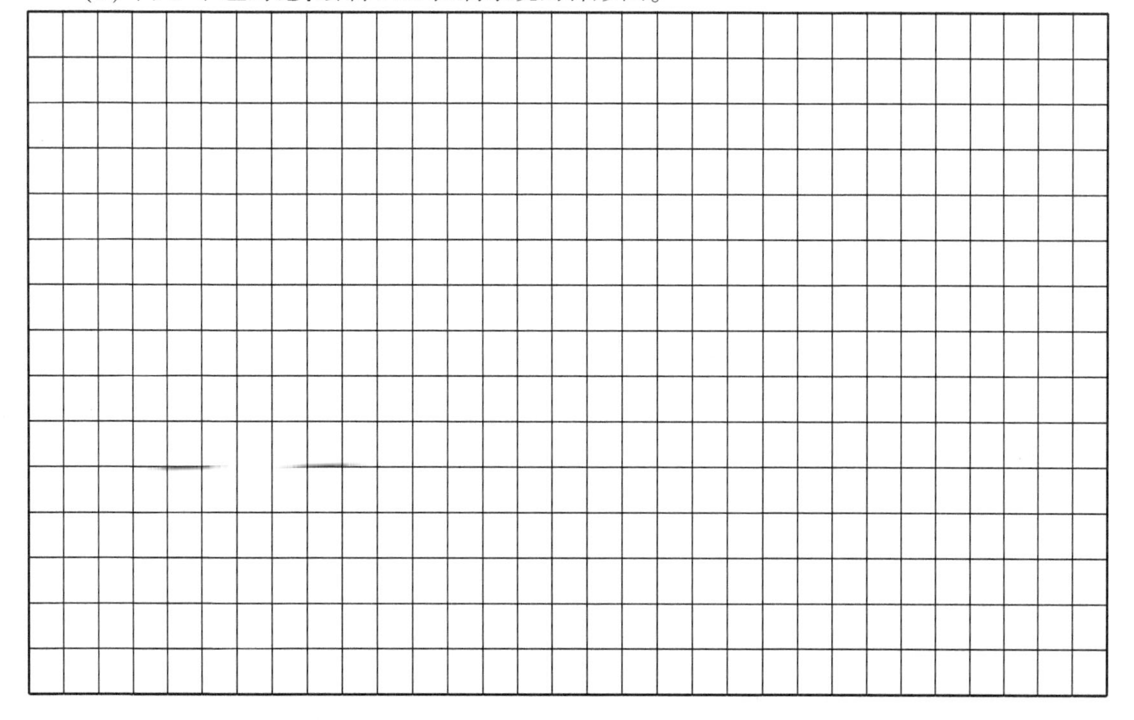

(2)个人/小组讨论:书写绘制 PLC 控制系统的语句表指令。

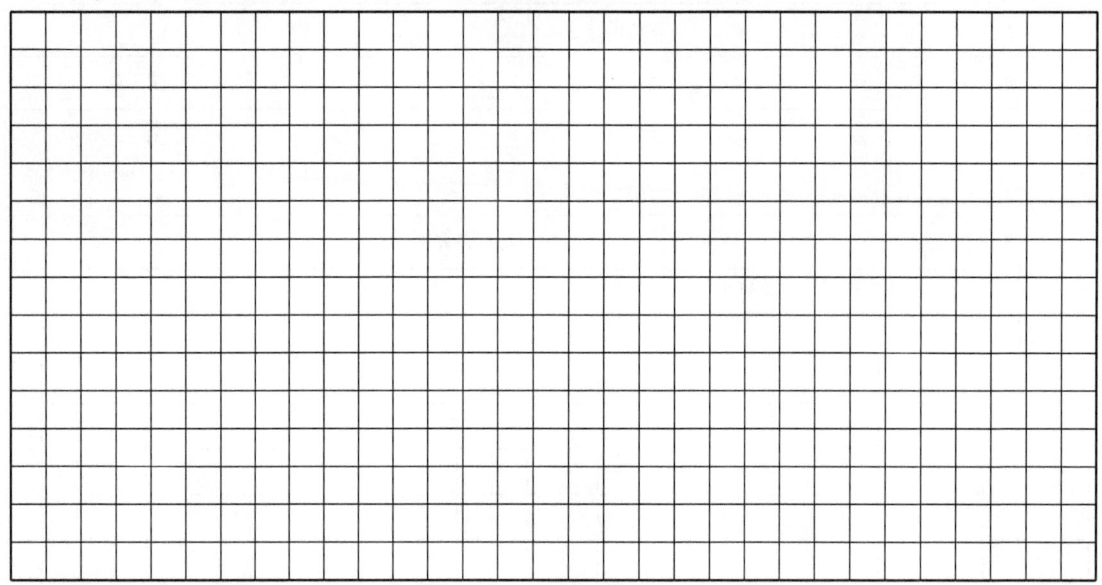

复习与提高

1. 查阅资料,简述三相步进电机工作原理。

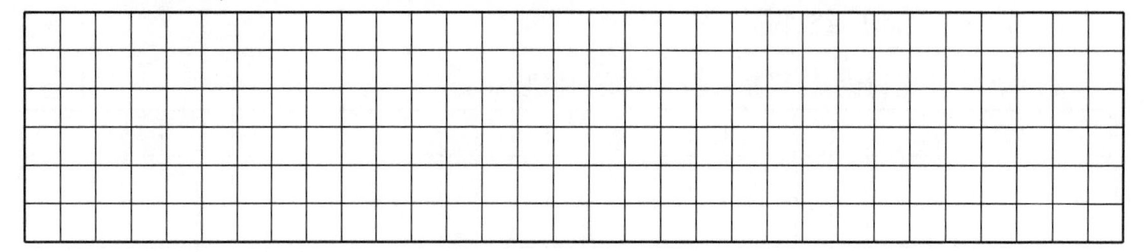

2. 普菲德步进电机驱动器 TB6600 升级版驱动四相混合式步进电机,该如何接线?

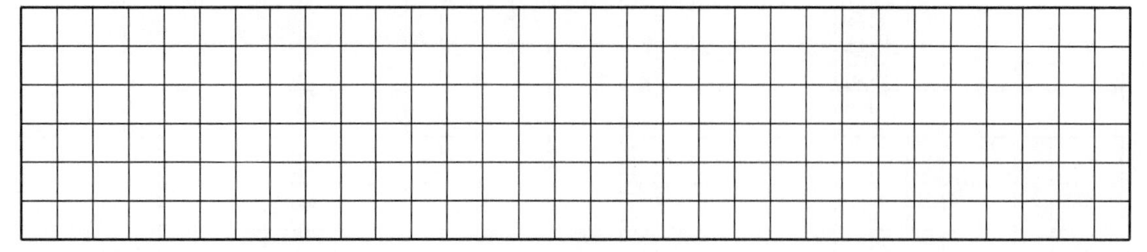

3. 简述绝对式编码器与增量型编码器的区别。

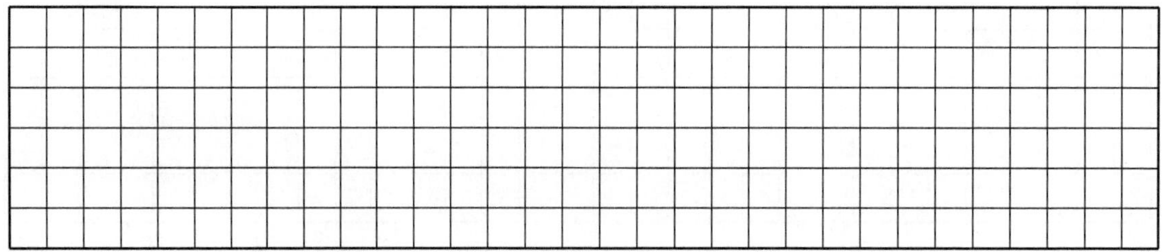

4. 简述 PWM 设置的基本步骤。

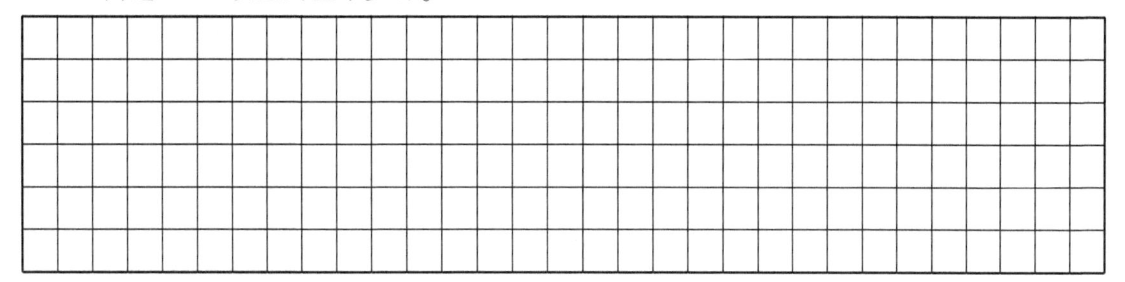

5. 简述高速计数器设置的基本步骤。

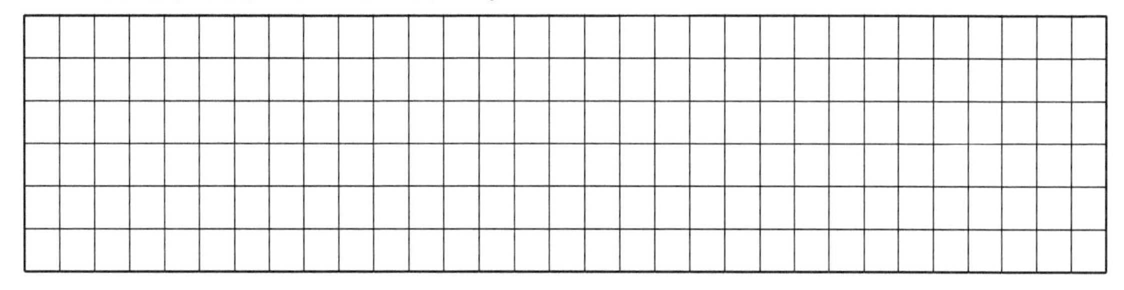

6. 若由面板控制三相异步电动机,变频器参数应该如何设置。

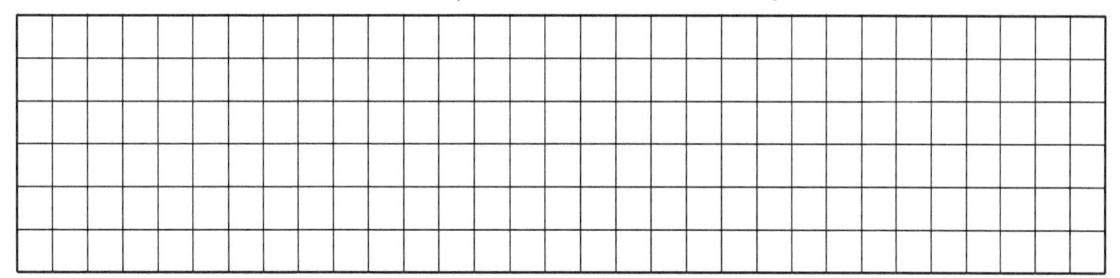

7. 简单列举变频器的应用领域。

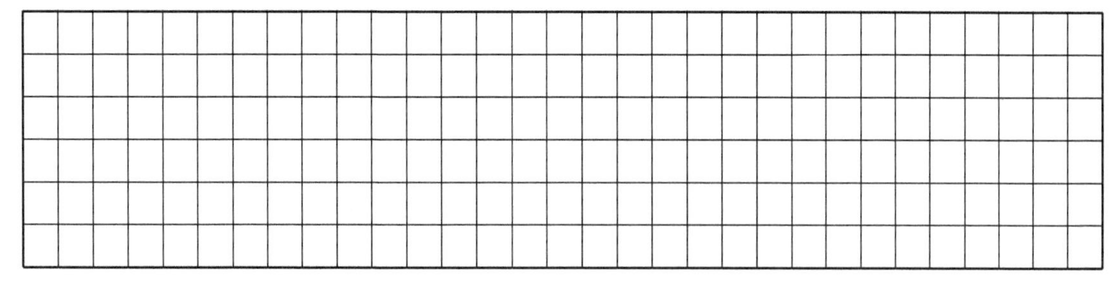

8. 一般变频器如何分类?

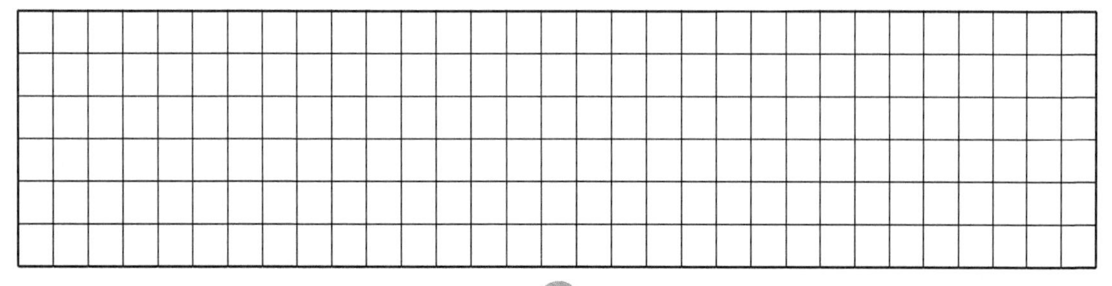

9. 简述变频器常见的频率给定方式。

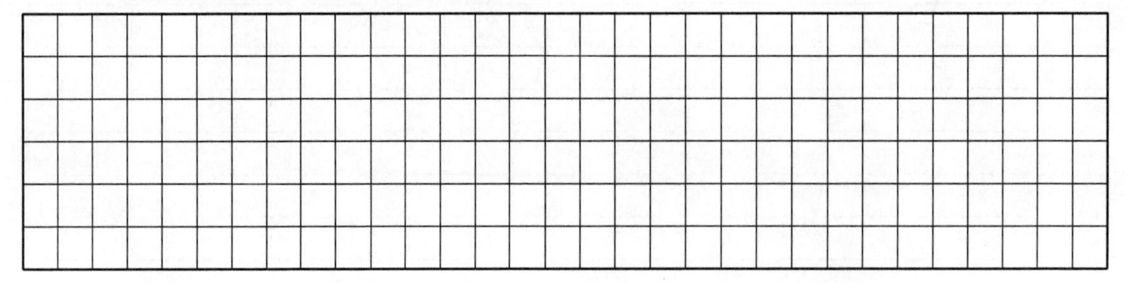

10. 绘制利用按钮与变频器实现三相异步电动机正反转控制的电路图。

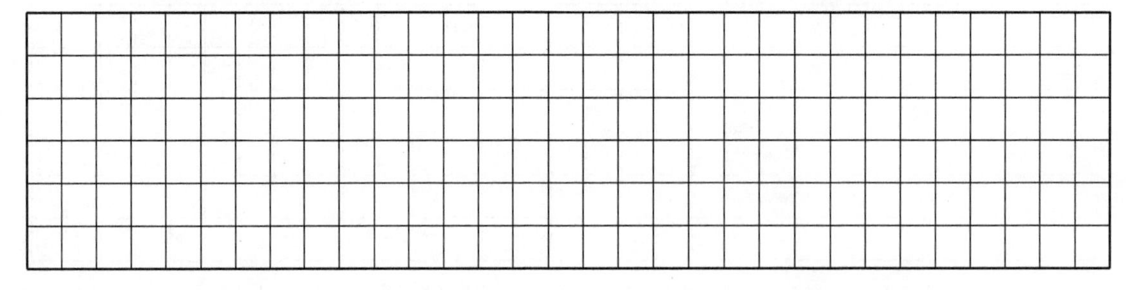

模块六　基于综合案例的工业设备PLC控制技术

知识目标：

1. 掌握数据传送指令；
2. 掌握子程序指令；
3. 掌握PID控制基本概念及使用方法。

能力目标：

1. 能够接受工作任务，合理收集专业知识信息；
2. 能够根据工作任务要求，制定I/O分配表；
3. 能够绘制PLC接线图；
4. 能够根据任务要求拟订物料清单；
5. 能够编制PLC控制程序；
6. 能够自主学习，并与同伴进行技术交流，处理工作过程中的矛盾与冲突；
7. 能够进行学习成果展示和汇报。

素养目标：

1. 过程对标企业生产过程，培养学生诚实守信、爱岗敬业，具有精益求精的工匠精神，遵守工位5S与安全规范；
2. 能够考虑成本因素，养成勤俭节约的良好品德；
3. 通过自查与互查环节，培养学生的质量意识、绿色环保意识、安全意识、信息素养、创新精神；
4. 通过课后查阅资料完成加强练习，培养学生的信息素养、创新精神。

1　数据传送指令

数据传送指令用来完成各存储单元之间一个或多个数据的传送，传送过程中数值保持不变。根据每次传送数据的多少，可将其分为单一传送指令和数据块传送指令，无论是单一传送指令还是数据块传送指令，都有字节、字、双字和实数等几种数据类型。为了满足立即传送的要求，设有字节立即传送指令；为了方便实现在同一字内高低字节的交换，还设有字节交换指令。数据传送指令适用于存储单元的清零、程序的初始化等场合。

1.1　单一传送指令

单一传送指令用来传送一个数据，其数据类型可以为字节、字、双字和实数。

在传送过程中数据内容保持不变,其指令格式见表 6-1。

单一传送指令格式 表 6-1

指令名称	梯形图表达方式		操作数类型及操作范围
	梯形图	语句表	
字节传送指令	MOV_B EN ENO IN OUT	MOVB OUT ,N	IN: IB/QB/VB/MB/SB/SMB LB/AC/常数 OUT: IB/QB/VB/MB/SB/SMB LB/AC IN/OUT 数据类型:字节
字传送指令	MOV_W EN ENO IN OUT	MOVW OUT ,N	IN: IW/QW/VW/MW/SW/SMW/ LW/AC/T/C/AIW/常数 OUT: IW/QW/VW/MW/SW/SMW/LW/AC/T/C/AQW IN/OUT 数据类型: 字
双字传送指令	MOV_DW EN ENO IN OUT	MOVD OUT ,N	IN: ID/QD/VD/MD/SD/SMD/LD/AC/HC/常数 OUT: ID/QD/VD/MD/SD/SMD LD/AC IN/OUT 数据类型: 双字
实数传送指令	MOV_R EN ENO IN OUT	MOVR OUT ,N	IN: ID/QD/VD/MD/SD/SMD/LD/AC/HC/常数 OUT: ID/QD/VD/MD/SD/SMD LD/AC IN/OUT 数据类型: 实数
EN	I/QM/T/C/SM/V/S/L		EN 数据类型:位
功能说明	当使能端 EN 有效时,将一个输入 IN 的字节、字、双字或实数传送到 OUT 的指定存储单元输出,传送过程数据内容保持不变		

1.2 单一传送指令格式

单一传送指令格式应用举例如图 6-1 所示。

1.3 数据块传送指令

数据块传送指令用来一次性传送多个数据,块传送包括字节的块传送、字的块传送和双字的块传送。

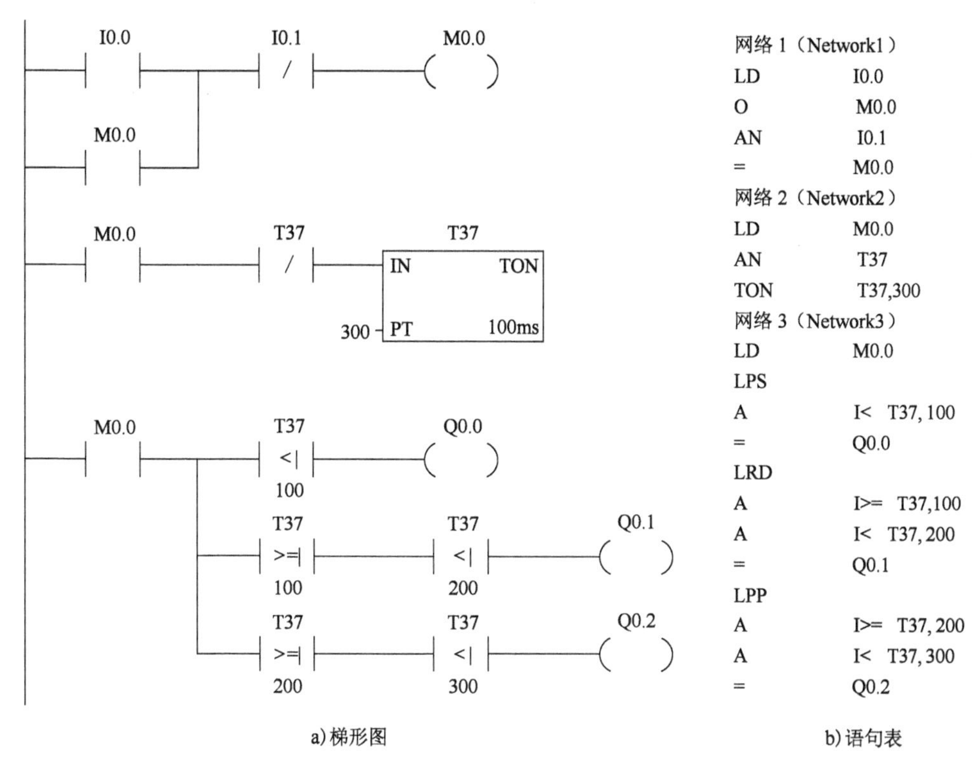

a）梯形图 b）语句表

图 6-1 单一传送指令格式应用举例

1.4 数据块传送指令格式

数据块传送指令格式见表 6-2。

数据块传送指令格式 表 6-2

指令名称	梯形图表达方式		操作数类型及操作范围
	梯形图	语句表	
字节的块传送指令	BLKMOV_B EN ENO IN OUT N	BMB IN OUT ,N	IN： IB/QB/VB/MB/SB/SMB/LB OUT： IB/QB/VB/MB/SB/SMB/LB IN/OUT 数据类型：字节
字的块传送指令	BLKMOV_W EN ENO IN OUT N	BMW IN OUT ,N	IN： IW/QW/VW/MW/SW/SMW/LW/AC/T/C/AIW OUT： IW/QW/VW/MW/SW/SMW/LW/AC/T/C/AQW IN/OUT 数据类型：字

续上表

指令名称	梯形图表达方式		操作数类型及操作范围
	梯形图	语句表	
双字的块传送指令	BLKMOV_D EN ENO IN OUT N	BMD IN OUT ,N	IN: ID/QD/VD/MD/SD/SMD/LD OUT: ID/QD/VD/MD/SD/SMD/LD IN/OUT 数据类型:双字
EN (使能端)	I/QM/T/C/SM/V/S/L		EN 数据类型:位
N (源数据数目)	IB/QB/VB/MB/SB/SMB/LB/AC/常数		数据类型:字节 数据范围:1 ~255
功能说明	当使能端 EN 有效时,将一个输入 IN 的字节、字、双字传送到 OUT 的指定存储单元输出,传送过程数据内容保持不变		

1.5 字节交换指令

字节交换指令用来交换输入字 IN 的最高字节和最低字节。

1.6 字节交换指令格式

字节交换指令格式见表 6-3。

字节交换指令格式 表 6-3

指令名称	梯形图表达方式		操作数类型及操作范围
	梯形图	语句表	
字节交换指令	SWAP EN ENO IN	SWAP IN	IN: IW/QW/VW/MW/SW/SMW/LW/AC/T/C/AIW 数据类型:字
EN (使能端)	I/QM/T/C/SM/V/S/L		EN 数据类型:位
功能说明	当使能端 EN 有效时,将一个输入 IN 的高低字节交换,结果仍放在 IN 中		

1.7 字节立即传送指令

字节立即传送指令和位逻辑指令中的立即指令一样,用于输入/输出的立即处理,它包括字节立即读指令和字节立即与指令。

(1)字节立即读指令。当使能端有效时,读取实际输入端 IN 给出的 1 个字节的数值,并将结果写入 OUT 所指定的存储单元,但输入映像寄存器未更新。

(2)字节立即写指令。当使能端有效时,从输入端 IN 所指定的存储单元中读取 1 个字节的数据,并将结果写入 OUT 所指定的存储单元,刷新输出映像寄存器,将计算结果立即输出到负载。

1.8　字节立即传送指令格式

字节立即传送指令格式见表 6-4。

字节立即传送指令格式　　表 6-4

指令名称	梯形图表达方式		操作数类型及操作范围
	梯形图	语句表	
字节立即读指令	MOV_BIR EN　ENO IN　OUT	BIR　IN,OUT	IN: IB OUT: IB/QB/VB/MB/SB/SMB/LB/AC IN/OUT 数据类型:字节
字节立即写指令	MOV_BIW EN　ENO IN　OUT	BIW　IN,OUT	IN: IB/QB/VB/MB/SB/SMB/LB/AC/常数 OUT: QB IN/OUT 数据类型:字节
EN (使能端)	I/QM/T/C/SM/V/S/L		EN 数据类型:位

2　子程序指令

S7-200 PLC 的控制程序由主程序、子程序和中断程序组成。

主程序(OB1)是程序的主体。每个项目都必须并且只能有一个主程序,在主程序中可以调用子程序和中断程序。子程序是指具有特定功能并且多次使用的程序段。

子程序仅在被其他程序调用时执行,同一子程序可在不同的地方多次被调用,使用子利少扫描时间。用来及时处理与用户程序无关的操作或者不能事先预测何时发生。

中断程序是为处理中断事件而事先编好的程序。中断程序不是由程序调用,而是在中断事件发生时由操作系统调用。在中断程序中不能改写其他程序使用的存储器,最好使用局部变量。中断程序应实现特定的任务,应"越短越好",中断程序由中断程序号开始,以无条件返回指令(CRETI)结束。在中断程序中禁止使用 DISI、ENI、HDEF、LSCR 和 END 指令。

子程序指令有子程序调用指令和子程序返回指令,其指令格式见表 6-5。程序返回指令由编程软件自动生成,无须用户编写,这点编程时需要注意。

子程序指令格式 表 6-5

指令名称	梯形图表达方式		子程序调用
	梯形图	语句表	
子程序调用	SBR_N EN	CALL SBR_N	子程序由在主程序内使用的调用指令完成。当子程序调用允许时,调用指令将程序控制转移给子程序(SBR_N),程序扫描将转移到子程序入口处执行。当执行子程序时,子程序将执行全部指令直到满足条件才返回,或者执行到子程序末尾而返回。子程序会返回到原主程序出口的下一条指令执行,继续往下扫描程序
子程序返回	—(RET)	CRET	
EN (使能端)	I/QM/T/C/SM/V/S/L		EN 数据类型:位

3 PID 控制

3.1 PID 控制简介

PID 控制又称比例积分微分控制,它属于闭环控制。典型的 PID 算法包括三个部分:比例项、积分项和微分项,即输出 = 比例项 + 积分项 + 微分项。下面以离散系统的 PID 控制为例,对 PID 算法进行说明。离散系统的 PID 算法如下。

$$M_n = K_c(\mathrm{SP}_n - \mathrm{PV}_n) + K_c\frac{T_s}{T_i}(\mathrm{SP}_n - \mathrm{PV}_n) + M_x + K_c\frac{T_d}{T_s}(\mathrm{PV}_{n-1} - \mathrm{PV}_n)$$

式中:M_n——在采样时刻 n 计算出来的回路控制输出值;

K_c——回路增益;

SP_n——在采样时刻 n 的给定值;

PV_n——在采样时刻 n 的过程变量值;

PV_{n-1}——在采样时刻 $n-1$ 的过程变量值;

T_s——采样时间;

T_i——积分时间常数;

T_d——微分时间常数;

M_x——在采样时刻 $n-1$ 的积分项。

比例项 $K_c(\mathrm{SP}_n - \mathrm{PV}_n)$:将偏差信号按比例放大,提高控制灵敏度。

积分项 $K_c\frac{T_s}{T_i}(\mathrm{SP}_n - \mathrm{PV}_n) + M_x$ 积分控制对偏差信号进行积分处理,缓解比例放大量过大引起的超调和振荡。

微分项 $K_c \frac{T_d}{T_s}(PV_{n-1} - PV_n)$ 对偏差信号进行微分处理,提高控制的迅速性。

3.2　PID 控制举例

炉温控制采用 PID 控制方式,炉温控制系统示意图如图 6-2 所示。在炉温控制系统中,热电偶为温度检测元件,其信号传至变送器转换为标准电压或电流信号,标准信号再送至A/D模块,经 A/D 转换后的数字量与 CPU 设定值比较,两者的差值进行 PID 运算,将运算结果送给 D/A 模块,D/A 模块输出相应的电压或电流信号对电动阀进行控制,从而实现温度的闭环控制。

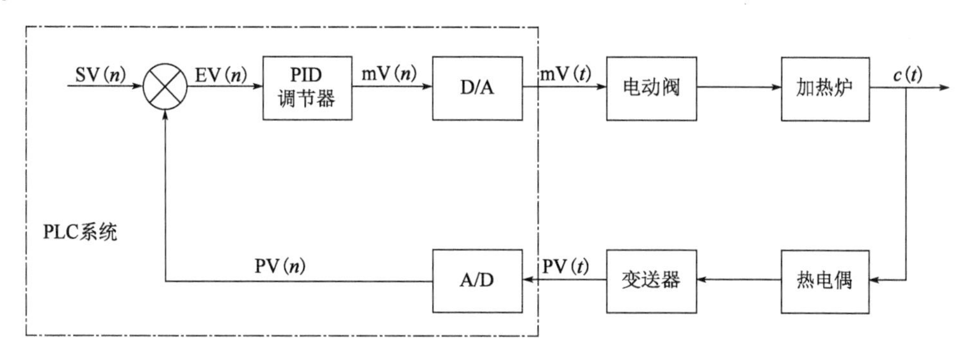

图 6-2　炉温控制系统示意图

图 6-2 中,SV(n)为给定量;PV(n)为反馈量,此反馈量 A/D 已经转换为数字量;MV(t)为控制输出量;令 $x = SV(n) - PV(n)$,如果 $\Delta x > 0$,表明反馈量小于给定量,则控制器输出量 MV(t)将增大,使电动阀开度变大,进入加热炉的天然气流量增大,进而炉温上升;如果 $x < 0$,表明反馈量大于给定量,则控制器输出量 MV(t)将减小,使电动阀开度变小,进入加热炉的天然气流量变小,进而炉温降低;如果 $x = 0$,表明反馈量等于给定量,则控制器输出量 MV(t)不变,电动阀开度不变,进入加热炉的天然气流量不变,进而炉温不变。

3.3　PID 指令

PID 指令格式见表 6-6。

PID 控制指令格式　　表 6-6

指令名称	梯形图表达方式		操作数及范围
	梯形图	语句表	
PID 回路指令	PID 功能框(EN、ENO、TBL、LOOP)	PID TBL,LOOP	TBL:参数表起始地址,数据类型为字节; LOOP:回路号,常数(0~7),数据类型为字节
EN(使能端)	I/QM/T/C/SM/V/S/L		EN 数据类型:位

指令功能:当使能端有效时,根据回路参数表(TBL)中的输入测量值、控制设定值及 PID 参数进行计算。

说明:

(1)运行 PID 指令前,需要对 PID 控制回路参数进行设定,参数共 9 个,均为 32 位实数,共占 36 字节,具体见表 6-7。

PID 控制回路参数表 表 6-7

地址(VD)	参　数	数据格式	参数类型	说　明
0	过程变量当前值 PV_n	实数	输入	取值范围:0.0 ~ 1.0
4	给定值 SP_n	实数	输入	取值范围:0.0 ~ 1.0
8	输出值 M_n	实数	输入/输出	范围:0.0 ~ 1.0
12	增益 K_c	实数	输入	比例常数,可为正数也可为负数
16	采用时间 T_s	实数	输入	单位为 s,必须为正数
20	积分时间 T_i	实数	输入	单位为 min,必须为正数
24	微分时间 T_d	实数	输入	单位为 min,必须为正数
28	上次积分值 M_x	实数	输入/输出	范围在 0.0 ~ 1.0 之间
32	上次过程变量 PV_{n-1}	实数	输入/输出	最后一次 PID 运算值

(2)程序中可使用 8 条 PID 指令,分别编号 0 ~ 7,不能重复使用。

(3)使 ENO =0 的错误条件:0006(间接地址),SM1.1(溢出,参数表起始地址或指令中指定的 PID 回路指令号码操作数超出范围)。

3.4 PID 控制编程思路

(1)PID 初始化参数设定。

运行 PID 指令前,必须根据 PID 控制回路参数表对初始化参数进行设定,一般需要给增益 K_c、采样时间 T_s、积分时间 T_i 和微分时间 T_d 这 4 个参数赋以相应的数值,数值以满足控制要求为目的。当不需要比例项时,将增益 K_c 设置为 0;当不需要积分项时,将积分参数 T_i 设置为无限大,即 9999.99;当不需要微分项时,将微分参数 T_d 设置为 0。

需要指出,能设置出合适的初始化参数,并不是一件简单的事,而是需要工程技术人员对控制系统极其熟悉。往往是多次调试,最后找到合适的初始化参数。第一次试运行参数时,一般将增益设置得小一点儿,积分时间不要太短,以保证不会出现较大的超调量。微分一般都设置为0。

下面是一些工程技术人员总结出的经验口诀,供读者参考。

参数整定找最佳,从小到大顺序查;
先是比例后积分,最后再把微分加;
曲线振荡很频繁,比例度盘要放大;
曲线漂浮绕大弯,比例度盘往小扳;
曲线偏离回复慢,积分时间往下降;
曲线波动周期长,积分时间再加长;
曲线振荡频率快,先把微分降下来;
动差大来波动慢,微分时间应加长;

理想曲线两个波,前高后低4比1;

一看二调多分析,调节质量不会低。

(2)输入量的转换和标准化。

每个回路的给定值和过程变量都是实际的工程量,其大小、范围和单位不尽相同,在进行PID之前,必须将其转换成标准格式。

第一步,将16位整数转换为工程实数。

第二步,在第一步的基础上,将工程实数值转换为0.0~1.0之间的标准数值。往往是第一步得到的实际工程数值(如VD30等)除以其最大量程。

(3)编写PID指令。

(4)将PID回路输出转换为成比例的整数。

程序执行后,要将PID回路输出0.0~1.0之间的标准化实数值转换为16位整数值,方能驱动模拟量输出。转换方法:将PID回路输出0.0~1.0之间的标准化实数值乘以32000或64000;若单极型则乘以32000,若双极型则乘以64000。

学习情境6-1　工业厂房行车(电动葫芦升降机)PLC控制

1　信息(创设情境,提供资讯)

(1)手动方式下:可手动控制电动葫芦升降机上升、下降;

(2)自动方式下:电动葫芦升降机上升5s—停10s—下降10s—停10s,重复运行1h后发声光信号并停止运行。

工业厂房行车(电动葫芦)如图6-3所示。

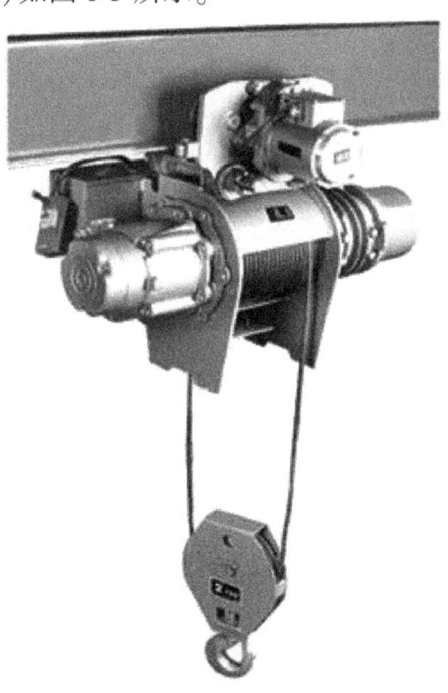

图6-3　工业厂房行车(电动葫芦)示意图

小组讨论:简要概述 PLC 的工作特点。

2 计划(分析任务,制订计划)

(1)小组讨论:讨论并填写 PLC 控制系统的 I/O 地址分配表,完成表 6-8。

PLC 控制系统 I/O 地址分配表 表 6-8

设备元件名称	I/O 地址	符号名	数据类型	功能描述

(2)个人/小组讨论:绘制 PLC 控制系统的接线图。

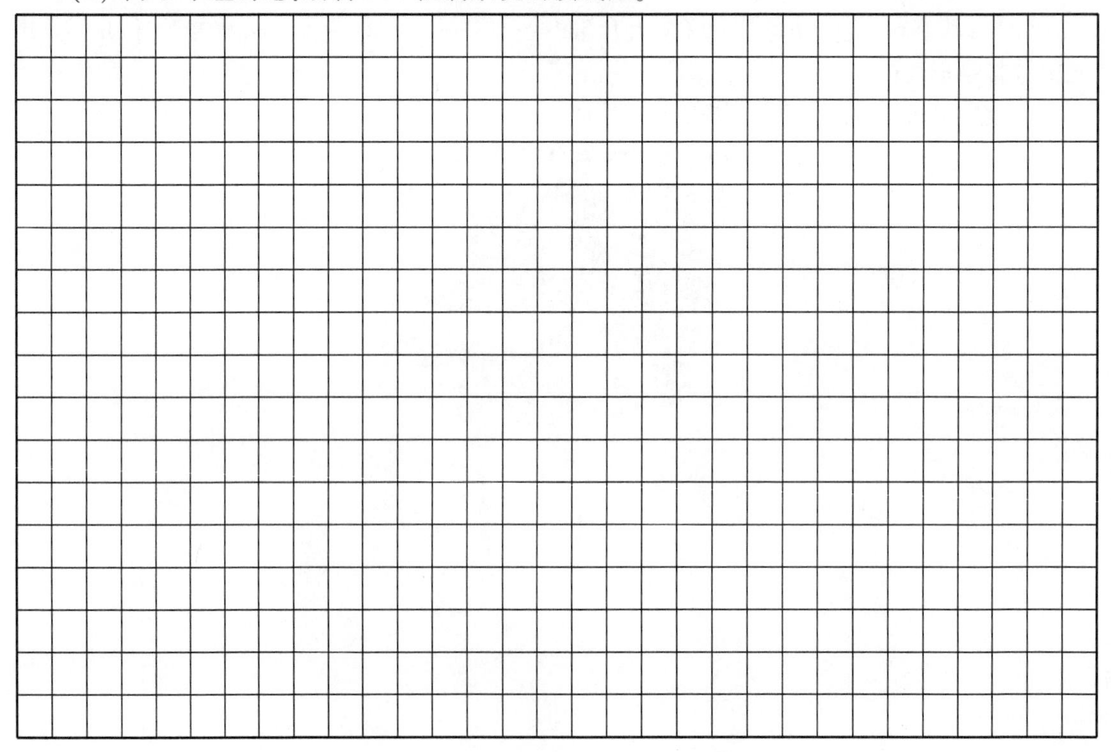

(3)个人/小组工作:列出 PLC 控制系统安装所需元器件、工具及材料清单并计算成本,完成表 6-9。

清　单　　表 6-9

序　号	名　称	符　号	型　号	数　量	规　格
1					
2					
3					
4					
5					
6					
7					
8					
9					
成本核算					

(4)个人/小组工作:选择 PLC 控制程序设计的方法,并简要概述一下编程方法与思路,完成表 6-10。

编程方法与思路　　表 6-10

1	移植设计法	□
2	经验设计法	□
3	顺序控制法	□
4	逻辑设计法	□
5	如果上面选项均不符合要求,可自行拟订方法	□

注:选择(在选择的程序设计方法后面打√,没有用到打 ×)。

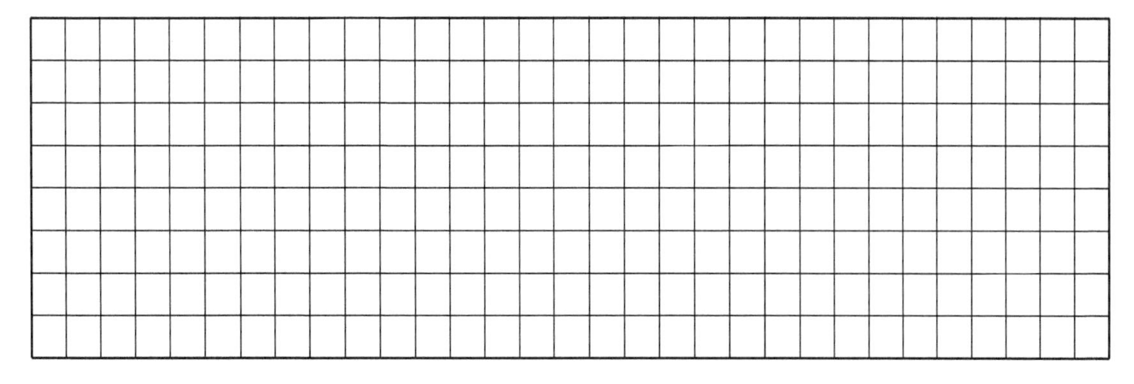

3　决策(集思广益,做出决定)

(1)个人/小组讨论:绘制 PLC 控制系统的梯形图。

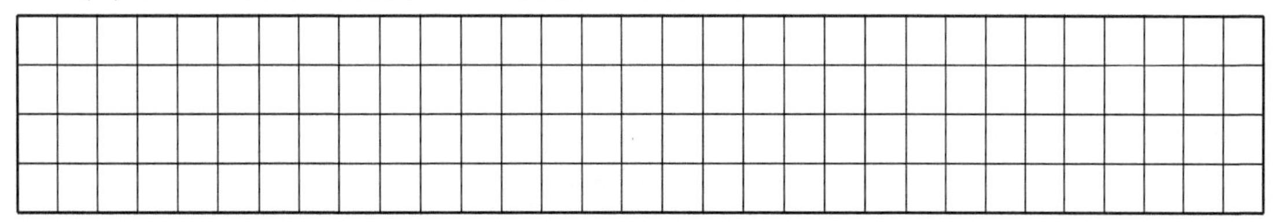

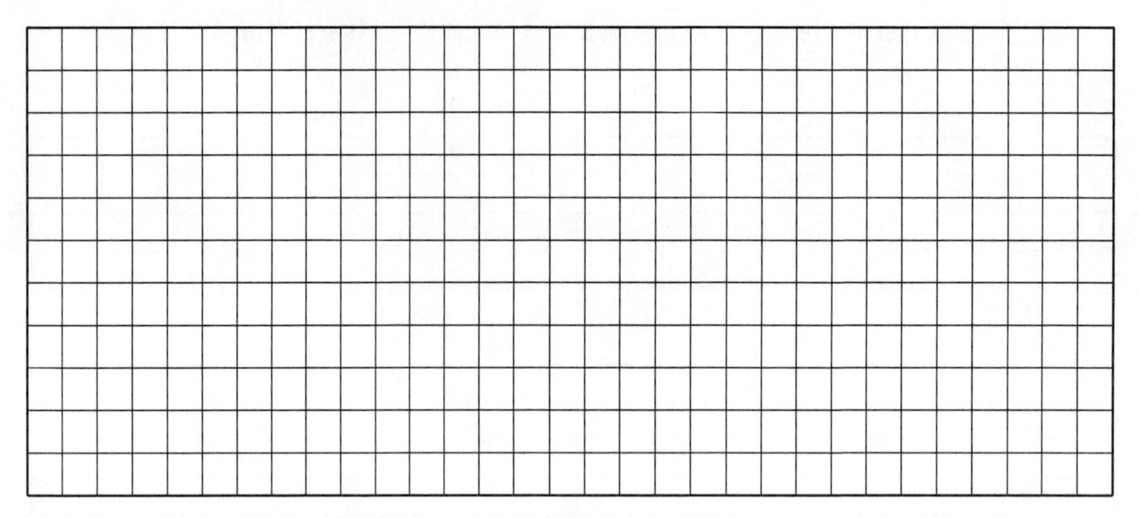

(2)个人/小组讨论:书写绘制 PLC 控制系统的语句表指令。

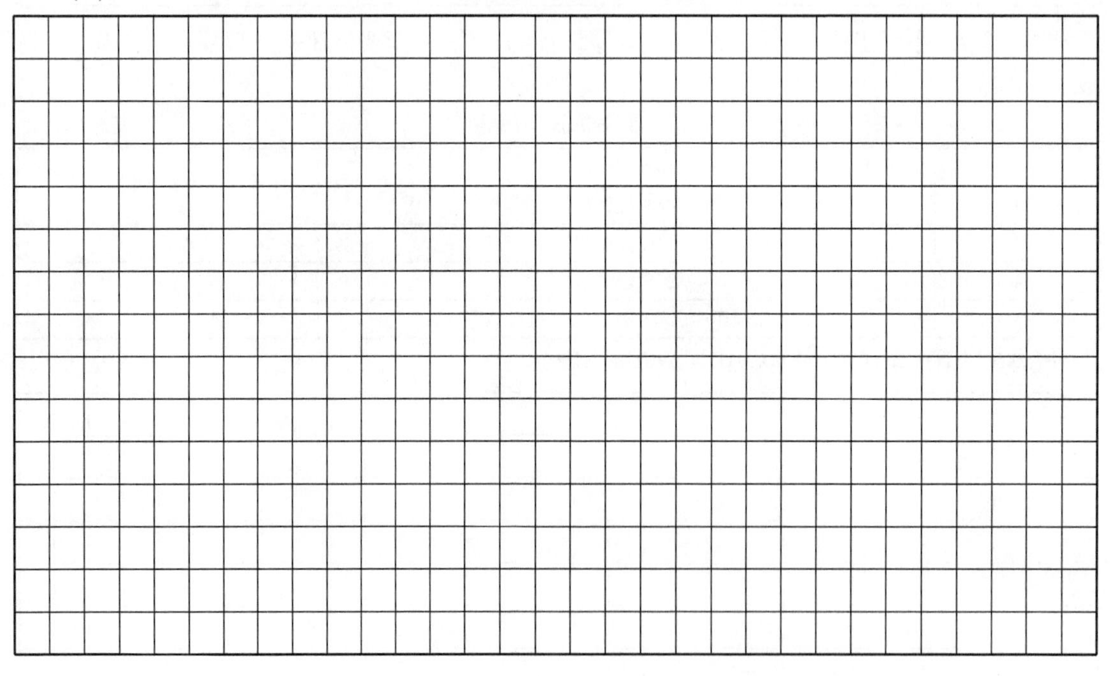

学习情境 6-2　饮料自动售货机 PLC 控制

1　信息(创设情境,提供资讯)

此售货机可投币面值 3 种,可出售 2 种饮料,具体控制要求如下:

(1)设置投币面值 1 元、5 元和 10 元,可售卖 2 种饮料。

(2)投入面值超过 10 元时,只出售一种饮料,即奶茶。

(3)当投入面值超过15元时,既可出售奶茶,也可出售咖啡。

(4)饮料出货同时,可实现自动找钱。

小组讨论:简要概述饮料自动售货机PLC控制系统中主令电器和控制电器,并进行分类。

2 计划(分析任务,制订计划)

(1)小组讨论:讨论并填写PLC控制系统的I/O地址分配表,完成表6-11。

PLC控制系统I/O地址分配表 表6-11

设备元件名称	I/O地址	符号名	数据类型	功能描述

(2)个人/小组讨论:绘制PLC控制系统的接线图。

(3)个人/小组工作:列出 PLC 控制系统安装所需元器件、工具及材料清单并计算成本,完成表 6-12。

清　单　　表 6-12

序　号	名　称	符　号	型　号	数　量	规　格
1					
2					
3					
4					
5					
6					
7					
8					
9					
成本核算					

(4)个人/小组工作:选择 PLC 控制程序设计的方法,并简要概述编程方法与思路,完成表 6-13。

编程方法与思路　　表 6-13

1	移植设计法	□
2	经验设计法	□
3	顺序控制法	□
4	逻辑设计法	□
5	如果上面选项均不符合要求,可自行拟订方法	□

注:选择(在选择的程序设计方法后面打√,没有用到打×)。

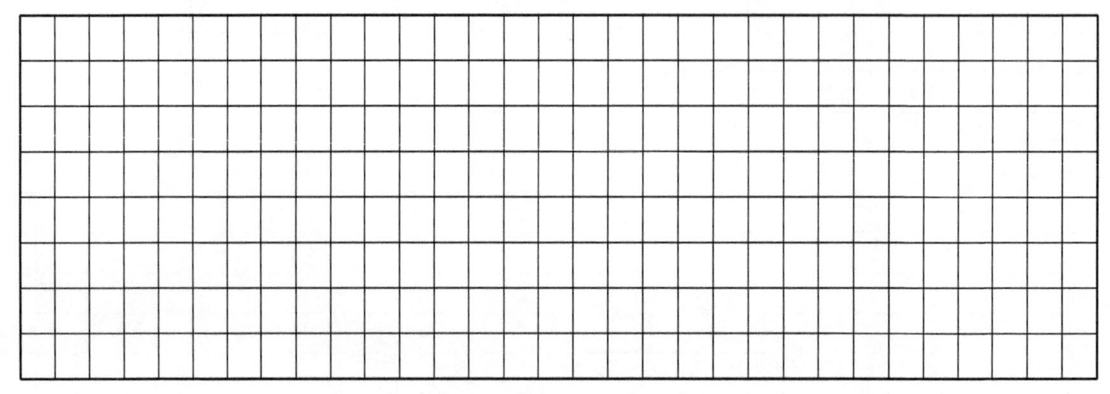

3　决策(集思广益,做出决定)

(1)个人/小组讨论:请绘制 PLC 控制系统的梯形图。

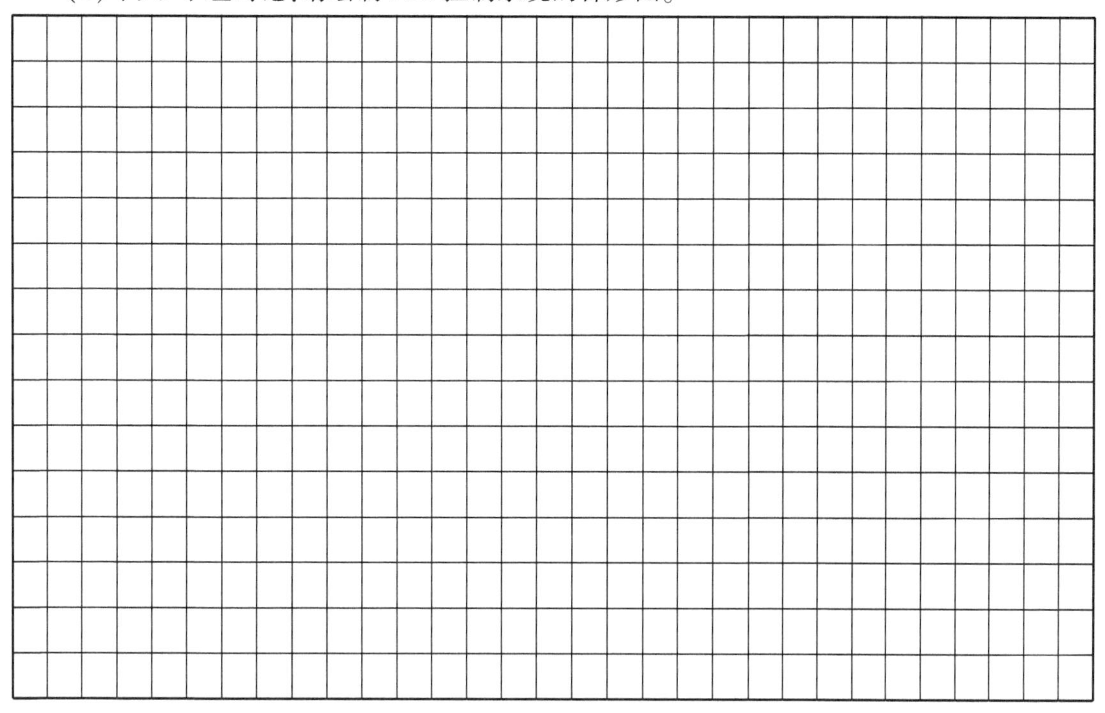

(2)个人/小组讨论:书写绘制 PLC 控制系统的语句表指令。

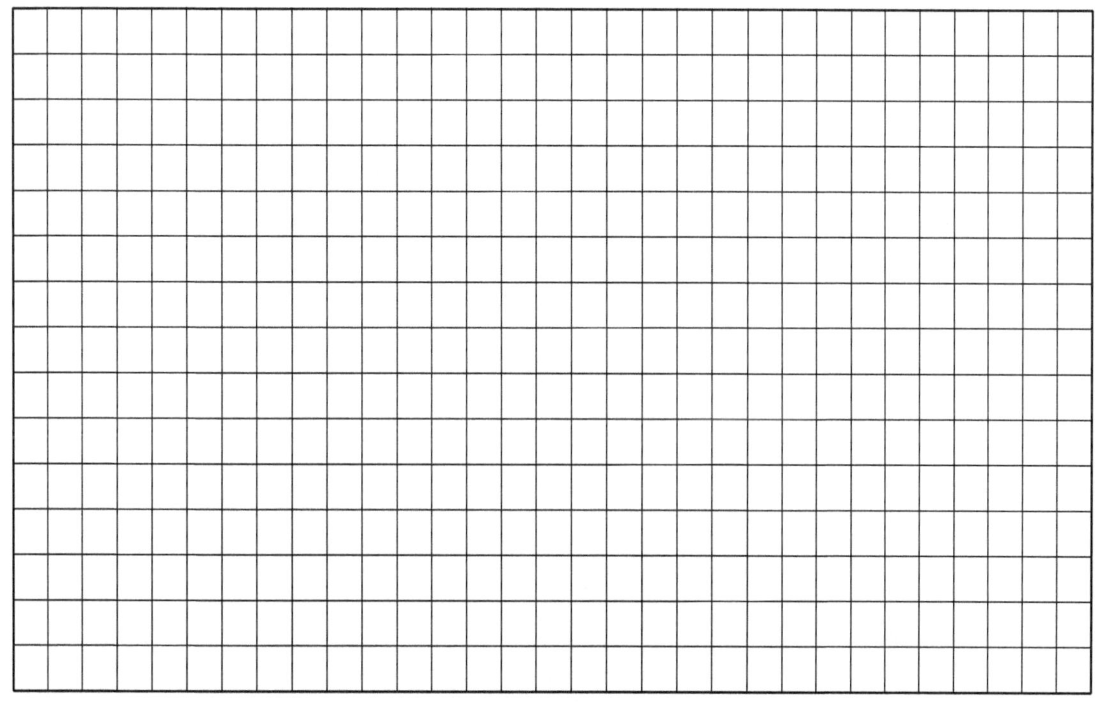

学习情境 6-3　基于 PID 恒压系统 PLC 控制

1　信息(创设情境,提供资讯)

某实验需在恒压环境下进行,压力应维持在 50Pa。按下启动按钮,轴流风机 M1、M2 同进全速运行;当室内压力到达 60Pa 时,轴流风机 M1 停止,改由轴流风机 M2 进行 PID 调节,将压力维持在 50Pa;若有人开门出入,系统压力会骤降,当压力低于 10Pa 时,两台轴流风机将全速运转,直到压力再次达到 60Pa,轴流风机 M1 停止,又回到了改由轴流风机 M2 进行 PID 的调节状态,主电路图如图 6-4 所示。

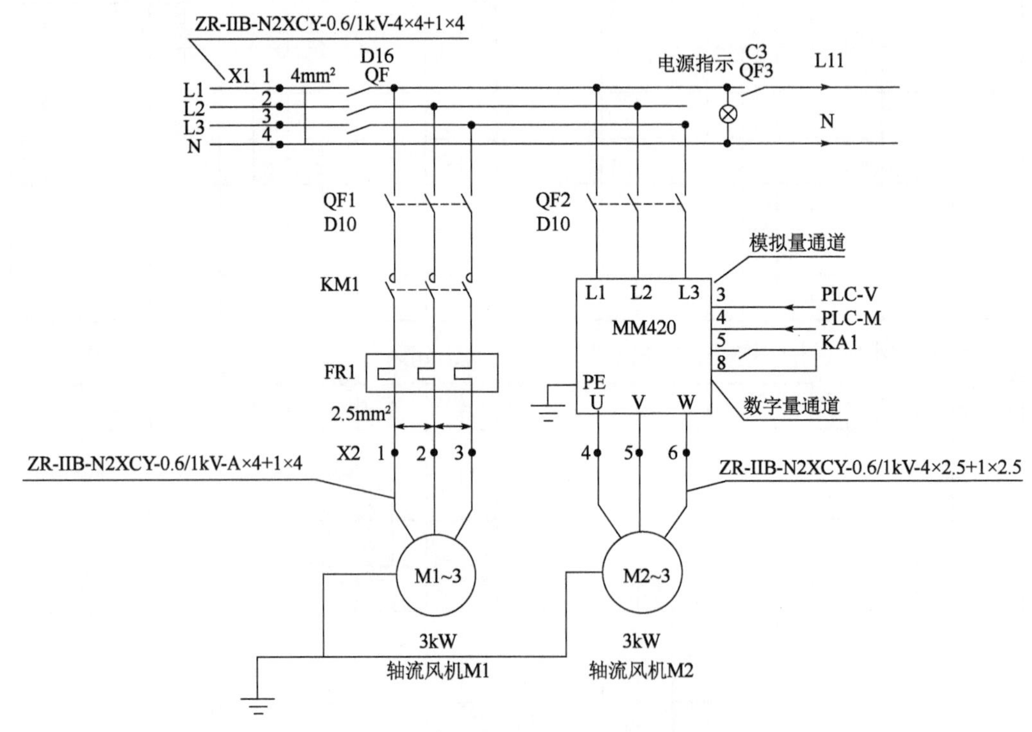

图 6-4　轴流风机控制主电路电路图

2　计划(分析任务,制订计划)

室内压力取样由压力变送器完成,考虑压力最大不超过 60Pa,因此选择量程为 0 ~ 500Pa、输出信号为 4 ~ 20mA 的压力变送器(注:小量程的压力变送器市面上不容易找到)。

轴流风机 M1 的通断由接触器来控制,轴流风机 M2 的通断由变频器来控制。

轴流风机的动作、压力采集后的处理及变频器的控制均由 S7-200 PLC 来完成。轴流风机 PLC 控制电路电路图如图 6-5 所示。

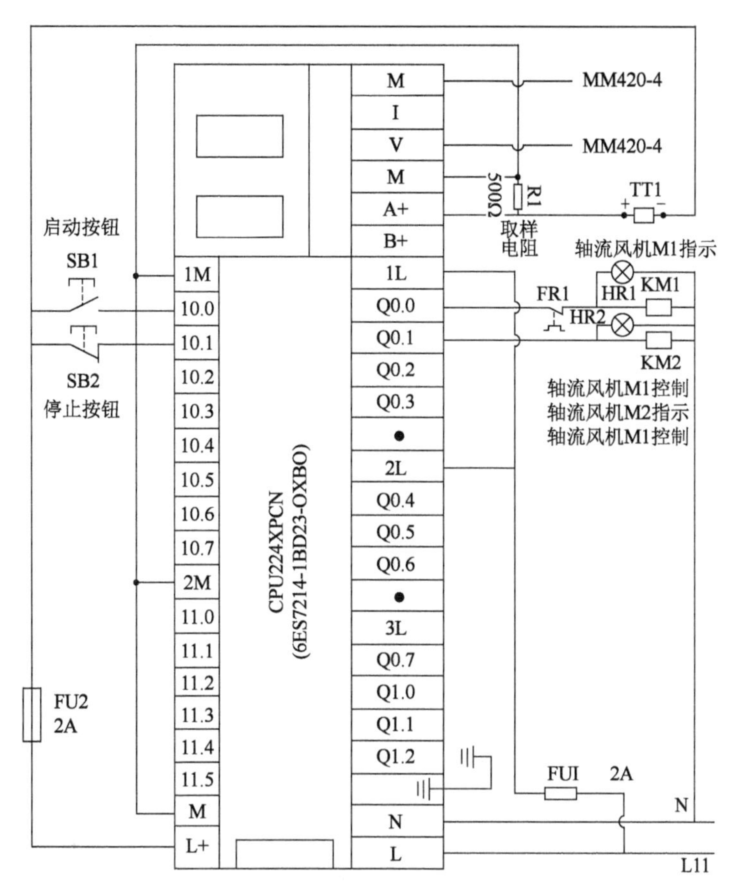

图 6-5　轴流风机 PLC 控制电路电路图

3　决策(集思广益,做出决定)

个人/小组讨论:绘制 PID 控制的恒压控制梯形图。

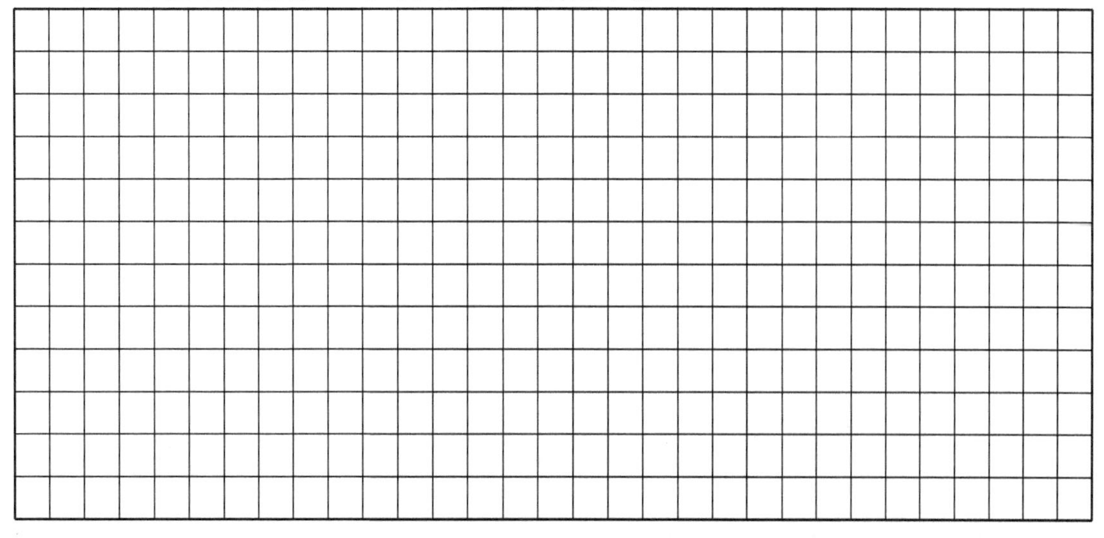

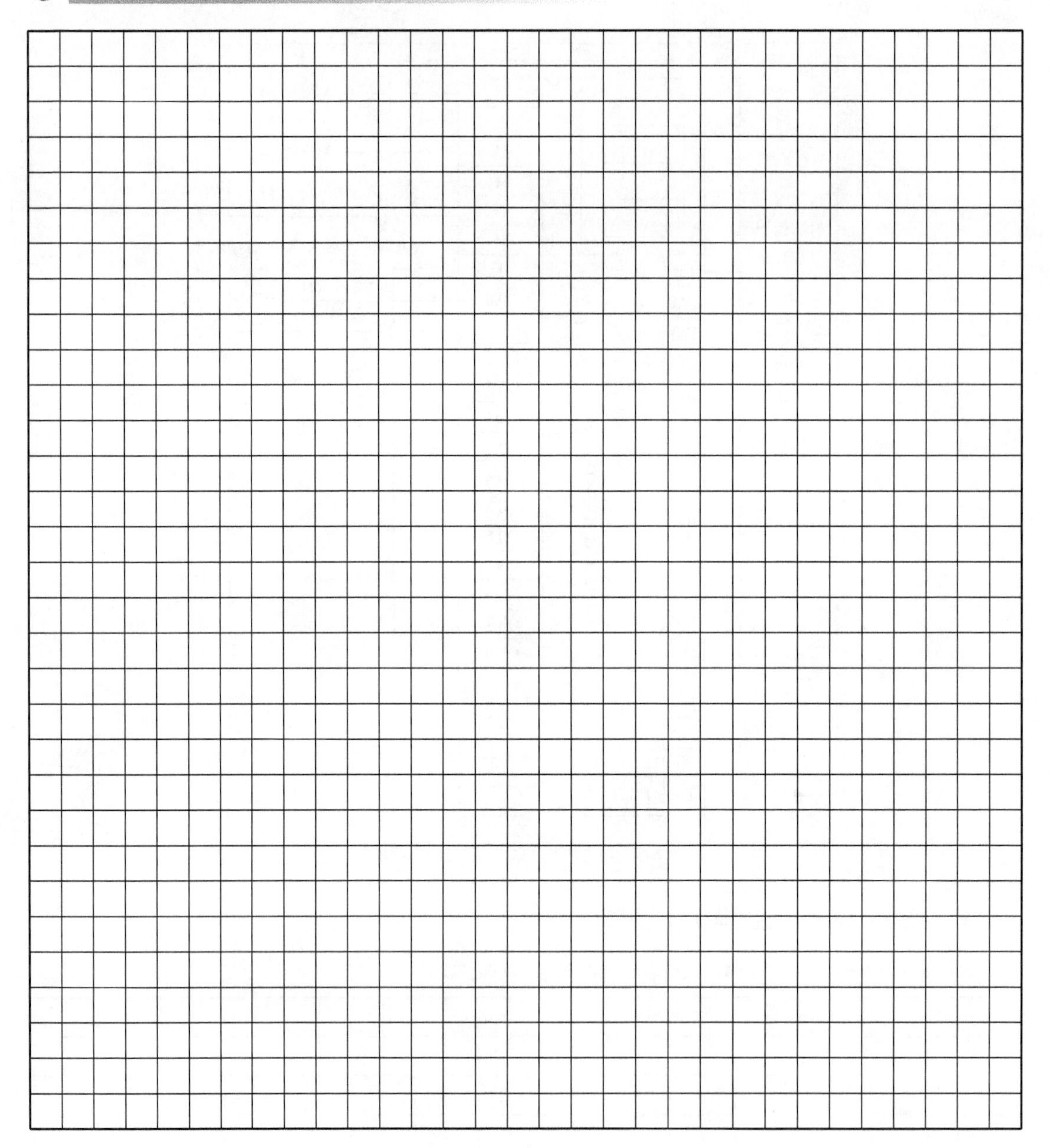

复习与提高

1. 查阅资料,简述 PID 控制。

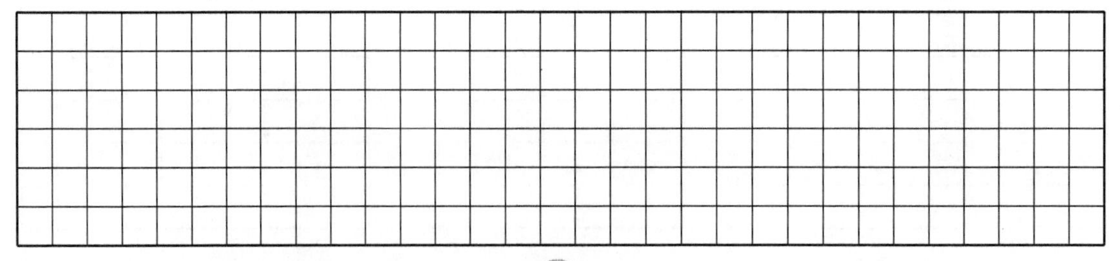

2. 简述传送指令要义,举例说明。

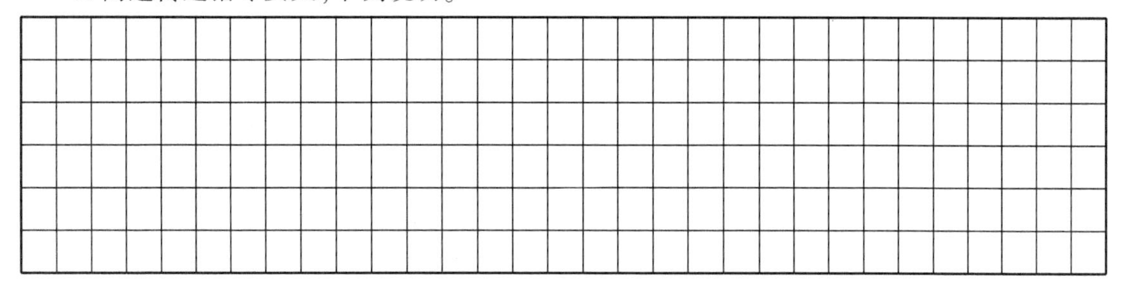

3. 书写子程序指令格式,并进行解析。

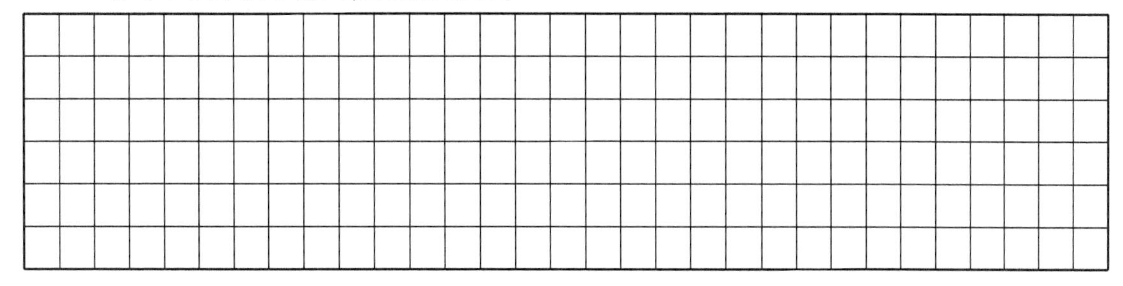

4. 书写 PID 指令格式,并进行解析。

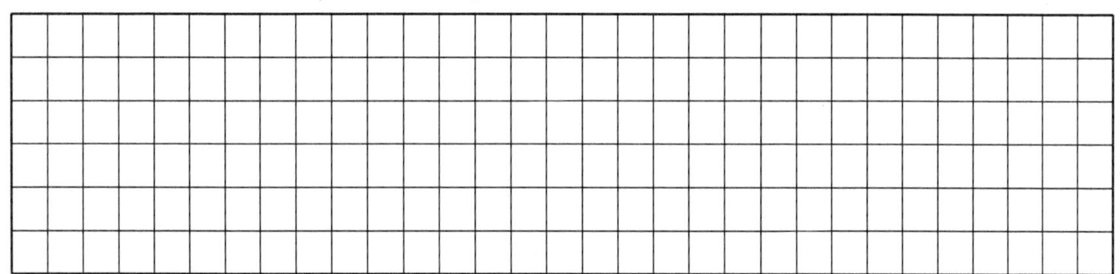

5. 简述 PID 控制编程思路。

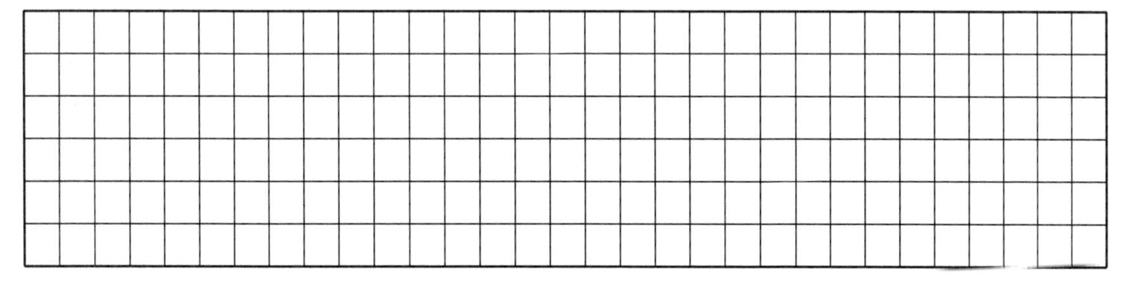

附录 A　西门子 200SMART 常用指令表

西门子 200SMART 常用指令　　附表 A-1

	指　令	描　述	STL
位逻辑指令	┤ ├	常开触点	LD
	┤ / ├	常闭触点	LDN
	┤ I ├	常开立即触点	LDI
	┤ /I ├	常闭立即触点	LDNI
	┤NOT├	取反触点	NOT
	┤ P ├	上升沿脉冲	EU
	┤ N ├	下降沿脉冲	ED
	S1 OUT SR R	置位优先	—
	─(　)	输出指令	=
	─(I)	立即输出	= I
	─(S)	置位指令	S
	─(SI)	立即置位	SI
	─(R)	复位	R
	─(RI)	立即复位	RI
	NOP	空指令	NOP
	S OUT RS R1	复位优先	—

	指　令	描　述	STL
计数器指令	CU CTU R PV	增计数	CTU
	CD CTD LD PV	减计数	CTD
	CU CTUD CD R PV	增减计数	CTUD
	HDEF EN ENO HSC HODE	定义高速计数器	HDEF
	HSC EN ENO N	高速计数器	HSC
	PLS EN ENO QOX	脉冲输出	PLS

续上表

	指　令	描　述	STL
定时器指令	IN　TON PT　??? ms	接通延时定时器	TON
	IN　TONR PT　??? ms	有记忆接通延时定时器	TONR
	IN　TOF PT　??? ms	关断延时定时器	TOF
	BGN_ITIME EN　ENO OUT	开始间隔时间捕捉	BITIM
	CAL_ITIME EN　ENO IN　OUT	间隔时间捕捉	CITIM

	指　令	描　述	STL
程序控制指令	—(JMP)	跳转	JMP
	—(NEXT)	FOR…NEXT 循环	NEXT
	LBL	标签	LBL
	SCR	装载 SCR	LSCR
	—(SCRT)	SCR 转换	SCRT
	FOR EN　ENO INDX INIT FINAL	FOR…NEXT 循环	FOR
	—(SCRE)	结束 SCR	SCRE
	—(RET)	SBR 有条件返回	CRET
	—(END)	OB1 有条件结束	END
	—(STOP)	转至 STOP 模式	STOP
	—(WDR)	看门狗复位	WDR
	DIAG_LED EN　ENO IN	诊断 LED	DLED

续上表

	指令	描述	STL		指令	描述	STL
比较指令	┤==B├	字节 =	—	比较指令	┤==D├	双整数 =	—
	┤<>B├	字节≠	—		┤<>D├	双整数≠	—
	┤>=B├	字节≥	—		┤>=D├	双整数≥	—
	┤<=B├	字节≤	—		┤<=D├	双整数≤	—
	┤>B├	字节 >	—		┤>D├	双整数 >	—
	┤<B├	字节 <	—		┤<D├	双整数 <	—
	┤==I├	整数 =	—		┤==R├	实数 =	—
	┤<>I├	整数≠	—		┤<>R├	实数≠	—
	┤>=I├	整数≥	—		┤>=R├	实数≥	—
	┤<=I├	整数≤	—		┤<=R├	实数≤	—
	┤>I├	整数 >	—		┤>R├	实数 >	—
	┤<I├	整数 <	—		┤<R├	实数 <	—
	┤==S├	字符串 =	—		┤<>S├	字符串≠	—

续上表

	指　　令	描　　述	STL		指　　令	描　　述	STL
整数运算指令	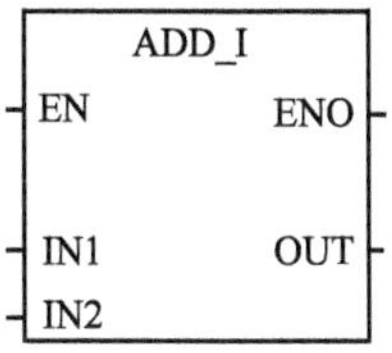 ADD_I EN　ENO IN1　OUT IN2	整数相加	+I	整数运算指令	SUB_I EN　ENO IN1　OUT IN2	整数相减	-I
	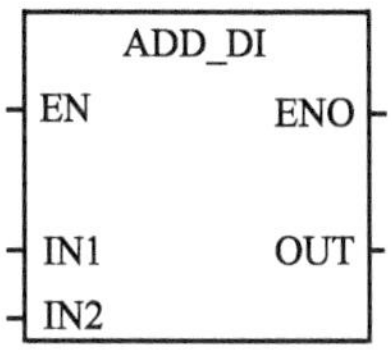 ADD_DI EN　ENO IN1　OUT IN2	双整数相加	+D		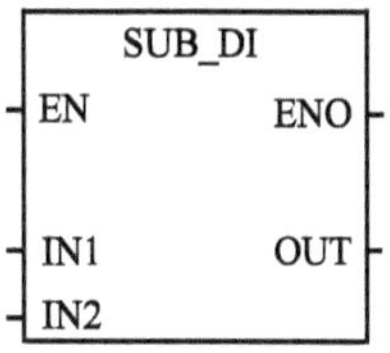 SUB_DI EN　ENO IN1　OUT IN2	双整数相减	-D
	MUL EN　ENO IN1　OUT IN2	整数相乘得双整数	MUL		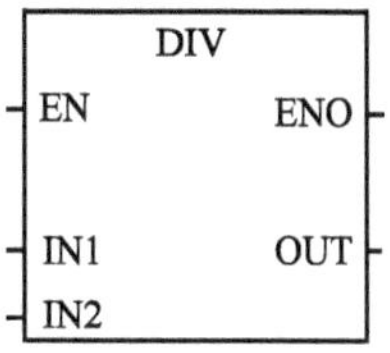 DIV EN　ENO IN1　OUT IN2	整数相除得商/余数	DIV
	MUL_I EN　ENO IN1　OUT IN2	整数相乘	*I		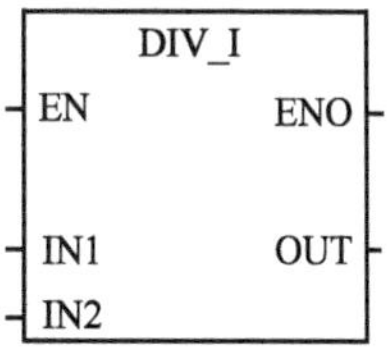 DIV_I EN　ENO IN1　OUT IN2	整数相除	/I
	MUL_DI EN　ENO IN1　OUT IN2	双整数相乘	*D		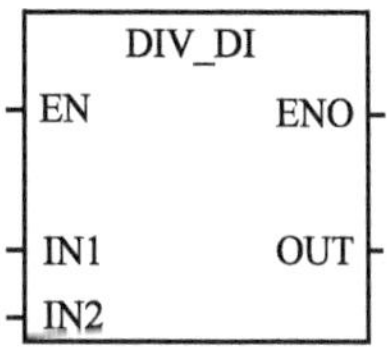 DIV_DI EN　ENO IN1　OUT IN2	双整数相除	/D
	INC_B EN　ENO IN　OUT	字节递增	INCB		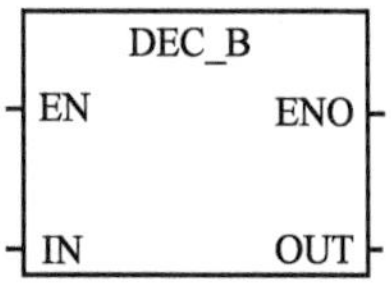 DEC_B EN　ENO IN　OUT	字节递减	DECB

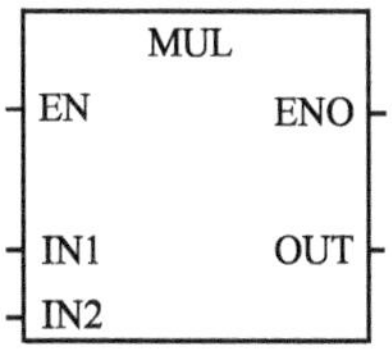

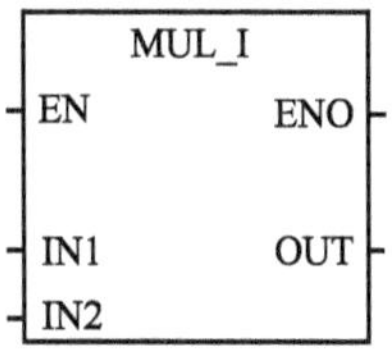

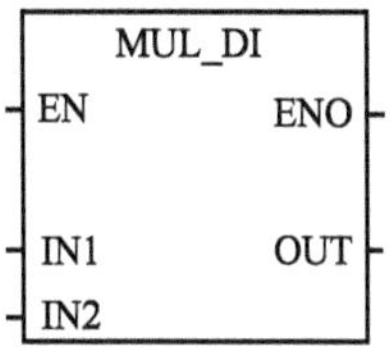

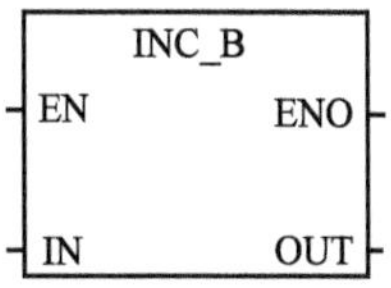

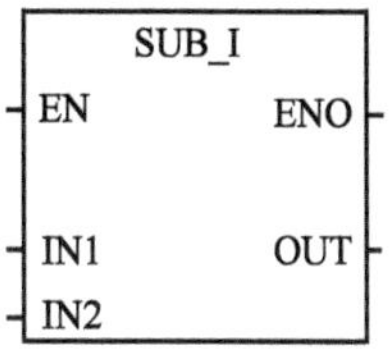

续上表

	指　令	描　述	STL		指　令	描　述	STL
浮点数运算指令	ADD_R EN ENO IN1 OUT IN2	实数相加	+R	浮点数运算指令	SUB_R EN ENO IN1 OUT IN2	实数相减	-R
	MUL_R EN ENO IN1 OUT IN2	实数相乘	*R		DIV_R EN ENO IN1 OUT IN2	实数相除	/R
	SIN EN ENO IN OUT	正弦运算	SIN		COS EN ENO IN OUT	余弦运算	COS
	TAN EN ENO IN OUT	正切运算	TAN		SQRT EN ENO IN OUT	平方根	SQRT
	LN EN ENO IN OUT	自然对数运算	LN		EXP EN ENO IN OUT	自然指数运算	EXP
	PID EN ENO TBL LOOP	PID 运算	PID		—	—	—

续上表

	指　令	描　述	STL
逻辑运算指令	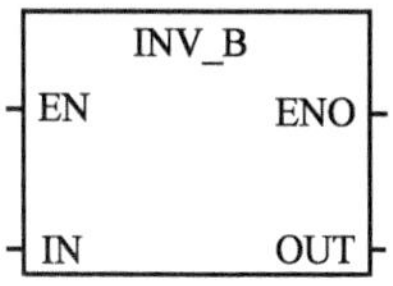 INV_B EN　ENO IN　OUT	字节取反	INVB 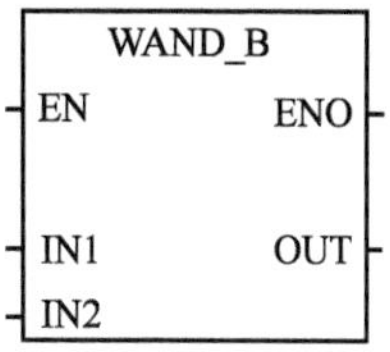
	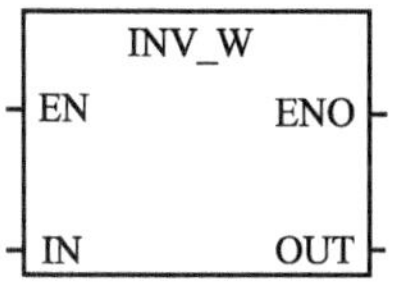 INV_W EN　ENO IN　OUT	字取反	INVW 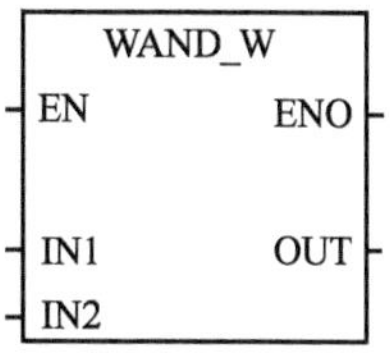
	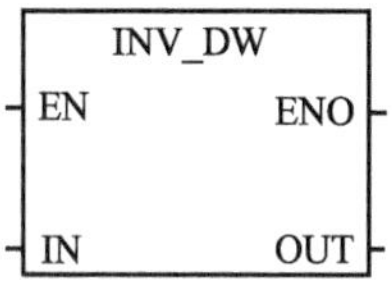 INV_DW EN　ENO IN　OUT	双字节取反	INVD 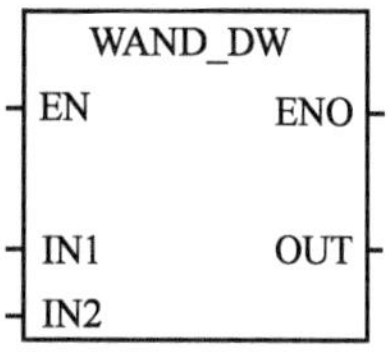
	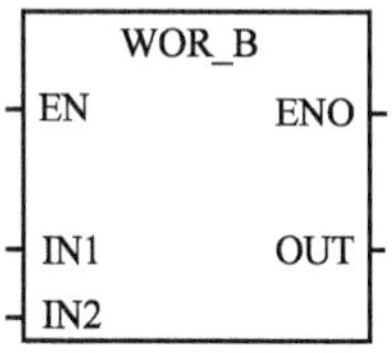 WOR_B EN　ENO IN1　OUT IN2	字节或	ORB 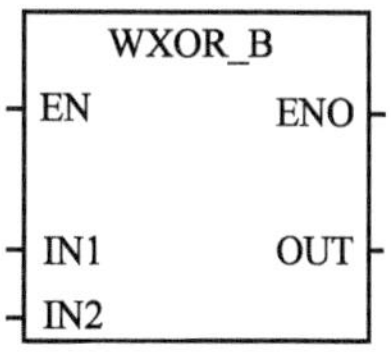
	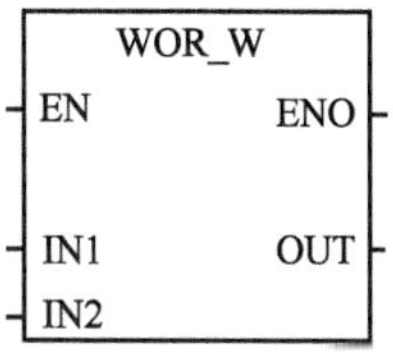 WOR_W EN　ENO IN1　OUT IN2	字或	ORW 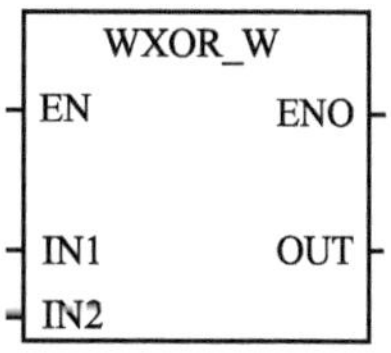
	WOR_DW EN　ENO IN1　OUT IN2	双字节或	ORD
逻辑运算指令	WAND_B EN　ENO IN1　OUT IN2	字节与	ANDB
	WAND_W EN　ENO IN1　OUT IN2	字与	ANDW
	WAND_DW EN　ENO IN1　OUT IN2	双字节与	ANDD
	WXOR_B EN　ENO IN1　OUT IN2	字节异或	XORB
	WXOR_W EN　ENO IN1　OUT IN2	字异或	XORW
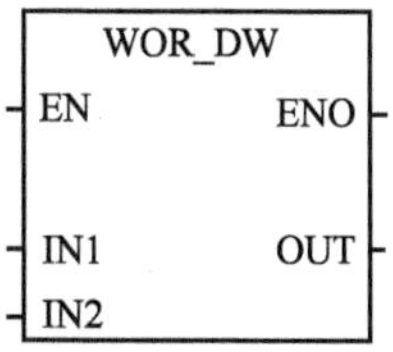	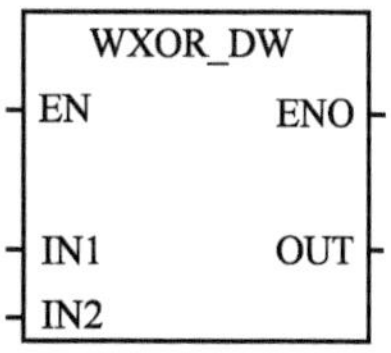 WXOR_DW EN　ENO IN1　OUT IN2	双字节异或	XORD

续上表

	指　令	描　述	STL		指　令	描　述	STL
移位指令	SHL_B EN ENO IN OUT N	字节左移	SLB	移位指令	SHR_B EN ENO IN OUT N	字节右移	SRB
	SHL_W EN ENO IN OUT N	字左移	SLW		SHR_W EN ENO IN OUT N	字右移	SRW
	SHL_DW EN ENO IN OUT N	双字左移	SLD		SHR_DW EN ENO IN OUT N	双字右移	SRD
	ROL_B EN ENO IN OUT N	字节循环左移	RLB		ROR_B EN ENO IN OUT N	字节循环右移	RRB
	ROL_W EN ENO IN OUT N	字循环左移	RLW		ROR_W EN ENO IN OUT N	字循环右移	RRW
	ROL_DW EN ENO IN OUT N	双字循环左移	RLD		ROR_DW EN ENO IN OUT N	双字循环右移	RRD
	SHRB EN ENO DATA S_BIT N	移位寄存器	SHRB		—	—	—

续上表

	指　令	描　述	STL		指　令	描　述	STL
转换指令	I_B (EN, IN; ENO, OUT)	整数至字节	ITB	转换指令	B_I (EN, IN; ENO, OUT)	字节至整数	BTI
	I_DI (EN, IN; ENO, OUT)	整数至双整数	ITD		DI_I (EN, IN; ENO, OUT)	双整数至整数	DTI
	I_S (EN, IN, FMT; ENO, OUT)	整数至字符串	ITS		S_I (EN, IN, INDX; ENO, OUT)	字符串至整数	STI
	DI_S (EN, IN, FMT; ENO, OUT)	双整数至字符串	DTS		S_DI (EN, IN, INDX; ENO, OUT)	字符串至双整数	STD
	BCD_I (EN, IN; ENO, OUT)	BCD 至整数	BCDI		I_BCD (EN, IN; ENO, OUT)	整数至 BCD	IBCD

续上表

	指　令	描　述	STL		指　令	描　述	STL
转换指令	R_S EN ENO IN OUT FMT	实数至字符串	RTS	转换指令	S_R EN ENO IN OUT INDX	字符串至实数	STR
	DTA EN ENO IN OUT FMT	双整数至 ASCII	DTA		RTA EN ENO IN OUT FMT	实数至 ASCII	RTA
	ATH EN ENO IN OUT LEN	ASCII 至十六进制	ATH		HTA EN ENO IN OUT LEN	十六进制至 ASCII	HTA
	ROUND EN ENO IN OUT	取整(四舍五入)	ROUND		TRUNC EN ENO IN OUT	取整(舍去小数)	TRUNC
	DI_R EN ENO IN OUT	双整数至实数	DTR		ITA EN ENO IN OUT FMT	整数至 ASCII	ITA

续上表

	指　令	描　述	STL		指　令	描　述	STL
传送指令	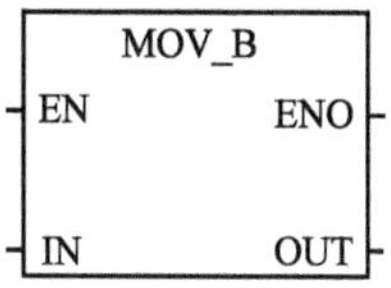 MOV_B EN　ENO IN　OUT	字节传送	MOVB	传送指令	MOV_W EN　ENO IN　OUT	字传送	MOVW
	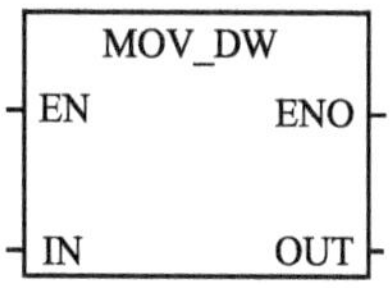 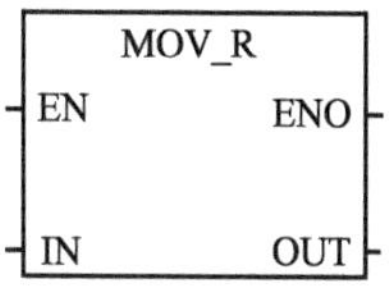 MOV_DW EN　ENO IN　OUT	双字传送	MOVD		MOV_R EN　ENO IN　OUT	实数传送	MOVR
	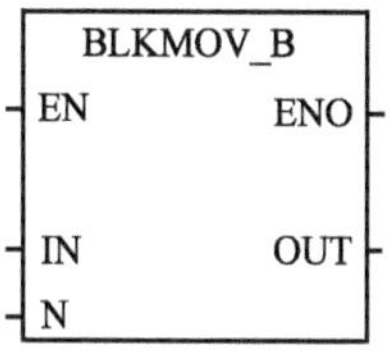 BLKMOV_B EN　ENO IN　OUT N	字节块传送	BMB		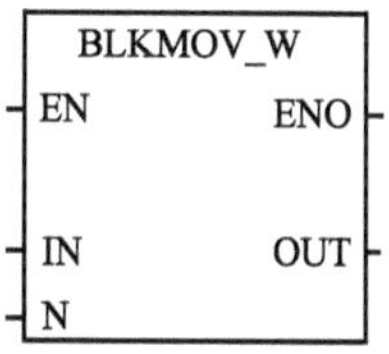 BLKMOV_W EN　ENO IN　OUT N	字块传送	BMW
	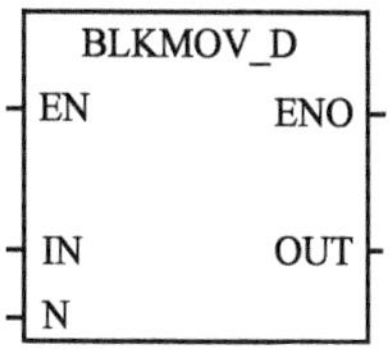 BLKMOV_D EN　ENO IN　OUT N	双字块传送	BMD		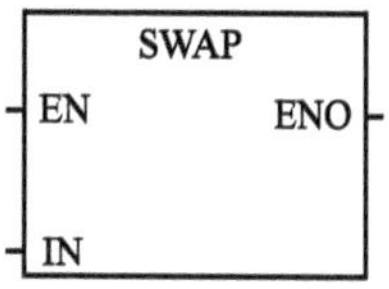 SWAP EN　ENO IN	字节交换	SWAP
	MOV_BIR EN　ENO IN　OUT	字节传送立即读	BIR		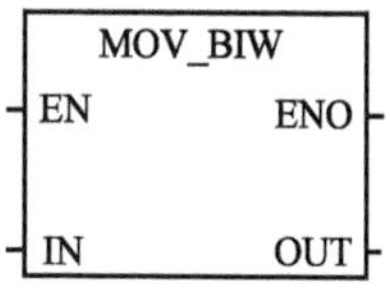 MOV_BIW EN　ENO IN　OUT	字节传送立即写	BIW

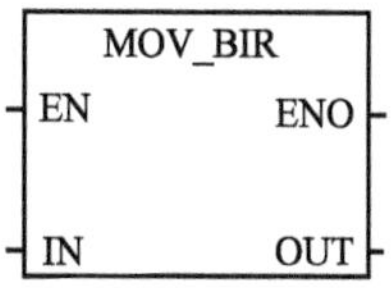

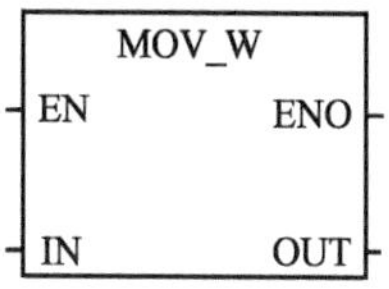

续上表

	指　令	描　述	STL
中断指令	-(ENI)	开放中断	ENI
	ATCH EN　ENO INT EVNT	连接中断	ATCH
	DTCH EN　ENO EVNT	分离中断	DTCH
	-(DISI)	禁止中断	DISI
	CLR_EVNT EN　ENO EVNT	清除中断事件	CEVNT
	-(RETI)	中断有条件返回	RETI
时钟指令	READ_RTC EN　ENO T	读取实时时钟	TODR
	SET_RTC EN　ENO T	设置实时时钟	TODW
	READ_RTCX EN　ENO T	读取实时时钟(扩展)	TODRX
	SET_RTCX EN　ENO T	设置实时时钟(扩展)	TODWX

续上表

	指令	描述	STL		指令	描述	STL
通信指令	XMT EN ENO TBL PORT	发送	XMT	字符串指令	STR_LEN EN ENO IN OUT	字符串长度	SLEN
	RCV EN ENO TBL PORT	接收	RCV		STR_CPY EN ENO IN OUT	复制字符串	SCPY
	NETR EN ENO TBL PORT	网络读	NETR		SSTR_CPY EN ENO IN OUT INDX N	复制子字符串	SSCPY
	NETW EN ENO TBL PORT	网络写	NETW		STR_CAT EN ENO IN OUT	字符串连接	SCAT
	GET_ADDR EN ENO ADDR PORT	获取端口地址	GET_ADDR		CHR_FIND EN ENO IN1 OUT IN2	查找字符串	SFND
	SET_ADDR EN ENO ADDR PORT	设置端口地址	SET_ADDR		STR_FIND EN ENO IN1 OUT IN2	查找子字符串中的字符	CFND

续上表

	指　令	描　述	STL		指　令	描　述	STL
表指令	FIFO EN　ENO TBL　DATA	先进先出	—	表指令	FILL_N EN　ENO IN　OUT N	存储区填充	—
	LIFO EN　ENO TBL　DATA	后进先出	—		TBL_FIND EN　ENO TBL PTN INDX CMD	查表	—
	AD_T_TBL EN　ENO DATA TBL	填表	—		—	—	—

附录 B　西门子 200SMART 寄存器的分配

输入映像寄存器　　附表 B-1

<table>
<tr><th colspan="4">双字</th><th colspan="2">字</th><th>字节</th><th colspan="8">位</th></tr>
<tr><td></td><td></td><td></td><td rowspan="4">ID0</td><td></td><td rowspan="2">IW0</td><td>IB0</td><td>I0.7</td><td>I0.6</td><td>I0.5</td><td>I0.4</td><td>I0.3</td><td>I0.2</td><td>I0.1</td><td>I0.0</td></tr>
<tr><td></td><td></td><td rowspan="4">ID1</td><td rowspan="2">IW1</td><td>IB1</td><td>I1.7</td><td>I1.6</td><td>I1.5</td><td>I1.4</td><td>I1.3</td><td>I1.2</td><td>I1.1</td><td>I1.0</td></tr>
<tr><td></td><td rowspan="4">ID2</td><td rowspan="2">IW2</td><td>IB2</td><td>I2.7</td><td>I2.6</td><td>I2.5</td><td>I2.4</td><td>I2.3</td><td>I2.2</td><td>I2.1</td><td>I2.0</td></tr>
<tr><td rowspan="4">ID3</td><td rowspan="2">IW3</td><td>IB3</td><td>I3.7</td><td>I3.6</td><td>I3.5</td><td>I3.4</td><td>I3.3</td><td>I3.2</td><td>I3.1</td><td>I3.0</td></tr>
<tr><td rowspan="4">ID4</td><td rowspan="2">IW4</td><td>IB4</td><td>I4.7</td><td>I4.6</td><td>I4.5</td><td>I4.4</td><td>I4.3</td><td>I4.2</td><td>I4.1</td><td>I4.0</td></tr>
<tr><td rowspan="4">ID5</td><td rowspan="2">IW5</td><td>IB5</td><td>I5.7</td><td>I5.6</td><td>I5.5</td><td>I5.4</td><td>I5.3</td><td>I5.2</td><td>I5.1</td><td>I5.0</td></tr>
<tr><td rowspan="4">ID6</td><td rowspan="2">IW6</td><td>IB6</td><td>I6.7</td><td>I6.6</td><td>I6.5</td><td>I6.4</td><td>I6.3</td><td>I6.2</td><td>I6.1</td><td>I6.0</td></tr>
<tr><td rowspan="4">ID7</td><td rowspan="2">IW7</td><td>IB7</td><td>I7.7</td><td>I7.6</td><td>I7.5</td><td>I7.4</td><td>I7.3</td><td>I7.2</td><td>I7.1</td><td>I7.0</td></tr>
<tr><td rowspan="4">ID8</td><td rowspan="2">IW8</td><td>IB8</td><td>I8.7</td><td>I8.6</td><td>I8.5</td><td>I8.4</td><td>I8.3</td><td>I8.2</td><td>I8.1</td><td>I8.0</td></tr>
<tr><td rowspan="4">ID9</td><td rowspan="2">IW9</td><td>IB9</td><td>I9.7</td><td>I9.6</td><td>I9.5</td><td>I9.4</td><td>I9.3</td><td>I9.2</td><td>I9.1</td><td>I9.0</td></tr>
<tr><td rowspan="4">ID10</td><td rowspan="2">IW10</td><td>IB10</td><td>I10.7</td><td>I10.6</td><td>I10.5</td><td>I10.4</td><td>I10.3</td><td>I10.2</td><td>I10.1</td><td>I10.0</td></tr>
<tr><td rowspan="4">ID11</td><td rowspan="2">IW11</td><td>IB11</td><td>I11.7</td><td>I11.6</td><td>I11.5</td><td>I11.4</td><td>I11.3</td><td>I11.2</td><td>I11.1</td><td>I11.0</td></tr>
<tr><td rowspan="4">ID12</td><td rowspan="2">IW12</td><td>IB12</td><td>I12.7</td><td>I12.6</td><td>I12.5</td><td>I12.4</td><td>I12.3</td><td>I12.2</td><td>I12.1</td><td>I12.0</td></tr>
<tr><td></td><td rowspan="2">IW13</td><td>IB13</td><td>I13.7</td><td>I13.6</td><td>I13.5</td><td>I13.4</td><td>I13.3</td><td>I13.2</td><td>I13.1</td><td>I13.0</td></tr>
<tr><td></td><td></td><td rowspan="2">IW14</td><td>IB14</td><td>I14.7</td><td>I14.6</td><td>I14.5</td><td>I14.4</td><td>I14.3</td><td>I14.2</td><td>I14.1</td><td>I14.0</td></tr>
<tr><td></td><td></td><td></td><td></td><td>IB15</td><td>I15.7</td><td>I15.6</td><td>I15.5</td><td>I15.4</td><td>I15.3</td><td>I15.2</td><td>I15.1</td><td>I15.0</td></tr>
</table>

输出映像寄存器　　附表 B-2

<table>
<tr><th colspan="4">双字</th><th colspan="2">字</th><th>字节</th><th colspan="8">位</th></tr>
<tr><td></td><td></td><td></td><td rowspan="4">QD0</td><td></td><td rowspan="2">QW0</td><td>QB0</td><td>Q0.7</td><td>Q0.6</td><td>Q0.5</td><td>Q0.4</td><td>Q0.3</td><td>Q0.2</td><td>Q0.1</td><td>Q0.0</td></tr>
<tr><td></td><td></td><td rowspan="4">QD1</td><td rowspan="2">QW1</td><td>QB1</td><td>Q1.7</td><td>Q1.6</td><td>Q1.5</td><td>Q1.4</td><td>Q1.3</td><td>Q1.2</td><td>Q1.1</td><td>Q1.0</td></tr>
<tr><td></td><td rowspan="4">QD2</td><td rowspan="2">QW2</td><td>QB2</td><td>Q2.7</td><td>Q2.6</td><td>Q2.5</td><td>Q2.4</td><td>Q2.3</td><td>Q2.2</td><td>Q2.1</td><td>Q2.0</td></tr>
<tr><td rowspan="4">QD3</td><td rowspan="2">QW3</td><td>QB3</td><td>Q3.7</td><td>Q3.6</td><td>Q3.5</td><td>Q3.4</td><td>Q3.3</td><td>Q3.2</td><td>Q3.1</td><td>Q3.0</td></tr>
<tr><td rowspan="4">QD4</td><td rowspan="2">QW4</td><td>QB4</td><td>Q4.7</td><td>Q4.6</td><td>Q4.5</td><td>Q4.4</td><td>Q4.3</td><td>Q4.2</td><td>Q4.1</td><td>Q4.0</td></tr>
<tr><td rowspan="4">QD5</td><td rowspan="2">QW5</td><td>QB5</td><td>Q5.7</td><td>Q5.6</td><td>Q5.5</td><td>Q5.4</td><td>Q5.3</td><td>Q5.2</td><td>Q5.1</td><td>Q5.0</td></tr>
<tr><td rowspan="4">QD6</td><td rowspan="2">QW6</td><td>QB6</td><td>Q6.7</td><td>Q6.6</td><td>Q6.5</td><td>Q6.4</td><td>Q6.3</td><td>Q6.2</td><td>Q6.1</td><td>Q6.0</td></tr>
<tr><td rowspan="4">QD7</td><td rowspan="2">QW7</td><td>QB7</td><td>Q7.7</td><td>Q7.6</td><td>Q7.5</td><td>Q7.4</td><td>Q7.3</td><td>Q7.2</td><td>Q7.1</td><td>Q7.0</td></tr>
<tr><td rowspan="4">QD8</td><td rowspan="2">QW8</td><td>QB8</td><td>Q8.7</td><td>Q8.6</td><td>Q8.5</td><td>Q8.4</td><td>Q8.3</td><td>Q8.2</td><td>Q8.1</td><td>Q8.0</td></tr>
<tr><td rowspan="4">QD9</td><td rowspan="2">QW9</td><td>QB9</td><td>Q9.7</td><td>Q9.6</td><td>Q9.5</td><td>Q9.4</td><td>Q9.3</td><td>Q9.2</td><td>Q9.1</td><td>Q9.0</td></tr>
<tr><td rowspan="4">QD10</td><td rowspan="2">QW10</td><td>QB10</td><td>Q10.7</td><td>Q10.6</td><td>Q10.5</td><td>Q10.4</td><td>Q10.3</td><td>Q10.2</td><td>Q10.1</td><td>Q10.0</td></tr>
<tr><td rowspan="4">QD11</td><td rowspan="2">QW11</td><td>QB11</td><td>Q11.7</td><td>Q11.6</td><td>Q11.5</td><td>Q11.4</td><td>Q11.3</td><td>Q11.2</td><td>Q11.1</td><td>Q11.0</td></tr>
<tr><td rowspan="4">QD12</td><td rowspan="2">QW12</td><td>QB12</td><td>Q12.7</td><td>Q12.6</td><td>Q12.5</td><td>Q12.4</td><td>Q12.3</td><td>Q12.2</td><td>Q12.1</td><td>Q12.0</td></tr>
<tr><td></td><td rowspan="2">QW13</td><td>QB13</td><td>Q13.7</td><td>Q13.6</td><td>Q13.5</td><td>Q13.4</td><td>Q13.3</td><td>Q13.2</td><td>Q13.1</td><td>Q13.0</td></tr>
<tr><td></td><td></td><td rowspan="2">QW14</td><td>QB14</td><td>Q14.7</td><td>Q14.6</td><td>Q14.5</td><td>Q14.4</td><td>Q14.3</td><td>Q14.2</td><td>Q14.1</td><td>Q14.0</td></tr>
<tr><td></td><td></td><td></td><td></td><td>QB15</td><td>Q15.7</td><td>Q15.6</td><td>Q15.5</td><td>Q15.4</td><td>Q15.3</td><td>Q15.2</td><td>Q15.1</td><td>Q15.0</td></tr>
</table>

参考文献

[1] 李建兴. 可编程序控制器应用技术[M]. 北京:机械工业出版社,2017.

[2] 廖常初. S7-200 SMART PLC 应用教程[M]. 北京:机械工业出版社,2019.

[3] 徐国林,等. PLC 应用技术[M]. 北京:机械工业出版社,2017.

[4] 肖峰. PLC 编程 100 例[M]. 北京:中国电力出版社,2009.

[5] 熊如意,等. 电机与电气控制技术:工作过程系统化的学习领域课程(知识库 + 工作页)[M]. 北京:人民交通出版社股份有限公司,2021.

[6] 王烈准. 电气控制与 PLC 应用技术项目式教程(三菱 FX3U 系列)[M]. 2 版,北京:机械工业出版社,2019.

[7] 荆瑞红,等. 电气安装规划与实施[M]. 北京:北京理工大学出版社,2018.

[8] 赵红顺. 电气控制技术实训 [M]. 北京:北京工业出版社,2010.

[9] 李响初,等. 机床电气控制线路 260 例[M]. 北京:中国电力出版社,2008.

[10] 机械工业职业技能鉴定指导中心. 高级维修电工技术 [M]. 北京:机械工业出版社,2005.

[11] F. 劳瑞尔(Felix Rauner). 学习领域课程开发手册 [M]. 北京:高等教育出版社,2018.

[12] 姜大源. 当代德国职业教育主流教学思想研究 [M]. 北京:清华大学出版社,2007.

[13] 姜大源. 职业教育要义 [M]. 北京:北京师范大学出版社,2017.

[14] 蒋乃平. "宽基础、活模块"课程的开发与研究[M]. 北京:高等教育出版社,2004.

[15] 中华人民共和国教育部高等教育司,全国高职高专校长联席会. 点击核心:高等职业教育专业设置与课程开发导引[M]. 北京:高等教育出版社,2004.

[16] 马树超. 强化市场导向意识,推进职业教育发展—德国"学习领域"改革的启示[J]. 中国职业技术教育,2002(10):60-61.